ÉLÉMENTS

DE

SCIENCES PHYSIQUES

ÉLÉMENTS

DE

SCIENCES PHYSIQUES

AVEC LEURS APPLICATIONS

A L'AGRICULTURE, A L'INDUSTRIE ET A L'HYGIÈNE

ILLUSTRÉS DE NOMBREUSES FIGURES

A L'USAGE

des aspirants et aspirantes au Brevet de capacité de deuxième ordre,
des élèves des Cours complémentaires et Écoles primaires supérieures et des
élèves des Cours d'enseignement commercial et industriel

PAR

LE DOCTEUR GEORGES VAN GELDER

Professeur aux Écoles professionnelles E. Lemonnier,
Membre des commissions d'examen du département de la Seine,
Officier de l'Instruction publique, etc., etc.

DIXIEME ÉDITION

complètement revue et corrigée, augmentée de tableaux synoptiques.

---

*Inscrits sur la liste des ouvrages fournis gratuitement aux Écoles primaires, Cours
complémentaires et Écoles primaires supérieures de la Ville de Paris.*

LIBRAIRIE CLASSIQUE FERNAND NATHAN

18, RUE DE CONDÉ, PARIS-6e

1905

Tous droits réservés.

Tout exemplaire de cet ouvrage non revêtu de ma griffe sera réputé contrefait.

Fernand Nathan

DU MÊME AUTEUR

Le Livre unique de Sciences physiques et naturelles, à l'usage des Écoles primaires. 1 vol. in-12 cart... **1 25**

Éléments de Sciences naturelles, cours complémentaires, préparation du Brevet élémentaire. 11e édition. 1 vol. in-12, relié .... **2 »**

Notions élémentaires d'Anatomie et de Physiologie du corps humain appliquées à l'étude de la gymnastique. 1 vol. in-12, broché **2 75**

AVANT-PROPOS
DE LA HUITIÈME ÉDITION

L'accueil si bienveillant fait à nos *Éléments de Sciences physiques* nous engage à en publier aujourd'hui une *nouvelle édition remaniée*.

De cette publication nouvelle nous dirons, comme de la précédente, qu'elle n'est pas un Manuel, mais bien un livre de vulgarisation scientifique, par conséquent une condensation des faits les plus intéressants des Sciences physiques.

Nous avons voulu écrire un ouvrage pratique ; aussi nous sommes-nous attaché aux faits, tout en laissant de côté les discussions théoriques qui n'ont rien à voir, croyons-nous, dans un travail de ce genre.

En **Physique**, nous avons voulu insister sur les grandes lois, sachant par notre expérience de professeur et d'examinateur combien elles sont généralement ignorées. L'Optique et l'Acoustique ont fait l'objet de quelques chapitres, mais en Optique nous avons cru devoir être très réservé, notre travail étant écrit pour l'enseignement primaire ; c'est ainsi que nous avons très légèrement glissé sur l'étude des miroirs courbes dont l'importance pratique est faible ici et qui demandent, pour être expliqués, certaines connaissances de géométrie qu'on n'exige pas au Brevet de second ordre.

En **Chimie**, nous avons fait un choix des corps les plus importants à connaître, insistant de préférence sur l'étude des métalloïdes.

Doit-on introduire des formules de chimie dans un enseignement élémentaire de sciences ?

Je n'hésite pas un instant à répondre *non*. C'est dans cet esprit que notre **Chimie** pour la préparation de l'examen du Brevet élémentaire a été écrite au début et, en fait de formules, nous avons expliqué purement et simplement les réactions.

Un certain nombre de nos fidèles lecteurs nous ayant fait cependant observer que quelques examinateurs demandent parfois des formules au Brevet simple, nous modifions notre volume en y introduisant un aperçu élémentaire très succinct du mode d'emploi des principales formules, afin de permettre à l'élève qui voudrait pousser plus loin l'étude de la chimie de posséder la clef de la notation atomique, seule admise aujourd'hui.

Nous avons ajouté également les formules des principales préparations.

On trouvera peut-être que nous avons un peu trop développé les questions de chimie organique : nous l'avons fait à dessein. Rien n'est plus pratique, par conséquent plus important, que cette branche des études chimiques ; c'est pour cette raison que nous avons cru devoir leur donner quelque développement.

Un très grand nombre de bonnes figures viennent éclairer le texte.

Nous offrons avec confiance cette nouvelle édition aux élèves.

Nous n'avons entrepris ce travail qu'avec l'espoir de leur être utile et nous espérons que *Maîtres* et *Élèves* lui réserveront un aussi favorable accueil qu'à nos précédentes publications.

AVIS

POUR LA DIXIÈME ÉDITION

Nos lecteurs trouveront dans cette dixième édition un livre très amélioré. Nous l'avons refondu avec le désir, tout en conservant la clarté qui lui a valu son succès, de donner quelques nouveaux développements, surtout en *électricité*.

Nous avons ajouté un grand nombre d'applications journalières qui le rendent encore plus pratique. Des devoirs proposés à la fin de chaque chapitre, devoirs faciles en général, permettront de vérifier si les connaissances ont été réellement acquises par les élèves.

Un bon nombre de figures ont été refaites afin de les rendre plus claires et quelques-unes ont été ajoutées.

Nous nous sommes ingénié à présenter des **tableaux synoptiques** qui permettent d'embrasser d'un coup d'œil les matières contenues dans le chapitre étudié : le principe posé, les conséquences se lisent avec facilité. C'est un point important sur lequel nous attirons l'attention bienveillante de nos lecteurs. De plus, des **tableaux synoptiques de revision** viennent se placer à la fin de chaque grande partie. Nous espérons que, sous sa nouvelle forme, notre volume continuera à jouir de la vogue qu'il n'a cessé d'obtenir depuis son apparition.

Nous devons des remerciements particuliers à nos amis MM. Lecat, professeur au lycée Janson-de-Sailly et Michaëlis, professeur au Cours complémentaire de la rue du Moulin des Prés, à Paris, qui nous ont aidé dans les remaniements de cette dixième édition.

ÉLÉMENTS

DE

SCIENCES PHYSIQUES

PREMIÈRE PARTIE

PHYSIQUE

CHAPITRE PREMIER

Matière. — Corps. — Molécules. — État des corps. — Propriétés générales de la matière. — Étendue. — Impénétrabilité. — Divisibilité. — Porosité. — Compressibilité. — Élasticité. — Inertie.

Matière, Corps. — Les physiciens désignent sous le nom de matière tout ce qui est susceptible d'être apprécié par nos sens.

Nous pouvons toucher, voir, sentir, goûter même le bois, le marbre, l'eau, etc. Nous dirons d'eux qu'ils sont *matériels.*

L'air est-il matériel ? Pour nous en rendre compte, nous n'avons qu'à nous rappeler que lorsqu'il fait du vent, nous *sentons* un frôlement particulier sur notre visage ; le vent n'est autre chose qu'une grande masse d'air qui en se déplaçant vient impressionner la peau. Nous pouvons donc nous mettre en rapport avec l'air, grâce au sens du toucher ; l'air est donc de la *matière.*

Toute partie limitée de la matière prend le nom de **corps**. Une règle, par exemple, est une portion limitée de bois qui est de la matière, nous dirons donc qu'elle est un *corps*. Par la même raison, une boule de cuivre, partie limitée de la matière, est un *corps*, etc.

Molécules. — Si nous prenons un corps quelconque, un morceau de craie, par exemple, et que nous le brisions en deux, puis chacun des deux morceaux résultant de cette rupture en deux autres, et ainsi de suite, on arrivera à séparer le morceau de craie en parties très petites, tellement petites que nos doigts seront trop grossiers pour continuer cette série de fractionnements. Nous pourrons néanmoins continuer cette opération par la *pensée*, et nous arriverons ainsi à concevoir qu'il y aura un moment où nous ne pourrions plus rien briser. Le fragment serait devenu tellement petit qu'il échapperait à toute cause tendant à le diviser encore.

On donne le nom de **molécules** à ces parties infiniment petites des corps et, de ce qui précède, nous pouvons tirer cette conclusion qu'un corps est formé d'une *réunion de molécules*.

Il est bien entendu cependant que ces molécules sont *une conception de l'esprit*, qu'aucun instrument grossissant ne nous permet de les voir. On peut juger, par ce fait, de la quantité énorme de molécules dont la réunion forme un corps même très petit.

Ce qui paraît bien certain, c'est que ces molécules ont la double propriété de *s'attirer* et de se *repousser les unes les autres*.

Divers états de la matière. — Dans certains corps, la force d'attraction l'*emporte* sur la force de répulsion ; tel est le cas du bois, par exemple. Nous dirons alors que le corps est un **solide**.

Cette attraction est si puissante que les molécules ne

peuvent être séparées facilement, qu'elles gardent, les unes par rapport aux autres, une position toujours la même. Aussi les solides ont-ils une *forme déterminée*. Les physiciens désignent sous le nom de **cohésion** cette force d'attraction entre molécules, qui domine chez les solides.

Dans une seconde catégorie de corps dont l'*eau* peut nous donner une idée, la force de répulsion est *sensiblement égale* à la force d'attraction. Il résulte de ce fait que les molécules ont une certaine liberté relative les unes vis-à-vis des autres, qu'elles peuvent se déplacer, ce qui explique pourquoi l'eau *n'a pas de forme par elle-même*, mais qu'elle prend celle des vases dans lesquels on la renferme. C'est à cette seconde espèce de corps qu'on donne le nom de **liquides**. Citons avec l'eau, comme exemples de liquides, l'*huile*, le *vin*, etc., etc.

Enfin un troisième groupe de corps est remarquable par ce fait que la répulsion entre les molécules l'*emporte* sur l'attraction.

Par conséquent l'air, qui est le type de ce groupe, tend toujours à occuper un volume plus considérable. Nous aurons occasion de le prouver dans la suite de ces leçons. On désigne sous le nom de **gaz** les corps qui appartiennent à ce troisième groupe et nous citerons comme exemple, à côté de l'air, le *gaz d'éclairage* bien connu de tous et dont l'odeur spéciale nous révèle la présence ; le *gaz acide carbonique* qui monte en petites bulles dans l'eau de Seltz, etc., etc.

Pour nous résumer, nous dirons qu'il y a trois états de la matière : l'état solide, l'état liquide, l'état gazeux.

La matière subit des *transformations* appelées **phénomènes**.

Les phénomènes peuvent être *physiques* (barre de fer

qui s'allonge lorsqu'on la chauffe) ou *chimiques* (fer qui se rouille, s'oxyde).

Les *phénomènes physiques* n'altèrent pas la *nature* des corps (barre de fer qui s'allonge, pierre qui tombe, bâton de caoutchouc durci qui attire les corps légers lorsqu'on le frotte).

La Physique étudie ces phénomènes, leurs causes, leurs conséquences et les applications que l'homme a su en tirer, mais elle ne s'occupe pas des phénomènes chimiques.

PROPRIÉTÉS GÉNÉRALES DE LA MATIÈRE

La matière possède un certain nombre de propriétés qu'il s'agit maintenant d'étudier les unes après les autres.

Étendue. — La première d'entre elles est l'**étendue,** qui est la propriété que possèdent les corps d'*occuper une place dans l'espace.*

Chaque corps, aussi petit qu'il soit, occupe une place dans l'espace; une pointe d'aiguille, un de ces animaux infiniment petits qu'on ne peut voir qu'avec des instruments très grossissants ont la propriété d'*étendue.*

Impénétrabilité. — *Deux corps ne peuvent pas occuper au même moment la même place dans l'espace.* S'il en était autrement, ces deux corps pourraient entrer l'un dans l'autre et se confondraient entièrement, ce qui n'existe pas. Cette propriété de la matière se nomme **impénétrabilité.** Certains faits mal interprétés pourraient faire croire au contraire que la matière est pénétrable.

Lorsqu'on enfonce un clou dans du bois, par exemple, on dit *qu'il y pénètre;* or si le clou s'enfonce, ce n'est pas parce qu'il pénètre, mais parce qu'il *écarte* les molécules du bois afin de prendre leur place. Les deux corps, fer et bois, ne se confondent donc pas, mais le premier refoule le second et prend sa place..

Divisibilité. — Arrivons maintenant à une troisième propriété de la matière.

Les corps peuvent être séparés en parties de plus en plus petites, la *matière est divisible à l'infini*, disent les physiciens.

Quelques exemples permettront de montrer combien la matière est **divisible** à l'infini. Une goutte d'encre rouge, versée dans un grand bocal d'eau, colore cette eau dans toutes ses parties ; un morceau de musc, substance d'une odeur très forte, transporté dans plusieurs pièces, les remplira de son odeur sans que le fragment de musc ait sensiblement perdu de son poids ; par conséquent il faut bien admettre qu'il s'est détaché de ce corps des particules odorantes très petites et que le musc est divisible en parcelles infiniment petites (molécules).

Porosité. — Nous avons vu plus haut que tout corps est formé de molécules ; il ne faut pas croire que ces molécules soient en contact absolu les unes avec les autres, elles présentent entre elles des espaces auxquels on donne le nom de **pores**. C'est cette propriété de la matière que l'on désigne sous le nom de **porosité**. Théoriquement, les pores ne sont pas plus visibles que les molécules, mais dans la pratique, on donne le nom de *corps poreux* à ceux qui laissent plus ou moins facilement filtrer entre les molécules les liquides et les gaz ; en réalité, il s'agit ici d'espaces vides, véritables interstices, et non des pores.

Lorsque le vin est trouble, si l'on veut le rendre clair, il suffit de le verser sur une feuille de papier buvard, le papier retiendra les impuretés et le vin passera clair à travers les interstices.

C'est par la même raison qu'on peut entièrement décolorer le vin rouge, en le versant sur du *charbon* ou du *noir animal*, substance obtenue par la calcination des os d'animaux en vase clos ; la matière colorante rouge du vin est retenue par le noir animal et le liquide, clair comme de l'eau, passe.

Il existe des corps chez lesquels l'existence des pores paraît plus difficile à admettre : les métaux par exemple. Une expérience restée célèbre, celle des académiciens de Florence, sert à démontrer la porosité des métaux.

Ils prenaient une boule métallique creuse, la remplissaient d'eau, puis fermaient hermétiquement par une soudure l'ouverture de la boule ; frappant ensuite sur la sphère avec des maillets, ils voyaient des gouttes d'eau perler à la surface ; les gouttes ne pouvaient provenir que de l'intérieur de la boule : *elles étaient passées à travers les pores.*

Compressibilité. — **La compressibilité** *est la propriété que possèdent les corps de pouvoir diminuer de volume sous l'influence d'une pression quelconque.*

La compressibilité est une conséquence de la porosité, car pour forcer un corps à diminuer de volume, il faut admettre un rapprochement de molécules, et ce rapprochement ne peut s'effectuer que grâce aux espaces vides que celles-ci offrent entre elles.

De tous les corps, les plus compressibles sont les gaz. Nous avons vu plus haut qu'ils tendaient à occuper toujours une plus grande place ; inversement, on peut forcer les gaz à occuper un volume très petit. Dans cette opération, on rapproche les molécules, et lorsque ce rapprochement est devenu suffisant, on a transformé le gaz en un corps liquide. La compression est, en effet, un moyen de *liquéfier les gaz.*

On démontre facilement la compression des gaz à l'aide du **briquet à air** (fig. 1), qui n'est autre qu'un tube en cristal à parois très épaisses, porté sur un pied qu'on peut fixer à une table. Dans ce tube se meut un piston, c'est-à-dire une tige munie à son extrémité inférieure d'une masse de cuir qui frotte le long du tube. On abaisse le piston et à mesure que cet abaissement s'effectue, l'opérateur sent une résistance de plus en plus forte, c'est que l'air a été refoulé et qu'il réagit à tel point que si l'on abandonne la tige du piston, on verra ce dernier remonter avec une grande vitesse, le gaz tendant à reprendre son volume primitif.

La compressibilité des gaz s'accompagne d'un dégagement considérable de *chaleur*. On sait que tout frottement développe de la chaleur : c'est ce qui arrive lorsque nous frottons une allumette pour l'enflammer. Or, en comprimant brusquement un gaz, on force les molécules à frotter les unes sur

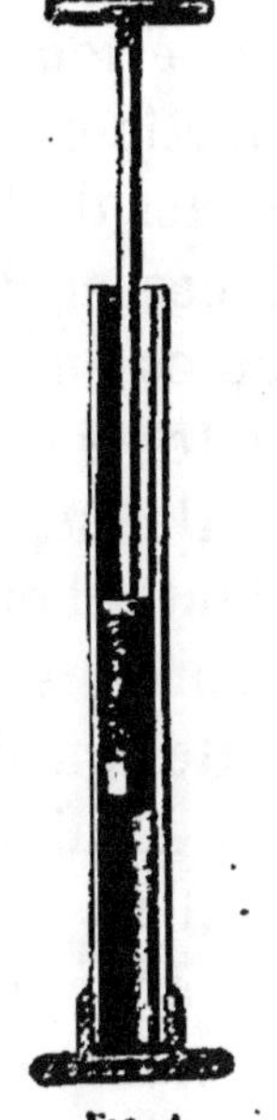

Fig. 1.
Briquet à air.

les autres, d'où une grande chaleur développée. En attachant au piston du briquet à air un morceau d'amadou et, en comprimant l'air brusquement, l'*amadou prend feu*.

Les liquides ne sont pas très compressibles ; aussi en comprimant de l'eau dans un vase de verre bien plein, on risque fort de le briser. Les solides sont également peu compressibles ; cependant, par le martelage, on comprime les métaux de manière à diminuer sensiblement leur volume.

Élasticité. — Les corps sont également doués de la propriété d'**élasticité**, c'est-à-dire que si, par un moyen quelconque, on déforme un corps, celui-ci reprend sa forme première dès que la cause *qui agit pour la déformer cesse de se produire.*

Prenons une canne de jonc, par exemple, et plions-la en la saisissant par ses deux extrémités, puis cessons d'exercer l'effort : la canne redevient droite en vertu de l'*élasticité*. Il est facile de concevoir qu'en faisant cette expérience, nous avons rapproché les molécules de la partie concave de la canne, tandis que nous avons écarté celles de la partie convexe; mais lorsque l'effort est venu à cesser de s'exercer sur les deux extrémités, les molécules de la partie convexe tendant à se rapprocher, le bâton s'est redressé naturellement.

Il peut arriver cependant que, dans l'expérience précédente, l'effort ayant été trop énergique, les molécules ne reprennent pas leur position primitive; dans ce cas, le bâton garde la nouvelle forme que l'effort lui a fait prendre : on dit alors que la *limite d'élasticité a été dépassée*.

Il est donc important de bien comprendre que le phénomène d'élasticité consiste essentiellement dans un *déplacement moléculaire*. Lorsqu'une balle élastique frappe le sol, elle rebondit; c'est qu'en effet les molécules ont été déplacées au moment où la balle a rencontré la terre qui est résistante, puis ces molécules ont repris leur position, d'où le rebondissement de la balle.

On démontre facilement l'aplatissement d'une bille qui, tombant, rencontre un plan résistant, en trempant dans de l'huile une bille de marbre; on fixe sur une table également en marbre une feuille de papier blanc sur laquelle on applique la bille; celle-ci laisse sur le papier une trace circulaire. Si maintenant nous laissons tomber la bille d'une certaine hauteur sur le papier, elle tracera un cercle *plus grand*, ce qui indique bien qu'elle a subi un aplatissement en rencontrant le plan résistant. Ajoutons que cet aplatissement sera d'autant plus considérable que la bille tombera d'une plus grande hauteur.

De tous les corps, les gaz sont les plus élastiques; le

briquet à air nous a démontré cette élasticité; viennent ensuite certains solides tels que le caoutchouc, le jonc, l'acier en lames, etc.; enfin les liquides viennent en dernier lieu, ils sont à peine élastiques.

Inertie. — Une dernière propriété de la matière est l'inertie. Supposons un corps en repos ou en mouvement; *si rien ne vient agir sur lui* pour le tirer de son état, *il n'y a pas de raison pour qu'il en sorte*. Un objet placé sur une table restera perpétuellement dans la même position si rien ne vient le déranger. Une balle lancée continuerait son mouvement et ne s'arrêterait jamais si une influence que nous étudierons plus tard, l'attraction qu'exerce la terre, ne forçait la balle à tomber et n'arrêtait son mouvement. Cette propriété se nomme *inertie*. La matière est *inerte*, c'est-à-dire incapable par elle-même d'entrer en mouvement si elle est en repos ou, inversement, de rentrer dans le repos si elle est en mouvement.

L'inertie nous rend compte d'une quantité de faits qu'il est utile de rappeler. Une personne placée dans un wagon qui marche avec une vitesse déterminée, 40 kilomètres à l'heure je suppose, possède la vitesse de la voiture dans laquelle elle voyage; si le wagon s'arrêtait brusquement, le voyageur en vertu de la vitesse qu'il possède et qu'il garde encore quelques instants, serait projeté sur la partie du compartiment qui lui fait face. Une personne placée dans un véhicule dont les chevaux s'emportent ne doit pas sauter dehors, car elle risque en vertu de l'inertie, de rouler sur le sol.

Enfin, dans un omnibus en marche, un voyageur qui descend la face tournée vers la voiture, incline son corps en arrière, car s'il descendait le corps droit, la vitesse qu'il possède encore le projetterait en avant et déterminerait une chute; avec la précaution indiquée, le corps reprend sa position verticale.

RÉSUMÉ SYNOPTIQUE DU CHAPITRE Ier

LA MATIÈRE
(Tout ce qui peut impressionner nos sens.)

Corps. — Partie limitée de la matière.

Molécules. — Plus petites portions d'un corps, que l'esprit puisse concevoir. Elles s'attirent et se repoussent.

Trois états.

- *Solide :* Grande cohésion des molécules. Volume et forme déterminés .... } Volume d'eau dans des vases de formes différentes.
- *Liquide :* Faible cohésion des molécules. Volume déterminé. Pas de forme propre... } Retourner un verre sur l'eau ; en aspirer l'air.
- *Gazeux :* Répulsion des molécules. Ni volume ni forme propres ....

Phénomènes.

- Transformations de la matière .... } Diapason qui vibre.
- Les phénomènes *physiques* n'altèrent pas la nature des corps .... } Bâton d'ébonite qui, frotté, attire les corps légers.

Propriétés générales.

- Étendue.
- Impénétrabilité .... } Bâton dans l'eau, clou dans le bois.
- Divisibilité .... } Goutte d'encre dans une cuvette d'eau.
- Porosité .... } Décoloration du vin par le noir animal.
- Compressibilité .... } Briquet à air, pompe à bicyclette.
- Élasticité .... } Bille tombant sur le marbre.
- Inertie .... } Emmanchement d'un outil, d'un balai.

Devoirs : Citez 3 phénomènes physiques.

Quels sont les caractères qui différencient les solides, les liquides, les gaz ?

Quels sont les corps les plus compressibles, les plus élastiques ? — les moins compressibles, les moins élastiques ?

CHAPITRE II

Pesanteur. — Poids des corps. — Centre de gravité. — Équilibre des corps.

Tous les corps s'attirent. — *La matière attire la matière.* — De même que les molécules des corps s'attirent entre elles, les corps s'attirent entre eux. Des fragments de liège flottant sur l'eau d'un vase s'attirent les uns les autres, se groupent ; les petits amas formés sont attirés par les parois du vase et viennent s'y appliquer.

Les astres s'attirent les uns les autres ; de leurs attractions combinées résultent leurs mouvements (*gravitation universelle*) et leur équilibre.

Pesanteur. — Lorsque nous tenons un objet à la main et que nous l'abandonnons, il tombe en vertu d'une force attractive exercée par la terre. Cette force, que l'on nomme **pesanteur**, se produit à toutes les distances et à travers toutes les substances.

Par le raisonnement, on arrive à démontrer que c'est au centre de la terre qu'est le siège de l'attraction. *La pesanteur a donc pour résultat d'attirer les corps au centre de la terre.* L'illustre Anglais Newton eut le premier l'idée des phénomènes de la pesanteur, en voyant tomber une pomme d'un arbre.

Lorsqu'un objet est placé sur un plan horizontal, il ne tombe pas parce qu'il est soutenu, mais il n'en est pas moins influencé par la pesanteur. On en a la preuve en plaçant un corps très lourd sur une planche mince, celle-ci ploie, et au bout de peu de temps, ou bien elle se brise ou si elle est suffisamment résistante elle porte l'empreinte du corps attiré par la terre.

Un corps étant formé de molécules, et chacune de ces molécules étant attirée vers la terre, en

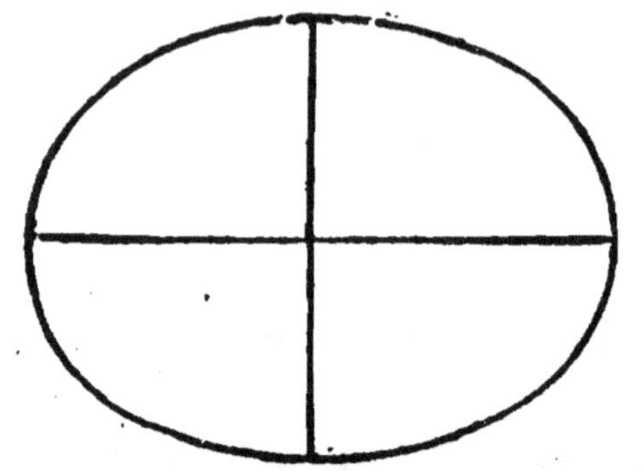

Fig. 2. — **Forme ellipsoïdale de la terre.**

faisant l'addition de toutes ces forces, on aura le **poids du corps.** On pourra donc définir le poids d'un corps : *la somme des forces qui attirent les molécules du corps vers la terre.*

Un même corps n'a pas le même poids sur les différentes parties du globe. Il pèse plus au pôle qu'à l'équateur, la figure 2 explique la chose. La terre n'est pas exactement ronde, elle est aplatie aux pôles; or l'attraction est exercée par le centre de la terre sur les objets extérieurs, par conséquent les pôles étant plus rapprochés du centre, les corps qui s'y trouvent doivent subir plus fortement l'action de la pesanteur et peser davantage.

Verticale, Horizontale, Antipodes. — On appelle verticale la direction que suit un corps lorsque, abandonné à lui-même, il tombe. La verticale est *perpendiculaire* à la surface des eaux dormantes. La direction de la verticale dans un endroit quelconque du globe se détermine au moyen du *fil à plomb.* Ce petit instrument bien simple (fig. 3) se compose d'une ficelle à l'extrémité de laquelle on a suspendu un corps pesant, une petite masse de plomb, par exemple.

Les maçons l'emploient pour établir un mur bien verticalement, il suffit de placer des pierres les unes au-dessus des autres, de façon qu'elles touchent le fil par une de leurs faces.

Suivant par la pensée la verticale du lieu où nous nous trouvons de Paris, par exemple AA' (fig. 4), elle arrive

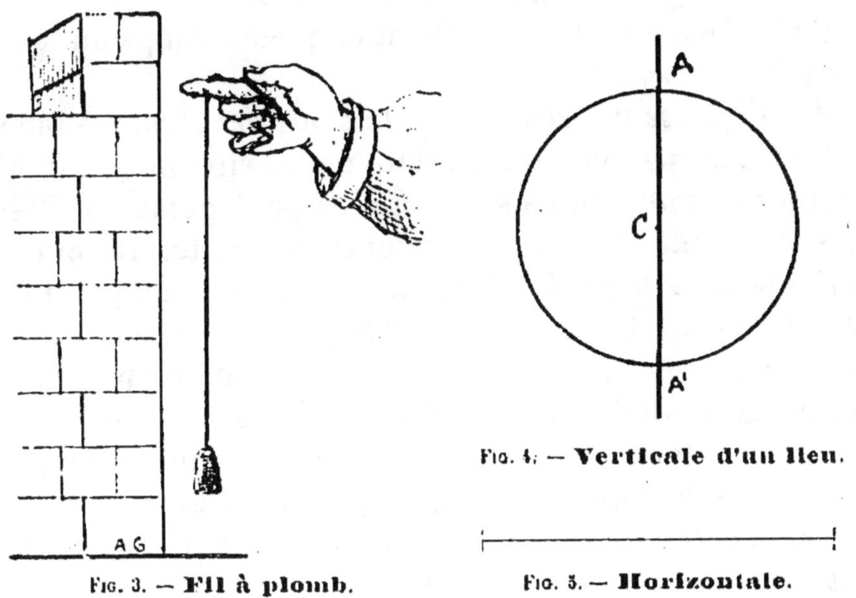

Fig. 3. — Fil à plomb.

Fig. 4. — Verticale d'un lieu.

Fig. 5. — Horizontale.

au centre de la terre; si nous la supposons prolongée, elle ira rencontrer la terre en un point A' diamétralement opposé au point A; c'est ce point que les géographes désignent sous le nom d'antipodes. Les Anglais ont donné le nom d'*îles des Antipodes* à un groupe d'îles situées en Polynésie, et qui est très voisin des antipodes de Greenwich.

Nous donnerons le nom d'horizontale (fig. 5) à la ligne qui se confond avec la surface des eaux tranquilles. Ces deux expressions de verticale et d'horizontale étant fréquemment employées en physique, il est nécessaire d'en comprendre exactement la signification.

Chute des corps. — La *vitesse* d'un corps en mouvement est la longueur de son trajet pendant l'unité de temps (une seconde, généralement).

Dans le vide les corps tombent avec la même vitesse. — Newton l'a prouvé en faisant tomber des objets différents : papier, barbes de plume, morceaux de liège, grains de plomb, dans un tube d'où l'air avait été aspiré. Tous ces objets tombent en même temps au fond du tube.

L'air oppose une résistance à la chute des corps. — Dans l'air, les corps tombent d'autant moins vite qu'ils offrent un plus grand volume sous un plus petit poids. Ceci est mis en évidence par l'expérience suivante. Découper une rondelle de papier ayant le diamètre d'une pièce de $0^{fr},10$. Laisser tomber la rondelle et le gros sou, séparément, et d'une même hauteur : le sou tombe le premier ; placer la rondelle sur le sou, lâcher le tout : la rondelle de papier tombe avec la même vitesse que le sou, la résistance de l'air ne s'exerçant pas sur elle.

Les espaces parcourus sont proportionnels aux carrés des temps. — L'expérience prouve qu'un corps — pour lequel la résistance de l'air est négligeable — parcourt, à Paris, dans la 1re seconde de sa chute $4^m,90$, que pendant les deux premières secondes il parcourt $4^m,90 \times 2 \times 2 = 19^m,6$ et que pendant les trois premières secondes il parcourt $4^m,90 \times 3 \times 3 = 44^m,10$, etc.

Comme nous l'avons indiqué plus haut, ces chiffres augmentent suivant qu'on se rapproche des pôles ou qu'on s'éloigne de l'équateur, c'est-à-dire qu'ils augmentent avec la latitude.

Centre de gravité. — Nous venons de voir que le poids d'un corps est égal à la somme des forces qui s'exercent sur chaque molécule. Elle peut donc être réduite à une force unique qui doit forcément passer par un point du corps; c'est à ce point que l'on donne le nom de **centre de gravité** (fig. 6). Supposons que le centre de gravité se trouve soutenu, appuyé sur une table, par exemple, l'influence de la pesanteur ne pourra plus s'exercer sur le corps, et nous dirons qu'il est **en équilibre.**

Fig. 6. — Centre de gravité.

La position du centre de gravité varie suivant les corps. Lorsqu'ils sont de forme irrégulière, cette position peut être déterminée pour chacun d'eux au moyen d'une expérience très simple, qui consiste à suspendre le corps par deux points différents à l'aide d'un fil. Lorsque le corps est suspendu, son centre de gravité est au-dessous du point d'attache du corps. En prolongeant, par la pensée, le fil de suspension dans deux positions différentes, le centre de gravité sera au point où les deux lignes se rencontrent. S'agit-il au contraire de corps à forme régulière, cette position est déterminée une fois pour toutes : c'est ainsi que, dans une sphère, le centre et le centre de gravité se confondent, que, dans un cylindre, il est au milieu de la droite qui joint le centre des deux bases, etc. Il est bon de savoir que le centre de gravité de certains corps est en dehors des corps. C'est ainsi qu'il se confond avec le centre de figure dans un anneau.

Équilibre des corps. — Un corps est en équilibre lorsqu'il est en repos.

Pour qu'un corps soit en équilibre, il faut que la verticale de son centre de gravité passe par son point de suspension, si le corps est suspendu, ou par la base de sustentation, s'il est soutenu sur un plan.

On distingue trois sortes d'équilibres :

Équilibre stable. — Un corps est en équilibre stable lorsque, éloigné de sa position d'équilibre, il tend à y

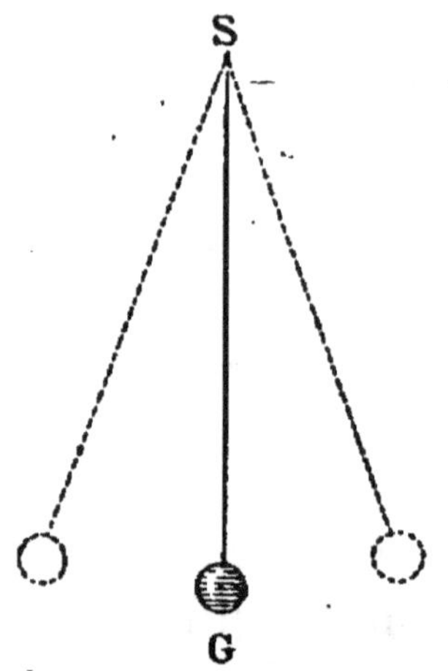

Fig. 7. — **Equilibre stable.**

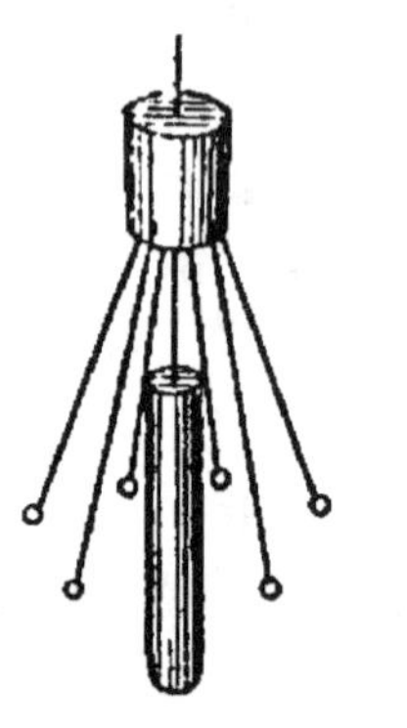

Fig. 8. — **Equilibre stable.**
Épingles à chapeau piquées dans un bouchon traversé d'une aiguille.

revenir. Le centre de gravité est au-dessous du point de suspension (fig. 7 et 8).

Équilibre instable. — Un corps est en équilibre instable lorsque, écarté de sa position d'équilibre, il tend à s'en éloigner davantage. Une canne placée par une de ses extrémités sur un doigt est dans un état d'équilibre. On sait qu'il est très difficile de la maintenir dans cette position, car la base de sustentation est très peu large. Aussi voit-on la personne qui soutient la canne faire des mouvements en tous sens, afin de mettre son doigt sur la verticale du centre de gravité (fig. 9, 10 et 11).

Pour augmenter la stabilité des corps soutenus on a donc tout intérêt à les rendre pesants par le bas pour abaisser le centre de gravité (fond des bouteilles, des verres, essieux et roues des voitures, etc.), et à élargir leur base de sustentation pour que la verticale du centre de gravité tombe toujours sur cette base (larges pieds des verres, tricycles, trépieds, etc.).

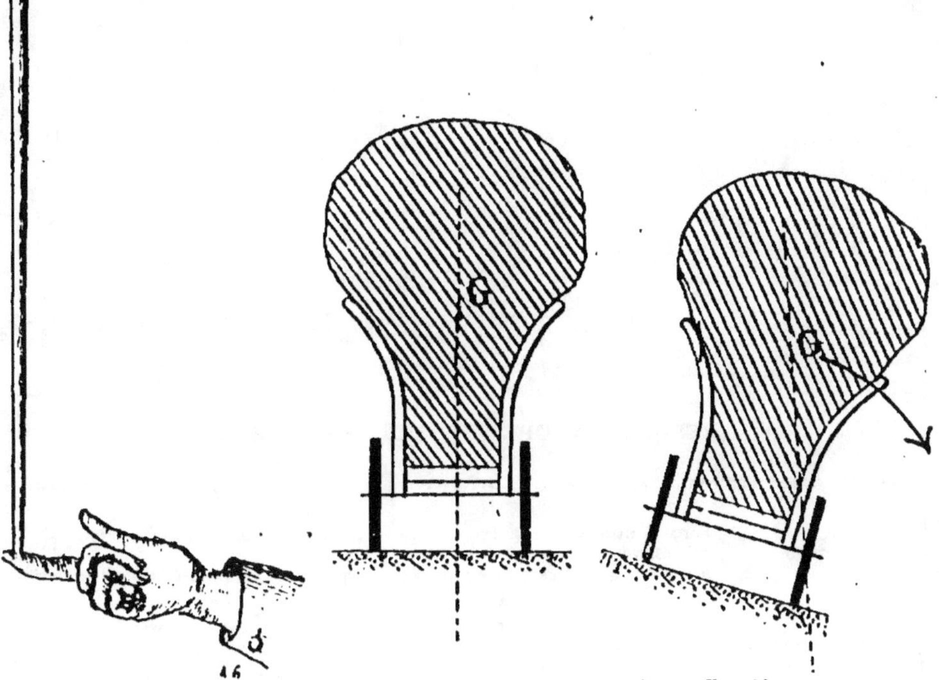

FIG. 9.   FIG. 10.   FIG. 11.
Équilibre instable. Charrette en équilibre. Équilibre rompu.

Équilibre indifférent. — Le corps est en équilibre dans n'importe quelle position. Un boule posée sur un plan est en équilibre indifférent, car la verticale de son centre de gravité passe toujours par la base de sustentation (point de tangence) (fig. 12).

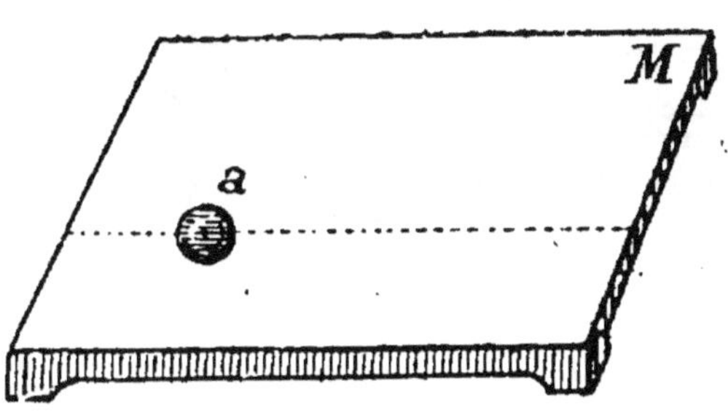

FIG. 12. — **Équilibre indifférent.**

Devoirs. — Il faut à une balle de plomb 5 secondes pour tomber au fond d'un puits de mine. Dire la profondeur de ce puits.
    (*Idem :* 3 secondes 1/4, 4 secondes 1/2.)
Trouver le temps qu'il faudrait à une pierre pour tomber du haut d'une tour de 396^m,90.
Citer des corps dont le centre de gravité coïncide avec le centre géométrique.

RÉSUMÉ SYNOPTIQUE DU CHAPITRE II

LA MATIÈRE ATTIRE LA MATIÈRE				
	Tous les corps s'attirent..........			*Fragments de liège sur l'eau d'un vase.*
	Pesanteur.	Force d'attraction de la Terre........................ Elle est verticale (centre de la Terre). Elle s'applique au *centre de gravité* des corps......		*Fil à plomb.* *Recherche du centre de gravité.*
	Les corps tombent	*dans le vide* avec la même vitesse............... *dans l'air* avec des vitesses diversement retardées par la résistance de l'air.......................		*Tube de Newton.* *Pièce de 0ᶠ10 et rondelle de papier de même diamètre.*
	et			
	parcourent des espaces	qui sont proportionnels aux carrés des temps (résistance de l'air négligée): qui varient suivant la latitude. (A Paris, 4ᵐ,90 pendant la première seconde.)		
	L'équilibre est l'état de repos d'un corps.	*Condition d'équilibre.*	Il faut que la verticale du centre de gravité du corps passe par le point auquel le corps est suspendu ou par la base qui le soutient........	*Équilibres.*
		Divers équilibres.	stable.................... instable..................... indifférent........................	*Rendre des corps plus ou moins stables (Éprouvette à pied vide, la même retournée, la même contenant un peu de mercure).*

CHAPITRE III

Repos et mouvement. — Notions sur les forces; leur mesure. — Force centrifuge. — Leviers. — Balance. — Du pendule : ses applications au réglage des horloges.

Repos. — Supposons un corps occupant une position dans l'espace, position dont il ne s'écarte pas, nous dirons qu'il *est en repos.*

Dans la nature, le mot *repos* doit être pris dans un sens relatif.

Ce livre, qui est sur ma table, est en repos, mais en *repos relatif;* car il fait partie de la terre, et la terre tourne autour du soleil. Au contraire, tout corps qui va d'un point à un autre de l'espace est dit *en mouvement.*

Forces, leur mesure. — Une force est une cause quelconque qui modifie, ou tend à modifier l'état de repos ou de mouvement d'un corps.

Revenons à l'exemple d'inertie donné plus haut, un objet placé sur une table; si notre main venait à saisir cet objet pour le déplacer, nous interviendrions pour détruire l'état d'inertie et dans ce cas notre main serait une *force.* On désigne donc d'une manière générale sous ce nom *toute cause capable de détruire momentanément la propriété d'inertie.*

Les forces sont de deux espèces : elles prennent le nom de puissance, lorsqu'elles mettent en mouvement un corps qui est en repos; la main qui saisit un objet pour le déplacer est une *puissance.* Une force est, au contraire, désignée sous le nom de **résistance** lorsqu'elle tend à faire rentrer en repos un corps en mouvement. Une raquette tenue par une personne dont la main est immobile est une *résistance*, car le volant qui est en mouvement la frappe et retombe dans l'état de repos.

Les forces se mesurent à l'aide du **dynamomètre** qui repose sur le fait suivant. Imaginons une lame d'acier en forme de V (fig. 13). Si nous cherchons à rapprocher l'une de l'autre les deux lames, il est bien évident que ce rapprochement se fera d'autant mieux que l'*effort exercé sur l'instrument sera plus grand*.

Tel est le principe du dynamomètre dont nous allons donner la description.

Il se compose d'une lame d'acier fléchie en V; aux deux branches du V, A B, A C, sont soudées deux lames K E et D C, portant

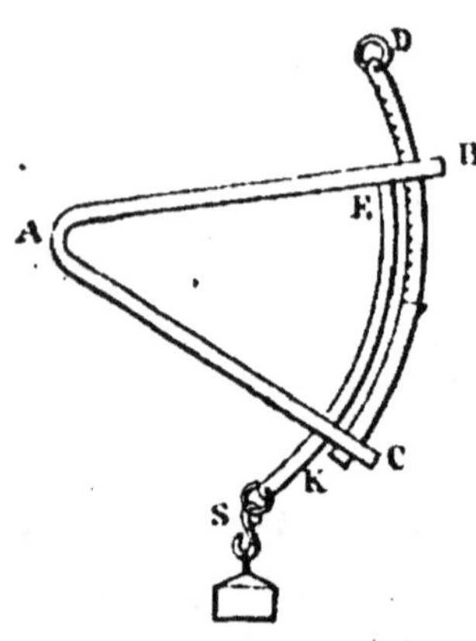

Fig. 13. — **Dynamomètre.**

chacune un crochet D et S. On conçoit aisément que si le crochet D est solidement fixé, tout effort s'exerçant sur S tend à rapprocher A B de A C, et que plus cet effort sera considérable plus aussi le rapprochement sera grand.

Pour graduer cet instrument, on suspend au crochet S un poids d'un kilogramme. La traction opérée par le poids fait descendre la lame A B, et à l'endroit où elle s'arrête sur la lame D C, on marque 1 kilogramme. Puis on suspend successivement des poids de 2, 3, 5, 10 kilogrammes, etc., et on marque ces valeurs sur D C.

Pour évaluer la valeur d'une force, celle du bras, par exemple, il suffit de tirer sur le crochet S, le crochet D étant fixé et à l'endroit où s'arrête la lame A B, on n'aura qu'à lire sur la graduation le chiffre pour avoir la valeur de la force en kilogrammes.

Travail d'une force. — *C'est le produit de l'intensité de la force par le chemin que parcourt son point d'application.*

Le travail d'une force s'évalue en *kilogrammètres*.

Le kilogrammètre est le travail nécessaire pour élever 1 kilogramme à 1 mètre de hauteur. J'élève 10 kilogrammes à 1 mètre de hauteur : j'ai produit un travail de 10 kilogrammètres.

Puissance d'une machine. — On évalue la puissance des machines en *chevaux-vapeur*. Un cheval-vapeur équivaut à 75 kilogrammètres produits en 1 *seconde*.

Un machine élève en une seconde 150 kilogrammes à 1 mètre de hauteur, elle produit un travail de 150 kilogrammètres en une seconde; elle a une puissance de 2 chevaux-vapeur $\left(\dfrac{150}{75} = 2 \right)$.

Force centrifuge. — Parmi les forces, il en est une qui mérite d'attirer plus particulièrement l'attention, c'est la force centrifuge. Lorsqu'on fait tourner un corps autour d'un point fixe, ce corps a toujours tendance à s'éloigner du centre de rotation ; il semble fuir ce centre, d'où le

Fig. 14. — **Appareil servant à démontrer la force centrifuge.**

nom de *centrifuge*, qui a été donné à la force qui agit sur lui.

On démontre facilement l'existence de la force centrifuge au moyen d'un petit appareil (fig. 14) qui consiste essentiellement en une baguette horizontale en bois fixée à la baguette verticale. Parallèlement à la baguette horizontale se trouve un fil tendu dans lequel on enfile deux billes. On place ces billes l'une contre l'autre vers le milieu du fil, puis on fait tourner le système et on voit alors les billes quitter leur première position *pour se porter vers les extrémités du fil.*

La force centrifuge nous explique pourquoi la terre est aplatie aux pôles. A l'origine, c'était une boule liquide tournant sur elle-même, par conséquent les molécules tendaient à s'éloigner des pôles pour se porter à l'équateur, d'où aplatissement des pôles; plus tard la couche superficielle du sol s'étant solidifiée, l'aplatissement a persisté.

On peut facilement démontrer l'aplatissement d'une masse liquide qui tourne sur elle-même, au moyen d'une expérience due à Plateau (de Bruxelles). L'huile d'olive étant plus lourde que l'alcool mais plus légère que l'eau ordinaire, on peut arriver, avec quelques tâtonnements, à former avec l'eau et l'alcool un liquide aussi lourd que l'huile.

Si nous versons dans ce liquide un peu d'huile, nous verrons celle-ci former une boule liquide qui restera en équilibre dans le mélange.

Traversons la sphère liquide dans le sens de ses pôles avec une aiguille fine et faisons tourner la masse; à mesure qu'elle tournera plus fort, nous constaterons que cette boule d'huile *s'aplatit aux pôles et se renfle à l'équateur.*

C'est pour combattre l'influence de la force centrifuge qui tend à les précipiter sur les spectateurs que les écuyers qui, dan les cirques, font des exercices debout sur les chevaux, se penchent vers le centre de l'arène : les chevaux eux-mêmes prennent instinctivement cette position.

Certains séchoirs agissent par la force centrifuge. Il suffit d'enfermer le linge mouillé dans des caisses grillées appelées *essoreuses* et de faire tourner rapidement ces caisses autour d'un point central pour que le linge soit projeté avec force contre le grillage et que l'eau s'écoule au dehors.

Le panier grillé qui sert à sécher la salade est aussi une application de la même force. En décrivant un demi-cercle autour de l'épaule comme centre, on projette les feuilles de salade contre le grillage et l'eau tombe à l'extérieur.

La force centrifuge explique encore pourquoi les roues d'une voiture projettent la boue dans le sens de la tangente lorsqu'elles sont en mouvement, etc.

Levier. — On appelle *levier* une barre rigide, mobile

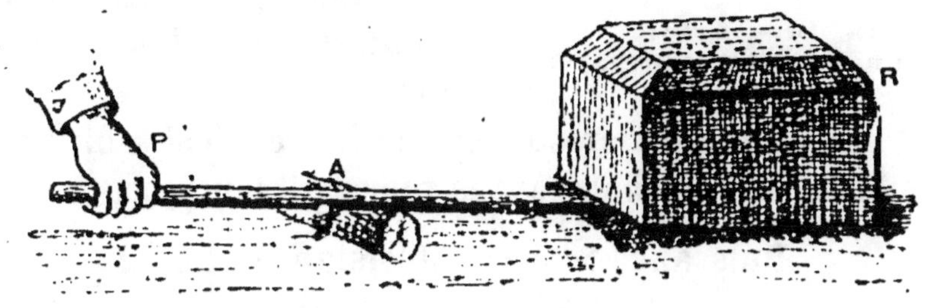

Fig. 15. — Soulèvement d'une pierre.
(Levier du premier genre.)

autour d'un point fixe, avec laquelle on peut produire un effort plus ou moins considérable.

Le levier servira, par exemple, à soulever une pierre pesante, comme l'indique la figure 15. Pour arriver à ce résultat, on appuie la barre sur un objet résistant, on glisse une des extrémités sous la pierre, et on pèse avec la main sur l'autre extrémité.

Il faut considérer dans un levier :

1° le point sur lequel s'appuie la barre (*point d'appui*);

2° le poids de l'objet que l'on veut soulever (*résistance*);

3° la force avec laquelle on agit sur la barre (*puissance*);

4° les deux bras du levier. Le *bras de la puissance* s'étend du point d'application de la puissance jusqu'au point d'appui; *le bras de la résistance* s'étend du point d'appui jusqu'au point d'application de la résistance.

Condition d'équilibre du levier. — *Pour qu'un levier soit en équilibre il faut que le produit de la puissance par la longueur de son bras soit égal au produit de la résistance par la longueur de son bras.*

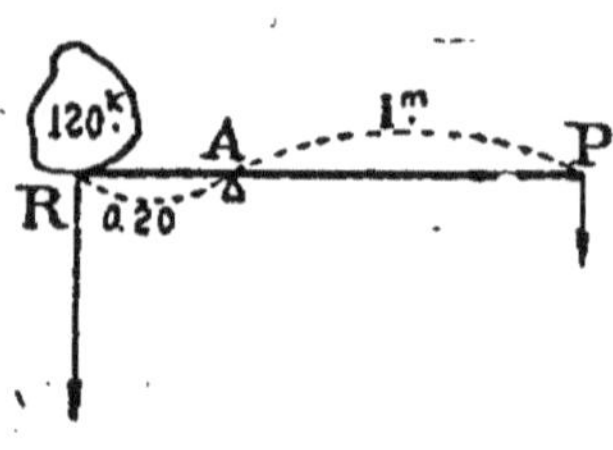

Fig. 16. — **Levier du premier genre.**

Ainsi, dans l'exemple précédent, supposons (fig. 16) que le poids de la pierre soit 120 kilogrammes (résistance), que le levier P R ait 1^m,20 et que le bras A R (résistance) ait 0^m,20. Le bras A P (puissance) a donc 1 mètre de long.

Pour que le levier soit en équilibre, c'est-à-dire pour soulever et pour balancer la pierre, il faut que

$$\text{Puissance} \times 1^m = \text{Résistance} \times 0^m,20$$
$$\text{P} \quad \times 1 \ = 120 \times 0,2$$
$$\text{P} \ = 24^{kg}.$$

La force à déployer est donc de 24 kilogrammes.

On divise les leviers en **trois espèces** suivant la position relative du point d'appui de la puissance, et de la résistance.

Dans le **levier du premier genre** (fig. 15 et 16), le point d'appui est entre la résistance et la puissance; c'est le cas que nous venons d'exposer; un autre exemple de ce levier nous est fourni par les *ciseaux*; le point d'appui est la vis qui réunit les lames; la puissance, la main; la résistance, l'objet à couper.

Dans le **levier du second genre**, c'est la résistance qui est entre le point d'appui et la puissance. Tel est le *casse-noix* (fig. 18) dans lequel le point d'appui est à l'union des lames; la résistance, la noix; la puissance, la main. Telle est également *la brouette* (fig. 17) dont l'invention est attribuée à Pascal; le point d'appui est à l'endroit où la roue touche le sol, le contenu de la brouette représente la résistance, les bras de l'ouvrier la puissance.

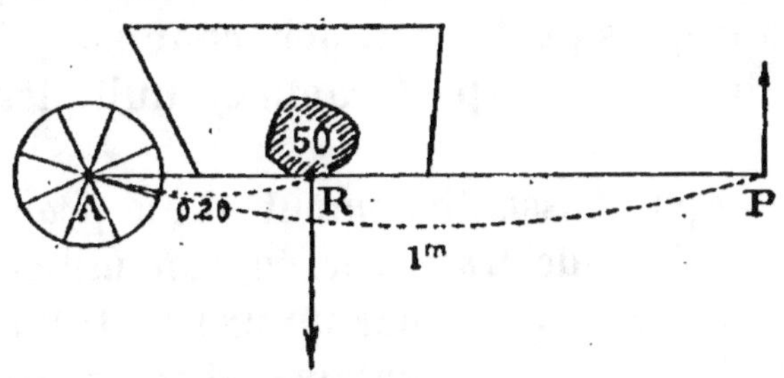

Fig. 17. — **Brouette.** (Levier du deuxième genre.)

$$Pce \times 1^m = Rce \times 0^m,20$$
$$Pce = 50^{k} \times 0,2$$
$$Pce = 10 \text{ kilog.}$$

Fig. 18. — **Casse-noix.**
(Levier du deuxième genre.)

Enfin dans le **levier du troisième genre**, c'est la puissance qui est entre la résistance et le point d'appui. Tel est le cas des *pincettes* (fig. 20) ; le point d'appui est à l'union des branches, la puissance est représentée par la main qui tient l'instrument, la résistance par la bûche que l'on saisit. C'est également le cas de la *pédale du rémouleur* (fig. 19).

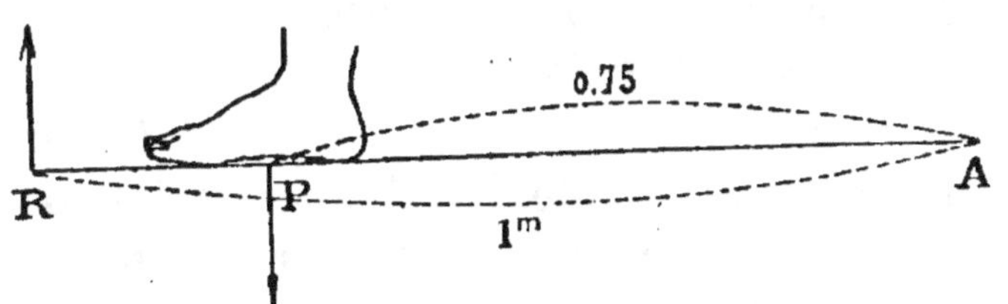

Fig. 19. — **Pédale du Rémouleur.** (Levier du troisième genre.)

$$Pce \times 0,75 = Rce \times 1$$
$$Pce = \frac{Rce}{0,75} = \frac{4R}{3}.$$

Fig. — 20. — **Pincettes.** (Levier du troisième genre.)

Balance (fig. 21). — Une des applications les plus importantes de la théorie des leviers est la balance, qui est un levier de premier genre.

Connue depuis la plus haute antiquité, *la balance sert à déterminer le poids des corps.*

Pour déterminer le poids d'un corps, il faut trouver, au moyen de la balance, les poids marqués, connus, qui peuvent faire équilibre à ce corps (gramme, multiples et sous-multiples).

La balance se compose essentiellement d'un *fléau*, c'est-à-dire d'une barre rigide traversée en son milieu par un prisme triangulaire d'acier ou *couteau*, dont le tranchant déborde en avant et en arrière et vient reposer sur un plan en agate ou en acier poli : ce plan est supporté par une colonne. Au centre du fléau se trouve adaptée une aiguille qui tourne

Fig. 21. — **Balance.**

autour d'un cadran gradué présentant un zéro au milieu de la graduation. Aux deux extrémités du fléau sont suspendus les plateaux de la balance.

Les balances commerciales présentent généralement une disposition un peu différente, la colonne n'existe pas et les plateaux, au lieu d'être suspendus, sont portés par des tiges rigides placées à chacune des extrémités du fléau.

Pour peser un objet, on le place dans un des plateaux. On met ensuite dans le second plateau les poids nécessaires pour amener l'aiguille exactement en face du zéro de la graduation.

Le *fléau* (levier) de la balance étant en équilibre, il

satisfait à la condition générale d'équilibre des leviers :

Puissance × long. de son bras = Résistance × long. son bras.

La puissance est le total des poids marqués, connus, la résistance est le poids du corps :

Poids marqués × long. du bras = Poids du corps × long. du bras correspondant.

Les 2 bras étant égaux, on a :

Poids marqués = Poids du corps.

Conditions auxquelles une balance doit satisfaire. — Une balance doit répondre à *deux conditions*. Elle doit être 1° juste ; 2° sensible.

Les conditions de justesse sont indispensables à une balance qui doit donner *exactement* le poids des corps.

Sous le nom de *sensibilité*, on désigne la facilité avec laquelle l'équilibre est détruit par le moindre poids mis sur un des plateaux, l'autre restant vide. La sensibilité n'est nécessaire que lorsqu'il s'agit de pesées délicates. Une balance de boucherie, par exemple, n'a pas besoin d'avoir la sensibilité d'une balance de pharmacie.

Conditions de justesse. — Il est nécessaire de connaître les conditions à remplir pour qu'une balance soit juste :

1° *Les bras du levier doivent être exactement de même longueur*, car la balance est un levier, et nous avons vu que si un des bras du levier était plus petit que l'autre, la force, c'est-à-dire le poids qui s'y appliquerait, devrait être plus grande que le poids qui s'appliquerait à l'autre bras, par conséquent *des poids inégaux mettraient le fléau horizontalement et l'aiguille au zéro*, et la balance serait fausse.

2° *Le fléau doit être absolument horizontal lorsque les plateaux sont vides*, sans cela, il faudrait un poids plus grand d'un côté pour ramener l'horizontalité au moment de la pesée.

3° Enfin *la balance doit être en état d'équilibre stable*; son centre de gravité doit donc être placé un peu au-dessous de l'arête du couteau; dans ces conditions et en supposant les plateaux vides, si on vient à déplacer le fléau de sa position d'équilibre, il tend à revenir à cette position. Si le centre de gravité se confondait avec l'arête du couteau, la balance serait en état d'équilibre indifférent; il n'y aurait pas d'oscillation, la balance serait *paresseuse*; si enfin le centre de gravité était au-dessus, le fléau serait en état d'équilibre instable et tendrait toujours à s'écarter davantage de sa position d'équilibre; dans ces conditions, la balance serait dite *folle*.

Conditions de sensibilité. — Pour qu'une balance soit sensible il faut :

1° *Que les bras du fléau soient aussi légers et aussi longs que possible.* Ils doivent être *légers* afin que le moindre poids les mette en mouvement; ils doivent être *longs*, en vertu du principe dont nous avons parlé dans les leviers : le moindre poids appliqué à un long levier en détruit l'équilibre.

2° *Le centre de gravité doit être près du couteau*, c'est la meilleure condition pour que l'inclinaison soit facile.

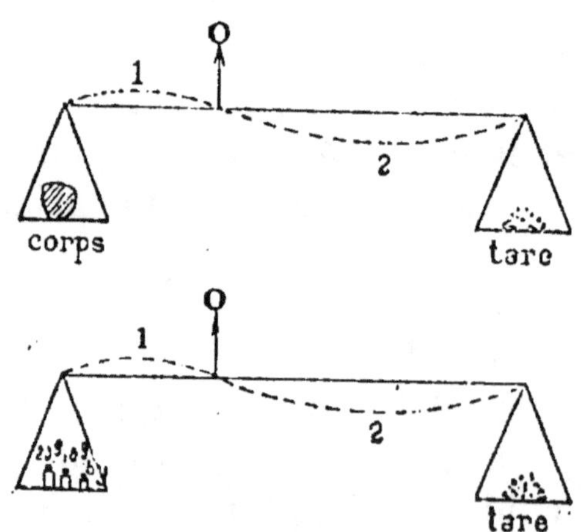

Fig. 22 et 23. — **Double-pesée de Borda.**

Double-pesée. — Lorsqu'on se trouve en présence d'une balance fausse, et qu'on désire peser juste, on

emploie la méthode de la **double-pesée** due à Borda
(fig. 22-23). On place l'objet à peser dans un des *plateaux*
et dans l'autre *on fait la tare*, c'est-à-dire qu'on ajoute
des grains de plomb jusqu'à ce que l'aiguille arrive au
zéro. Puis on enlève le
corps et on le remplace
par des poids marqués
jusqu'au parfait rétablis-
sement de l'équilibre; il
est bien évident que ces

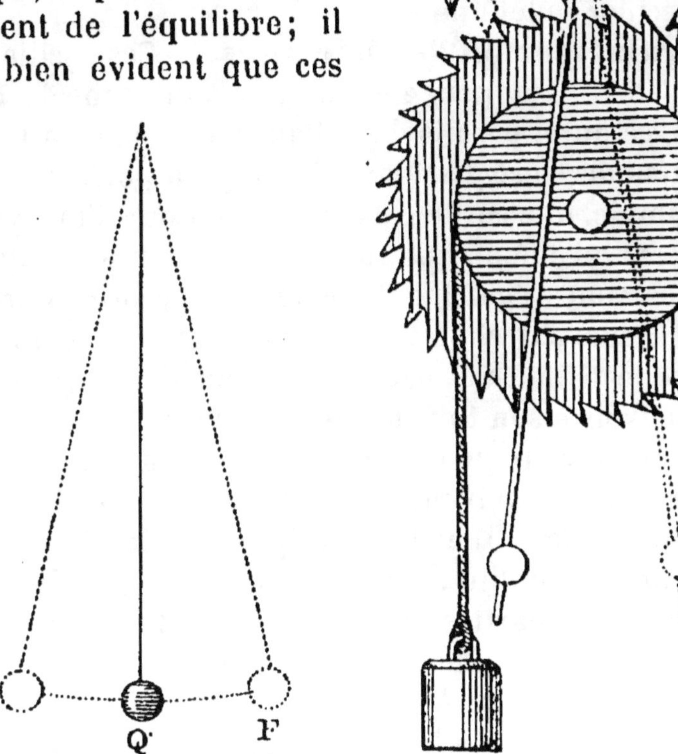

Fig. 24.
Pendule théorique.

Fig. 25.
Pendule avec échappement à ancre.

poids représentent celui du corps, puisque corps et poids
déterminent le soulèvement dans le second plateau de la
même masse de grains de plomb et amènent l'aiguille
au zéro.

**Du pendule. — Ses applications au réglage
des horloges.** — On donne le nom de pendule à une

masse pesante suspendue à un fil et pouvant osciller autour d'un point de suspension (fig. 24). Au repos le pendule, corps pesant, est vertical; si on le déplace, il tend à reprendre sa position d'équilibre à laquelle il ne revient qu'après une série de mouvements ou d'**oscillations** de gauche à droite et de droite à gauche. Théoriquement, le pendule dévié de sa position d'équilibre doit osciller indéfiniment.

Régularisation des horloges. — Ces oscillations, lorsqu'elles sont peu étendues, se font dans le même temps, ce qui a permis d'appliquer le pendule à la *régularisation des horloges*. Dans l'horloge à poids qui est la plus simple, une corde est enroulée autour d'un cylindre qui porte lui-même une roue dentée destinée à agir sur d'autres roues également dentées. La corde porte un poids à son extrémité, ce poids tendant à tomber fait tourner le cylindre et par suite la roue dentée, et celle-ci fait mouvoir à son tour les autres roues. Ce mouvement a besoin d'être régularisé et on obtient la régularisation par le procédé suivant : un *pendule* formé d'une tige métallique (fig. 25) et terminé par une lentille pesante porte une lame dite ancre A B, terminée par deux saillies A et B; ces parties sont en regard de la roue dentée R. Écartons le pendule de sa position d'équilibre, de manière à éloigner A de la roue; celle-ci mue par son moteur avance, mais la saillie B se plaçant sur une dent, le mouvement est arrêté jusqu'à ce que B s'écartant à son tour, la roue reprenne son mouvement pour s'arrêter de nouveau et ainsi de suite. Les battements sont régularisés et, de plus, le pendule reçoit à chacun des échappements de l'ancre une légère impulsion qui compense les frottements, de telle sorte qu'il ne s'arrête pas.

La longueur d'un pendule se mesure du point de suspension au centre de gravité de la masse pesante.

L'expérience prouve que, *dans un même lieu, la durée des oscillations ne dépend pas de la nature de la masse pesante, mais seulement de la longueur du pendule.*

Plus le pendule est long, plus ses oscillations sont de longue durée. Plus le pendule est court, plus ses oscillations sont de courte durée. A Paris, le *pendule qui bat la seconde* a 0^m,994 de long.

Lorsqu'une horloge avance, c'est que les oscillations de son pendule sont trop rapides. On la retarde en descendant quelque peu la masse pesante du pendule, c'est-à-dire en allongeant le pendule.

(Le contraire pour faire avancer une horloge qui retarde).

Devoirs. — Combien de kilogrammètres produit un homme qui élève 20 kilog. à 1/2 mètre ?

Combien de chevaux-vapeur produit une machine qui soulève 1000 kilog. à 0^m,75 en 1 seconde ?

Quelle force un ouvrier doit-il exercer à l'extrémité d'un levier de 2^m,10 de long pour soulever une pierre de 200 kilog., le point d'appui du levier étant à 1^m,50 de la main de l'ouvrier ?

Que savez-vous du centre de gravité d'une balance juste et sensible ?

RÉSUMÉ SYNOPTIQUE DU CHAPITRE III

LES FORCES (Toute cause capable de modifier l'état de repos ou de mouvement d'un corps).

Effets de quelques forces.

Dynamomètres.	Servent à mesurer *l'intensité* des forces..............	Tirer, soulever un corps, renvoyer un ballon lancé. Suspendre 1 kilog., 2 kilog. au crochet du dynamomètre.
Travail des forces.	Évalué en *kilogrammètres* (1 kilogr. élevé à 1 mètre).... 75 kilogrammètres font un *cheval-vapeur*, unité de puissance des machines........................	Élever 1 kilog. à 1 mètre; 2 kilog. à 1/2 mètre.
Levier : barre rigide soumise à l'action de 2 forces (*puissance et résistance*). — *Condition d'équilibre.*	Le produit de l'une des forces par la longueur de son bras égale le produit de l'autre force par la longueur de son bras.	Petits leviers. — Règles divisées et poids connus. Levier arithmétique.
Divers leviers.	1er genre : type pince de maçon....... 2e genre : type brouette............. 3e genre : type pédale...............	Pinces, ciseaux, casse-noix, casse-noisettes, pincettes, brouette, etc.
F. centrifuge.	Tend à faire *fuir* un corps loin de son centre de rotation (forme de la terre, essoreuses, panier à salade)........	Appareil à billes. — Toupies creuses en verre avec liquide coloré. — Fronde. — Faire tourner une boîte à lait contenant de l'eau.
Pesanteur. — *Poids des corps, indiqué par la balance.* (Levier du 1er genre) — *Conditions de justesse.*	Bras égaux en longueur, en poids; équilibre stable.................	Démontage et remontage d'une balance.
Conditions de sensibilité.	Fléau très long, très léger. Centre de gravité près du fléau..............	Pesées. Double-pesée de Borda.
Oscillations du pendule.	Les petites oscillations ont la même durée. Leur durée ne dépend que de la longueur du pendule. Le pendule régularise le mouvement des horloges.	Compter plusieurs fois les petites oscillations d'un pendule en 1 minute. Compter, dans le même temps, les petites oscillations de pendules de matières différentes, mais de même longueur.

CHAPITRE IV

Hydrostatique. — Principe de Pascal. — Presse hydraulique. — Équilibre des liquides dans les vases. — Pression exercée par les liquides sur les parois des vases qui les renferment. — Équilibre des liquides dans les vases communicants. — Applications.

Hydrostatique. — L'hydrostatique étudie les principales propriétés des liquides et les conditions de leur équilibre.

Les liquides sont fluides, pesants, incompressibles.

Principe de Pascal. — Imaginons deux cylindres creux ou corps de pompe *a b*, contenant de l'eau jusqu'à une certaine hauteur et réunis entre eux par un canal de communication (fig. 26). Dans ces corps de pompe se meuvent verticalement des masses en cuir, nommées *pistons k k'*, entrant exactement dans les corps de pompe. Si nous

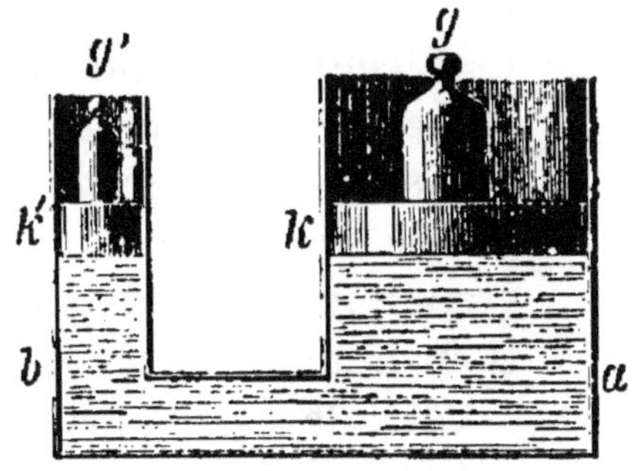

Fig. 26. — **Appareil pour la démonstration du principe de Pascal.**

supposons d'abord, contrairement à ce que montre la figure, que les deux corps de pompe soient de même section, et que nous placions sur l'un des plateaux un poids de 1 kilogr., par exemple, nous verrons le piston s'enfoncer sous l'influence du poids placé sur lui ; cette pression se transmettra à l'eau placée au-dessous de lui et, à son tour, l'eau la transmettra au second piston. Nous en aurons la preuve par ce fait que ce piston sera soulevé de bas en haut. L'expérience démontre que pour empêcher le second piston de bouger, il faudrait également mettre sur son plateau un poids de 1 kilogramme.

Nous tirerons facilement cette conclusion de l'expérience qui précède, *qu'une pression faite sur une surface donnée d'un liquide se transmet également à une surface de même étendue.*

Supposons une surface d'eau de 30 centimètres carrés, par exemple : nous exerçons par un moyen quelconque une pression de 1 kilogramme sur un de ces centimètrés carrés ; chacun des autres centimètres carrés éprouvera une pression de 1 kilogramme. Pour rendre pratiques ces faits, il suffira de transformer l'expérience précédente de la façon suivante : au lieu de deux corps de pompe d'égale section, prenons-en un (fig. 26), ayant un piston de 1 centimètre carré de surface, l'autre, un piston de 50 centimètres carrés, par exemple ; vient-on à placer le poids de 1 kilogramme sur le petit piston, il faudra placer sur le grand piston 50 kilogrammes pour qu'il reste immobile. La pression transmise est donc proportionnelle à la surface du piston.

Cet intéressant principe a été formulé par Pascal, le grand philosophe, qui était aussi un remarquable physicien (1623-1662). On lui a donné le nom de celui qui l'a mis en évidence, et il peut s'exprimer ainsi : *Lorsqu'on exerce une pression sur une partie de la surface d'un liquide, cette pression est transmise avec toute son intensité à toute portion de la surface qui lui est égale.*

Ce principe a une haute portée pratique, puisqu'il nous fait voir qu'il est possible de transformer, à l'aide des liquides, une pression faible en une très forte pression.

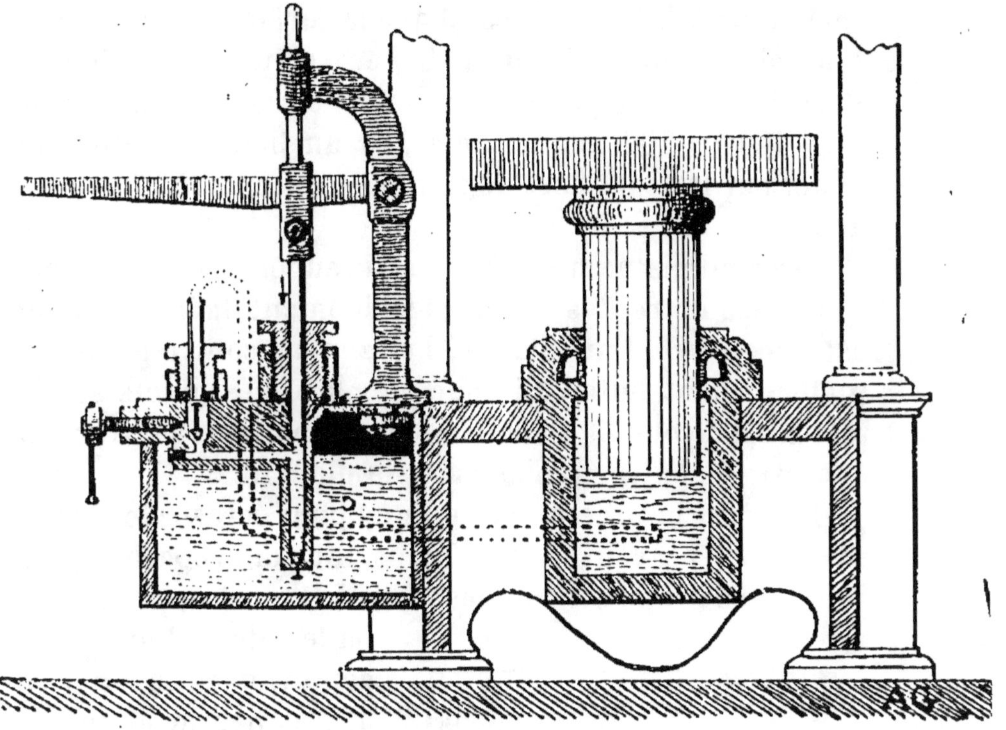

Fig. 27. — Coupe de la presse hydraulique.

Presse hydraulique. — La presse hydraulique, dont la première idée est due à Pascal, est une des belles applications du principe précédent.

Elle se compose de deux corps de pompe de sections inégales (fig. 27), réunis par un tube de communication. Dans les deux corps de pompe glissent des pistons à frottement aussi exact que possible; un système de pompe permet l'introduction de l'eau d'un réservoir dans le petit corps de pompe; de là, l'eau est refoulée par le bras d'un ouvrier dans le grand corps et soulève le grand piston avec une force d'autant plus grande qu'il a une surface plus considérable par rapport à celle du petit. Si nous supposons, par exemple, que la force avec laquelle l'ouvrier presse sur l'eau du petit corps de pompe soit représentée par 7 kilogrammes, et que la surface du grand piston soit 100 fois celle du petit, en vertu du principe de Pascal, le grand piston sera soulevé avec une force de $7 \times 100 = 700$ kilogrammes, et un homme obtiendra donc, par le seul effort de son bras, un effet de 700 kilogrammes.

Le grand piston porte à sa partie supérieure un plateau qui glisse entre des colonnes solidement fixées au sol et est recouvert d'un plafond horizontal, contre lequel le plateau vient buter. Si donc on place des objets sur le plateau, on conçoit qu'à un moment donné ils se trouvent comprimés entre ce plateau et le plafond.

On utilise la presse hydraulique pour écraser les betteraves dont on veut obtenir le jus pour la préparation du sucre. Les draps sont foulés à l'aide de cet appareil, les balles de coton y sont comprimées de manière à occuper le moins de place possible dans les navires.

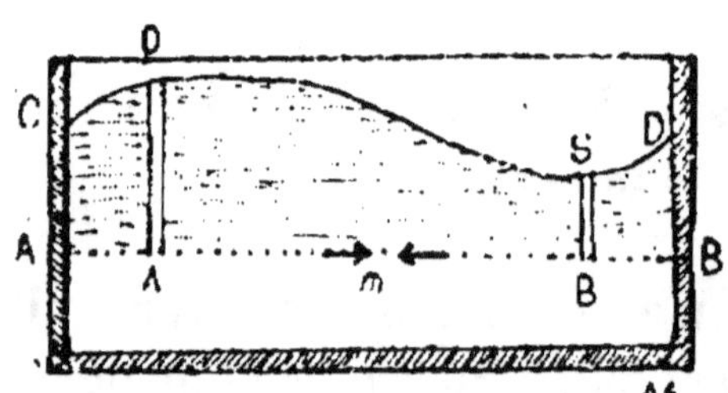

Fig. 28. — **Équilibre d'un liquide dans un vase.**

Équilibre d'un liquide dans un vase. — Lorsqu'un liquide est renfermé dans un vase, pour qu'il soit en équilibre, il faut que *sa surface soit plane et horizontale*. Supposons en effet, comme le montre la figure ci-contre (fig. 28), une molécule *m* faisant partie de la tranche A B. La surface C D n'étant pas horizontale, la pression supportée par la molécule A sera représentée par une colonne de liquide AO, et celle que supporte la molécule B par une colonne BS bien plus petite. La molécule *m* se trouvera donc soumise à une pression bien plus forte dans le sens de A que dans le sens de B, par conséquent l'équilibre ne sera pas possible et cet équilibre ne pourra être réalisé qu'à la condition que CD soit horizontal, car alors A O étant égal à S B, *m* éprouvera une pression égale dans les deux sens.

Équilibre de plusieurs liquides dans un vase. — Si l'on mélange ensemble des liquides qui sont plus lourds les uns que les autres dans un flacon, on les voit au bout de quelques instants de repos se séparer les uns des autres, *la surface qui les sépare est plane et horizontale.*

On vérifie ce résultat en mettant dans un flacon, par exemple, du mercure, de l'eau et de l'éther coloré en rouge afin de le rendre visible. On agite fortement le flacon de manière à mélanger les trois liquides, puis on laisse reposer le flacon et on voit alors les trois liquides se placer dans l'ordre suivant : au fond le mercure qui est le plus lourd ; au-dessus l'eau, puis enfin à la surface l'éther coloré qui est le plus léger. Entre les liquides, la surface de séparation est plane et horizontale.

Pressions exercées par un liquide sur les parois du vase qui le renferme. — Lorsqu'un liquide est renfermé dans un vase, il exerce des pressions sur les parois de ce vase. Il est facile de voir que ces pressions seront de deux sortes. L'une s'exercera sur les parois du vase, l'autre sur le fond.

On donne à la première le nom de **pression latérale** ; à la seconde, **pression de haut en bas**.

Pressions latérales. — Ces pressions, sur des surfaces égales, à un même niveau, sont égales. Elles augmentent avec la profondeur. On démontre leur existence au moyen du *chariot hydraulique* et du *tourniquet hydraulique* (fig. 29). Le chariot se compose d'une boîte rectangulaire très légère et montée sur un système de roues également d'une très grande légèreté. On introduit de l'eau dans la boîte; le chariot ne bouge pas, car si l'une des parois latérales est pressée par le liquide, l'autre l'est également; mais vient-on à faire un trou, on verra le chariot se mettre en mouvement en sens inverse de l'écoulement du liquide.

On a supprimé la pression sur cette paroi puisqu'on a fait une ouverture pour laisser écouler le liquide et, la paroi opposée se trou-

Fig. 29. — **Tourniquet hydraulique.**

vant seule pressée pendant quelques instants, le chariot s'est mis en mouvement dans le sens de cette dernière pression.

Dans le tourniquet (fig. 29), la disposition est un peu différente, mais l'explication est la même.

Les *turbines* (moteurs hydrauliques) utilisent les réactions précédemment expliquées.

Pression exercée sur le fond du vase. — *La pression qu'exerce un liquide sur le fond d'un vase est indépendante de la forme de ce vase et de la quantité de liquide qui y est enfermée, mais dépend uniquement de la hauteur à laquelle le liquide s'élève dans le vase et de la surface du fond du vase.*

Ce principe, examiné superficiellement, paraît difficile à admettre. Un exemple fixera mieux les idées. Supposons deux vases (fig. 30) ayant chacun 1 centimètre carré de fond, mais l'un pouvant contenir beaucoup plus de liquide que l'autre; si l'on verse de l'eau dans les deux vases jusqu'à la même hauteur, la pression exercée par l'eau sur le fond des deux vases sera la même, bien que l'un des deux vases soit beaucoup plus grand et contienne par conséquent plus d'eau que le second.

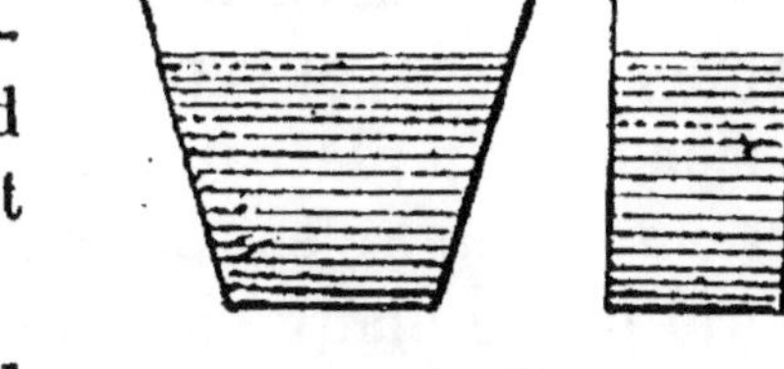

Fig. 30.

Parmi les appareils destinés à démontrer ce principe, on en utilise fréquemment un dont nous allons faire la description, l'appareil de Masson.

Appareil de Masson. — Il se compose (fig. 31) d'un trépied ou support. Sur ce support se trouve un pas de

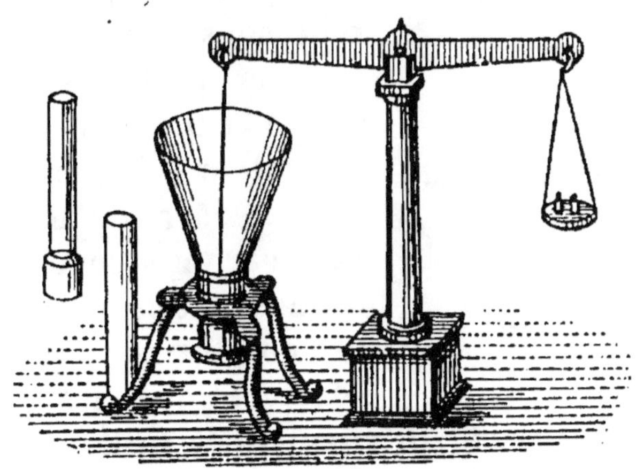

Fig. 31. — **Appareil de Masson.**

-vis sur lequel on peut fixer des vases de formes différentes, mais qui ont toujours la même surface de fond puisqu'ils peuvent s'appliquer sur le même pas de vis. Vissons un de ces vases; il est aisé de comprendre que ce vase n'aura pas de fond; il s'agit de lui en faire un. Pour cela je prends une petite plaque ronde en verre dépoli, au centre de laquelle s'attache un fil. Je fais passer le fil par l'ouverture inférieure du vase que je veux obstruer et j'attache le fil au crochet d'un des plateaux de la balance hydrostatique. Si je mets des poids dans l'autre, je déterminerai son abaissement, par conséquent l'élévation du premier plateau, et la petite plaque suivant le mouvement d'ascension du plateau ira fermer le vase et lui constituer *un fond mobile;* c'est pour cette raison que l'on a donné à cette petite plaque le nom d'**obturateur**.

Si maintenant nous versons de l'eau dans le vase, il est bien évident qu'il arrivera un moment où le poids de l'eau l'emportant sur celui des poids placés dans l'autre plateau l'obturateur s'abaissera et le vase se videra.

On n'attend pas ce moment, on verse doucement le liquide et lorsqu'on voit que quelques gouttes apparaissent sous l'obturateur, ce qui indique qu'il va s'abaisser, on arrête l'expérience. On marque la hauteur à laquelle l'eau a été versée; on remplace le premier vase par un second d'une autre forme et d'une contenance moindre ou plus considérable, et on constate que les gouttelettes d'eau apparaissent au moment où le liquide atteint la même hauteur que dans le vase précédent.

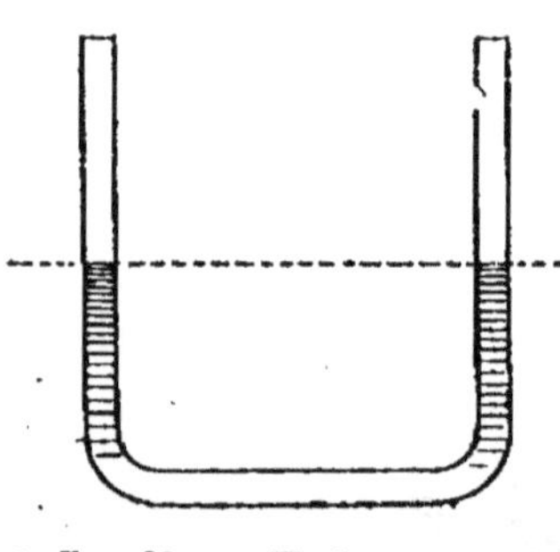

Fig. 32. — **Tube en U**.

Vases communicants. — On désigne sous le nom de vases communicants des vases réunis entre eux par un canal. Les tubes en U fréquemment employés par les chimistes (fig. 32) peuvent nous donner une idée de ces appareils, si l'on considère chacune des branches du tube comme un vase et la partie courbée comme le tube de communication.

Je suppose que dans un de ces tubes j'introduise un liquide quelconque, de l'eau, par exemple ; en versant le liquide par une des branches, je vois qu'à mesure que je verse, l'eau se répartit dans les deux branches ; si j'arrête un instant, je constate que le liquide *s'élève au même niveau dans les deux branches.*

Cette expérience nous démontre donc que pour qu'il y ait équilibre d'un liquide dans des vases qui communiquent, il faut et il suffit *que le liquide s'élève au même niveau dans les deux vases.*

Applications des vases communicants. — Ce principe de physique est fécond en applications.

Supposons d'abord un réservoir *a* (fig. 33) contenant de l'eau et placé à une hauteur de cinq mètres, par exemple.

Adaptons à ce réservoir un tube en caoutchouc muni d'un robinet et faisons arriver l'extrémité libre du tube au niveau du sol, puis ouvrons le robinet. Nous verrons l'eau du réservoir jaillir à une hauteur d'environ cinq mètres ; cette expérience est une conséquence du principe

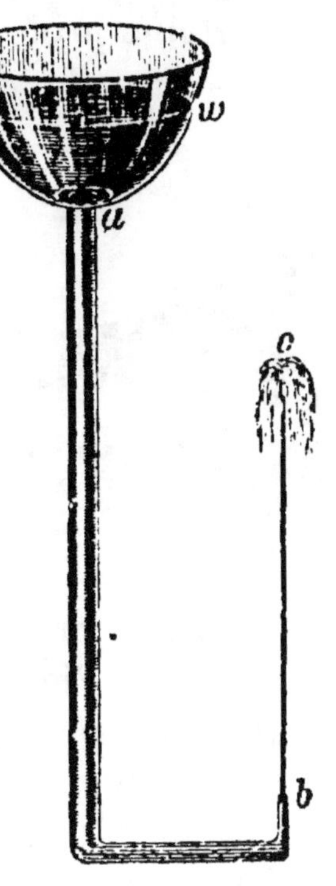

Fig. 33. — **Jet d'eau.**

précédent, car l'eau en jaillissant tend à s'élever à la hauteur de l'eau du réservoir. Les ouvriers expriment la chose d'une façon assez exacte en disant que *l'eau tend toujours à regagner son niveau.*

Cette expérience explique la théorie des **jets d'eau.** L'eau qui en jaillit provient en effet d'une nappe située à une certaine hauteur par rapport au niveau d'où elle jaillit. Cette eau amenée par des conduits s'élève d'autant plus que le réservoir est plus élevé. A Paris, l'un des jets d'eau les plus remarquables comme hauteur est celui des Tuileries, près de la grille de la place de la Concorde.

Mais une application bien autrement utile du principe qui nous occupe nous est offerte par les **puits artésiens**, ainsi nommés parce qu'ils ont été creusés pour la première fois dans l'Artois. Supposons une couche d'eau (fig. 34) filtrant à travers le sol et rencontrant à une certaine profondeur une couche de terrain imperméable,

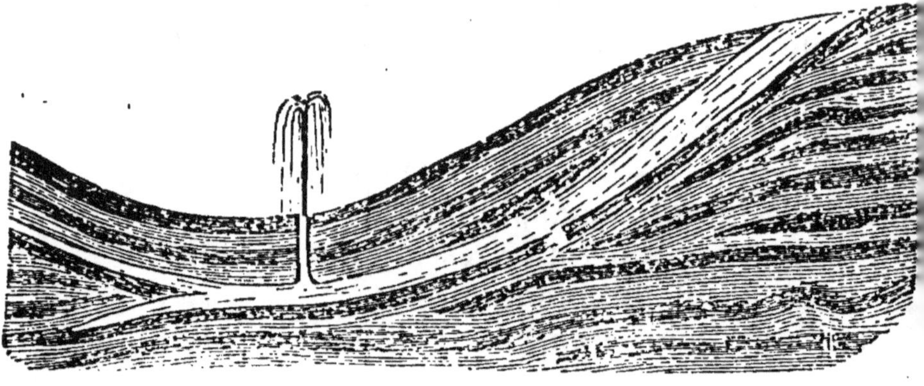

Fig. 34. — **Puits artésien.**

l'eau formera au-dessus de cette couche une nappe souterraine. Vient-on à percer une ouverture, on voit, en vertu du principe des vases communicants, l'eau jaillir sensiblement au niveau du plan supérieur du liquide. Et c'est ainsi que, dans certaines contrées privées d'eau à la surface, on a pu obtenir des gerbes jaillissantes de liquide.

Les applications du principe des vases communicants sont nombreuses ; il nous suffira de citer encore : la distribution de l'eau dans les villes, le fonctionnement des ascenseurs, des écluses, le niveau d'arpenteur, etc.

Liquides différents enfermés dans des vases communicants. — Nous venons de voir ce qui se passe lorsqu'*un même liquide* est enfermé dans des vases communicants. Si maintenant, reprenant notre tube en U (fig. 32), nous plaçons au fond, dans la courbure, un peu de mercure puis que nous versions de l'eau dans une des branches, nous verrons, sous l'influence de la pression de cette colonne d'eau, le mercure qui sera refoulé et qui montera dans l'autre branche; mais au lieu de s'élever à la même hauteur que l'eau, nous constaterons que si la colonne d'eau a une hauteur de 13 cent. 5, celle du mercure qui lui correspond dans l'autre branche n'est que de 1 centimètre. Cette différence s'explique très bien par ce fait que le mercure pèse 13,5 fois plus que l'eau, c'est-à-dire que, tandis qu'un litre d'eau pèse 1 kilogramme, un litre de mercure pèse 13 kilogr. 5. Nous pouvons comparer le tube en U à une balance, chacune des branches à un plateau : de même que, dans une balance, il faudra mettre 1 volume de mercure pour faire équilibre à 13 volumes 5 d'eau placés sur l'autre plateau, de même, dans notre expérience, il faudra une colonne de 1 centimètre de mercure pour équilibrer 13 cent. 5 d'eau.

Il est donc facile de voir que si dans les vases communicants un *même liquide* s'élève à la *même hauteur* dans les deux branches, lorsqu'il s'agit de deux liquides qui ne pèsent pas autant l'un que l'autre à volume égal, il faudra *une plus haute colonne du liquide léger* pour faire équilibre à *une colonne du liquide le plus lourd*.

Devoirs. — Quelle est la pression supportée par le fond d'un vase tronconique dont le fond a 6^{cm} de diamètre, sachant qu'il contient du mercure jusqu'à une hauteur de 20^{cm}, et que le litre de mercure pèse $13^{k},5$.

Le petit piston d'une presse hydraulique a 2^{cm} de diamètre; le grand 50^{cm}. Avec quelle force faut-il pousser le petit piston pour obtenir une pression de 1 tonne 1/4 ?

HYDROSTATIQUE (Propriétés générales des liquides). I					
Les liquides sont			*fluides*....................................		*Observation de la fluidi[té] et du poids de dive[rs] liquides : éther, alcoo[l], eau, mercure, huil[e], sirop.*
			incompressibles....................................		
			pesants....................................		
	Équilibre	d'un liquide	*dans un vase.*	Surface libre, plane et horizontale...	*Fil à plomb et équer[re] à la surface de l'e[au] colorée d'un vase.*
			dans des vases communicants.	Le liquide monte au même niveau horizontal dans tous les vases.....	*Tubes communicants.* *Jet d'eau.*
		de plusieurs liquides	*dans un vase..*	Se superposent par ordre de densités, surfaces de séparation planes et horizontales......................	*Mercure, eau, huile, éth[er] dans un vase.*
			dans des vases communicants.	Hauteurs, à partir d'un même niveau horizontal, inversement proportionnelles aux densités............	*Mercure et eau dans de[s] tubes communicants.*
	Pressions	exercées par les liquides	*sur le fond d'un vase.*	Indépendante de la forme du vase.	*Appareil de Masson.*
			sur les parois.	S'équilibrent à un même niveau.....	*Boîte percée de trous des hauteurs différente[s]*
			leur valeur.	Le poids d'une colonne de liquide ayant pour base la surface pressée et pour hauteur la distance du centre de cette surface au niveau libre du liquide..............	*Tourniquet hydraulique.*
		transmises par les liquides	*Principe de Pascal.*	Une pression exercée sur une partie de la surface d'un liquide se transmet intégralement dans toutes les directions à chaque portion de la surface égale à la première.	*Presse hydraulique.*

CHAPITRE V

Principe d'Archimède. — Idée de la densité. Aréomètres.

Principe d'Archimède. — Lorsqu'un corps est plongé dans un liquide, il éprouve une **poussée de bas en haut** ; le liquide le soulève de telle sorte qu'on pourrait croire que le corps a perdu de son poids.

Chacun de nous a éprouvé cette sensation de soulèvement en prenant un bain, et c'est ainsi que le physicien Archimède découvrit le principe qui porte son nom et que nous énoncerons :

Tout corps plongé dans un liquide éprouve une poussée verticale de bas en haut de la part du liquide. Cette poussée est égale au poids du volume du liquide déplacé par le corps.

Nous avons expliqué la première partie du principe, il s'agit de faire comprendre la seconde. Pour montrer que la poussée est égale au poids du liquide déplacé, nous n'avons qu'à supposer un vase plein d'eau jusqu'au

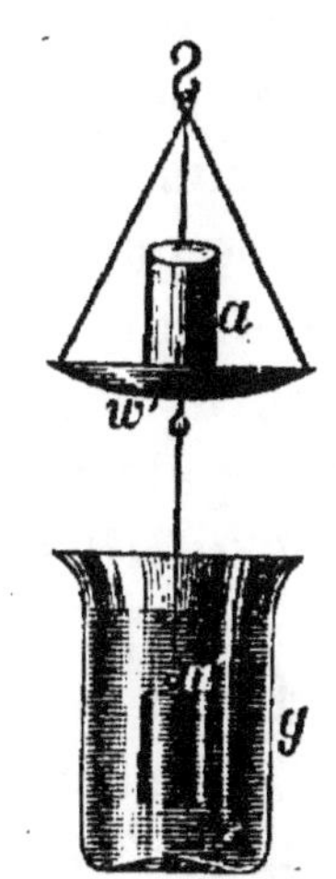

Fig. 35. — **Démonstration du principe d'Archimède.**

bord. Introduisons un objet dans le vase, une bille, je suppose, nous *verrons le liquide déborder* et le volume d'eau ainsi chassé sera égal à celui de la bille qui a pris sa place ; pesons cette petite quantité d'eau, le poids trouvé représentera justement la poussée que le liquide aura fait éprouver à la bille.

Pour démontrer le **principe d'Archimède**, on prend

deux cylindres (fig. 35), l'un creux *a* et l'autre plein *a'*. Ce dernier peut entrer exactement dans le cylindre creux, de telle sorte qu'on peut admettre, avec une exactitude presque mathématique, que les deux cylindres sont de même volume. On place sur le plateau de la balance *w'* le cylindre creux *a* ; on accroche sous le même plateau le cylindre plein *a'* ; puis on fait la tare.

A ce moment, on approche un vase *g* contenant de l'eau et on le place de telle façon que le cylindre plein soit submergé, l'*équilibre est rompu* et la balance penche du côté de la tare. Ce qui nous prouve la première partie du principe, c'est-à-dire que le *cylindre a reçu une poussée de bas en haut*.

Pour démontrer la deuxième partie, on verse de l'eau dans le cylindre creux ; lorsque le liquide arrive à remplir exactement le cylindre, l'*équilibre est rétabli*. La poussée subie par le cylindre plein est donc compensée par le poids de l'eau versée dans le cylindre creux ; les cylindres étant de même volume, on voit que la poussée est égale au poids du liquide déplacé.

Équilibre des solides plongés dans un liquide. — Lorsqu'un corps solide est plongé dans un liquide :

1° Le corps peut *tomber au fond* (fig. 36) ;

2° Le corps peut rester dans une *position intermédiaire* entre la surface et le fond (fig. 37) ;

3° Le corps peut rester à la surface, *flotter*, pour employer l'expression connue (fig. 38).

Nous allons examiner successivement ces trois cas :

1° Lorsqu'un corps tombe au fond, c'est que son poids est **plus grand** que la poussée de bas en haut qu'il éprouve de la part du liquide ou que le poids du volume de liquide qu'il déplace. C'est ce qui arrive lorsqu'on jette une pierre dans l'eau, un morceau de platine dans un bain de mercure, etc.

2° Lorsqu'un corps reste sensiblement en équilibre
entre la surface et le fond, c'est que son poids est **égal**
à la poussée de bas en haut qu'il éprouve de la part du
liquide, ou que son poids est égal au poids du volume

Fig. 36, 37, 38. — **Équilibre des solides plongés dans un liquide.**

de liquide qu'il déplace; tel est le cas de la glace prise
dans certaines conditions, lorsqu'elle renferme des matières étrangères, sable, gravier, petits cailloux qui la
rendent plus lourde qu'à l'état de pureté.

3° Lorsqu'un corps remonte à la surface ou flotte,
c'est que son poids est. **plus petit** que la poussée de
bas en haut qu'il éprouve de la part du liquide ou que
le poids du volume de liquide qu'il déplace. Les exemples
ne nous manqueront pas : le liège, le bois flottent sur
l'eau, le fer sur le mercure, etc.

Un petit appareil, le ludion, peut servir à réaliser les
trois cas étudiés.

Ludion. — Il se compose (fig. 38 *bis*) d'une boule en
verre creuse pleine d'air et portant au-dessous une ouverture. A cette ouverture est suspendue une poupée en
émail. On place le tout dans une éprouvette en verre remplie d'eau aux trois quarts environ et fermée par un morceau de baudruche tendue. Dans les conditions ordinaires,
l'*appareil flotte*, son poids étant plus petit que la poussée
qu'il éprouve ; mais si l'on vient à appuyer la main sur
la membrane, on comprime l'air ; cette compression se
transmet à l'eau qui pénètre dans la boule par la petite

ouverture. On voit alors le système s'enfoncer et tomber dans la partie inférieure de l'éprouvette ; c'est qu'alors, par suite de l'introduction de l'eau, l'appareil est devenu plus lourd que la poussée qu'exerce sur lui le liquide. Si enfin on a soin d'appuyer moins fortement sur la baudruche, on permet à une certaine quantité d'eau de sortir de la boule, l'appareil devient *plus léger* et on peut arriver, après quelques tâtonnements, à faire qu'il se trouve sensiblement en équilibre dans le liquide. A ce moment, son poids est égal à la poussée qui s'exerce sur lui.

Fig. 38 *bis.* — **Ludion** (la tête de la poupée représente la boule dont il est question).

Densité et poids spécifique. — Nous savons tous, à l'usage, que le plomb est *plus dense* que le fer (on dit vulgairement et à tort « *plus lourd* »), le fer plus dense que le verre, le verre plus dense que l'eau, etc...

L'*eau* — qui se trouve partout et qui partout, *lorsqu'elle est pure*, a la même composition — a été prise comme terme de comparaison pour la densité et le poids des corps solides et liquides.

La densité de l'eau est 1.

La densité d'un corps est le rapport (nombre abstrait) *entre le poids de ce corps et le poids du même volume d'eau.*

Ainsi : Un morceau de fer de 2^{dmc} pèse $15^{ks},6$; un même volume d'eau pèse 2^{kg},

la densité du fer est $\dfrac{15,6}{2} = 7,8$.

Un bloc de cristal de 3^{dmc} pèse 6^{kg} ; un même volume d'eau pèse 3^{kg},

la densité du cristal est $\dfrac{6}{3} = 2$.

Il ne faut pas confondre la *densité* d'un corps (nombre abstrait) et son *poids spécifique* (nombre concret de kg, g, etc.) exprimant le poids de l'unité de volume de ce corps.

La densité du fer est 7,8; son poids spécifique (c'est-à-dire spécial, de l'espèce) est de $7^{kg},8$.

La densité du cristal est 2; son poids spécifique est de 2^{kg}.

Ceci revient à dire que, à volume égal, le fer pèse 7,8 fois plus que l'eau, et le cristal 2 fois plus que l'eau.

Plusieurs méthodes sont employées pour arriver à connaître la densité des corps; nous n'en décrirons que deux : 1° la *méthode de la balance;* 2° *la méthode des aréomètres.* Ces méthodes sont applicables aux solides et aux liquides. Quant aux gaz, l'étude de la recherche de leur poids spécifique est beaucoup trop délicate pour trouver place ici.

DÉTERMINATION DE LA DENSITÉ DES CORPS

1° Méthode de la balance. — *A. Corps solides.* Pour déterminer le poids spécifique des corps solides, on se sert de la balance **hydrostatique** (fig. 39, 40, 41, 42).

Soit à déterminer la densité d'un corps quelconque : on le suspend à l'un des plateaux de la balance, de l'autre côté on met des poids pour établir l'équilibre et on a ainsi le poids du corps. On place ensuite au-dessous du corps un vase plein d'eau dans lequel on le fait plonger : à ce moment, la poussée s'exerce sur lui et la balance penche du côté des poids; on est obligé de mettre d'autres poids du côté du corps pour rétablir l'équilibre : *ces poids représenteront le poids du volume d'eau déplacée;*

divisons la première valeur par la seconde; on a la densité cherchée.

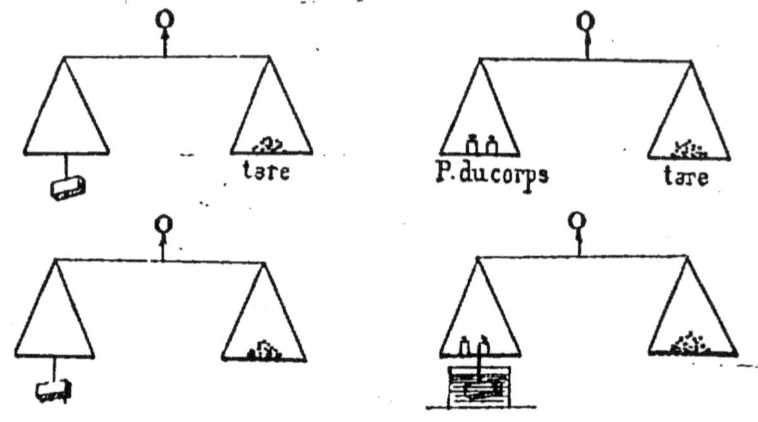

Fig. 39, 40, 41, 42. — **Détermination de la densité d'un corps solide.**

B. Corps liquides (fig. 43, 44, 45, 46). — On prend une boule massive en verre; on la suspend à l'un des pla-

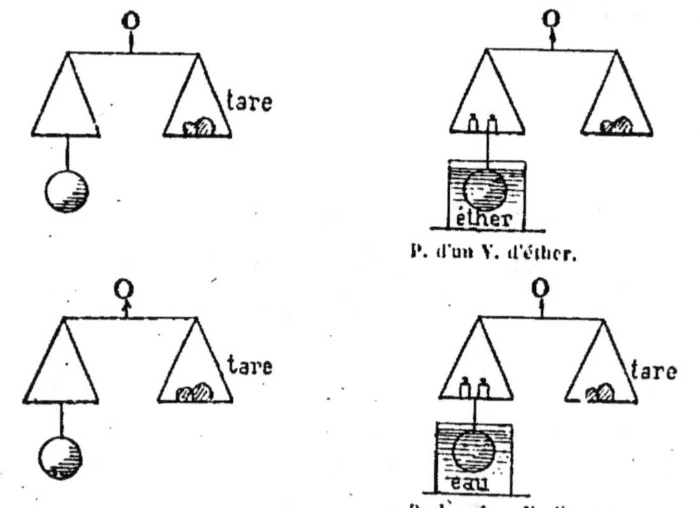

Fig. 43, 44, 45, 46. — **Détermination de la densité d'un liquide.**

teaux de la balance; de l'autre côté, on fait la tare. Soit, par exemple, à déterminer le poids spécifique de l'éther. On fait plonger la boule dans le liquide, celle-ci éprouve une poussée et la balance penche du côté de la tare. Le nombre de poids qu'il faut ajouter du côté de la boule représente le poids du volume de l'éther qu'elle déplace.

Répétons la même opération en plongeant la boule dans l'eau, on voit celle-ci éprouver également une poussée, le nombre de poids qu'il faudra mettre du côté de la boule pour rétablir l'équilibre représentera le même volume d'eau, et il nous suffira de diviser le premier nombre par le second pour avoir la densité de l'éther:

$$\text{D. de l'éther} = \frac{\text{Poids de l'éther}}{\text{P. du même v. d'eau}} = \frac{9}{12} = 0,75.$$

2° Méthode des Aréomètres. — Les aréomètres sont des appareils destinés à remplacer avantageusement les balances dans la recherche des densités.

Les deux premiers dont nous allons parler sont dits à **poids variables.** On verra en effet qu'on les charge avec des poids, ce qui change forcément le poids de l'instrument.

Aréomètre ou Balance de Nicholson. — Pour déterminer la densité des corps solides, on fait usage de l'aréomètre de Nicholson (fig. 47). Cet appareil, qui est une véritable balance, se compose d'un cylindre en fer-blanc creux K terminé à ses deux extrémités par deux cônes.

Au cône supérieur se trouve adaptée une tige terminée par un plateau T. Au cône inférieur se trouve suspendue une corbeille P assez lourde pour lester l'appareil et le forcer à rester verticalement dans l'eau.

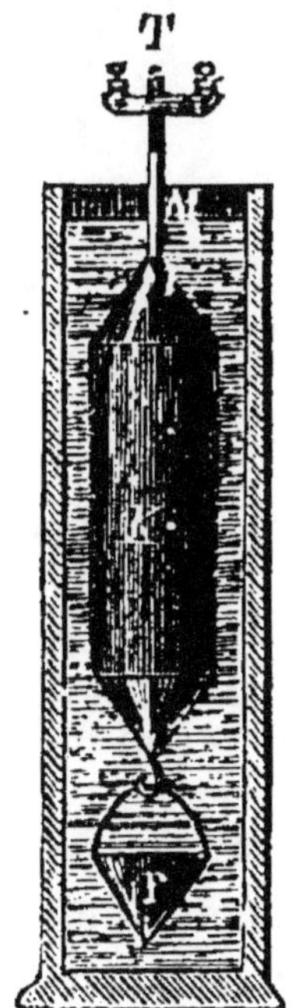

Fig. 47. — **Aréomètre de Nicholson.**

Enfin, sur la tige, le constructeur a marqué un point dit d'*affleurement* M.

Pour déterminer la densité d'un corps solide avec cet appareil, on le plonge dans une éprouvette contenant de l'eau.—On place ensuite un petit morceau du corps sur le plateau, on constate alors que l'appareil s'enfonce d'une certaine quantité; pour le faire affleurer entièrement, on ajoute des grains de plomb, et lorsque le résultat est obtenu on enlève le corps et on met ensuite des poids marqués à sa place jusqu'à ce que l'affleurement soit de nouveau obtenu ; on a ainsi le poids du corps que je suppose être de 5 grammes.

Cherchons maintenant le poids du volume d'eau déplacé : pour céla je place le corps dans la corbeille, mais l'aéromètre n'affleure plus, car le corps est immergé et l'eau exerce une poussée égale au poids du volume du liquide déplacé par le corps. Je place alors des poids sur le plateau de manière à déterminer de nouveau l'affleurement; ces poids représenteront le poids du volume du liquide déplacé, soit par exemple 3 grammes. Il me suffira de diviser 5 par 3 pour avoir la densité cherchée.

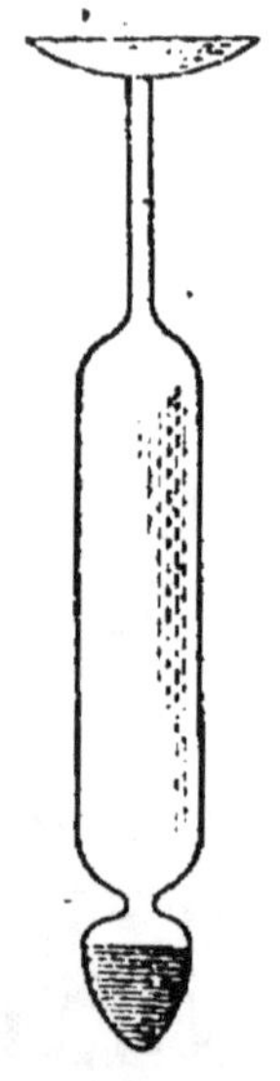

Fig. 48. — **Aréomètre de Fahrenheit.**

Pour déterminer la densité des liquides, on prend l'**aréomètre de Fahrenheit.**

Aréomètre de Fahrenheit. — Cet appareil (fig. 48) diffère peu du précédent; il est en verre et la corbeille inférieure est remplacée par une ampoule contenant des grains de plomb, ou du mercure destiné à le lester.

La condition essentielle pour se servir de l'appareil est de connaître son poids.

Cela posé et en supposant que ce poids soit de 30 grammes, par exemple, je plonge l'appareil dans le liquide dont nous voulons déterminer le poids spécifique et j'ajoute des poids marqués sur le plateau jusqu'à ce que l'appareil affleure.

Supposons qu'il ait fallu 6 grammes pour arriver à ce résultat. Le poids du liquide déplacé par l'appareil sera représenté par 30 grammes (poids de l'aréomètre) + 6 gr. (poids nécessaire pour déterminer l'affleurement) ou 36 grammes. Retirons l'appareil et plongeons-le dans l'eau, supposons qu'il faille 4 grammes pour déterminer son affleurement dans ce liquide, 30 gr. + 4 gr. représenteront le poids du même volume d'eau déplacée, et pour avoir la densité il suffira de diviser 36 par 34.

Il nous reste à étudier les **aréomètres à poids constant** que l'on distingue facilement des précédents à l'absence de plateau supérieur, de telle sorte qu'on ne peut augmenter leur poids par addition. Ces appareils sont destinés surtout à donner des points de repère aux industriels. Un acheteur veut savoir si, dans une livraison d'acide sulfurique, par exemple, le liquide se trouve dans les conditions voulues de concentration, s'il n'est pas additionné d'eau : il constatera le fait en y plongeant l'aréomètre à poids constant nommé **pèse-acide de Baumé**, qui doit s'enfoncer jusqu'à la 66e division ; ces appareils sont donc d'un usage très commode.

Pèse-acides. — Pèse-esprits. — Certains de ces aréomètres sont destinés aux liquides plus lourds que l'eau, on les nomme **pèse-acides** ou **pèse-sels** ; les autres sont destinés aux liquides plus légers, ce sont les **pèse-esprits**.

Nous décrirons seulement, parmi les pèse-acides, le

pèse-acide de Baumé, et, parmi les pèse-esprits, l'alcoomètre centésimal de Gay-Lussac, qui sont très employés. Le pèse-acide de Baumé (fig. 49) est en verre, composé d'un corps surmonté d'une tige et terminé à sa

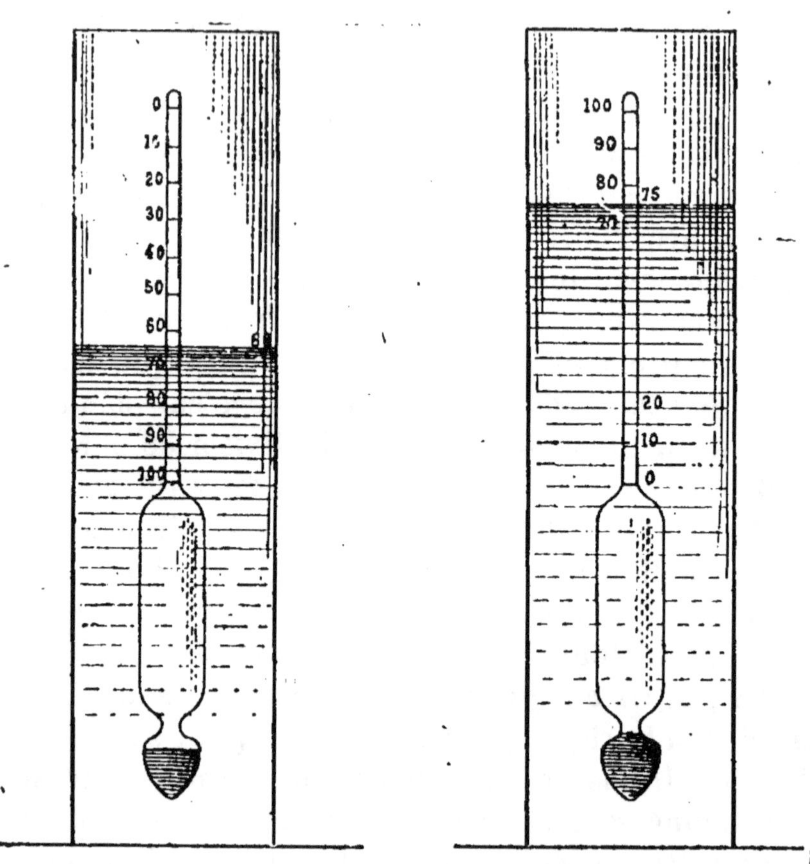

Fig. 49. — **Pèse-acide de Baumé,**
plongé dans l'acide sulfurique à 66°.

Fig. 50. — **Alcoomètre de Gay-Lussac,** plongé dans de l'alcool à 75°.

partie inférieure par une boule remplie de mercure ou de plomb, destinée à lester l'appareil.

Pour le graduer, on le plonge dans de l'eau distillée et on y ajoute du lest, de telle sorte que l'aréomètre s'enfonce dans ce liquide jusqu'au sommet de la tige; à ce point, on marque zéro. Puis on fait une dissolution de 85 parties d'eau et de 15 parties de sel marin, on plonge

l'aréomètre dans le mélange ; le liquide étant plus dense
que l'eau distillée, l'appareil ne s'enfoncera plus autant
et au point d'affleurement on marque 15. On divise de
zéro à 15 en 15 parties égales et on prolonge la division
au-dessous de 15 du nombre de degrés voulu.

L'**alcoomètre centésimal de Gay-Lussac** (fig. 50) res-
semble au précédent dont il ne diffère en réalité que par la
graduation. Pour le graduer, on le plonge dans de l'alcool
absolument pur et on le leste de telle façon que, dans cet
alcool, l'appareil s'enfonce jusqu'au sommet de la tige ;
à ce point, on marque 100. On mélange ensuite à 95 parties d'alcool absolu la quantité d'eau nécessaire pour
obtenir un volume total de 100 ; on plonge l'alcoomètre
dans ce mélange ; le liquide étant plus lourd que l'alcool pur, l'appareil n'enfoncera plus jusqu'au sommet
et au point nouveau d'affleurement on marquera 95. On
fait ensuite des mélanges successifs dans lesquels on
diminue de 5 parties la proportion d'alcool pour augmenter de 5 parties celle de l'eau (90 p. 100 d'alcool pur,
85 p. 100 d'alcool pur, etc.); aux nouveaux points d'affleurement on marque 90, 85, etc. Les espaces sont
divisés en 5 parties égales.

Il est bon de savoir que l'alcool des pharmaciens
marque 90°, que l'eau-de-vie marque généralement 45°
à l'alcoomètre de Gay-Lussac.

Les indications données par les pèse-acides, alcoomètres, etc., ne sont réellement exactes que si l'on tient
compte de la température. Les liquides sont en effet
d'autant plus légers que leur température est plus
élevée, par conséquent les chiffres fournis par l'instrument varient avec la température du liquide. Pour
l'alcoomètre en particulier qui nous intéresse spécialement par ses usages journaliers, Gay-Lussac a construit
des tables différentielles auxquelles on doit se reporter

RÉSUMÉ SYNOPTIQUE DU CHAPITRE V

HYDROSTATIQUE II

Principe d'Archimède.
Tout corps plongé dans un liquide subit de la part de ce liquide une poussée de bas en haut..
Pierre ou poids soulevé au fond d'un seau plein d'eau.

Placer un bouchon au fond d'un vase ; y verser de l'eau en retenant le bouchon au fond du vase avec une baguette. Enlever la baguette. (Mise en évidence de la poussée de bas en haut.)

Cette poussée est *égale* au poids du volume de liquide déplacé.........
Vérification expérimentale du principe d'Archimède.

Applications.

Corps flottants.
Un corps qui flotte au sein d'un liquide ou à la surface d'un liquide déplace un volume de liquide dont le poids est égal au sien...
Expérience de l'œuf plongé dans l'eau pure, dans l'eau très salée, dans l'eau peu salée.

Bateaux...
Ludion.

Densité.

Définition.
$$D = \frac{\text{Poids d'un V. de ce corps}}{\text{Poids du même V. d'eau}}$$
Faire soupeser des volumes égaux de bois, de craie, de fer, de plomb.

Détermination.
Balance hydrostatique. — Corps solides. Corps liquides.
Aréomètres — de Nicholson. | Corps solides. — de Fahrenheit | Corps liquides.
Détermination de la densité.

Aréomètres usuels.
Pèse-acides ou pèse-sels — indiquent le degré de concentration d'un liquide plus dense que l'eau.................
Pèse-esprits ou alcoomètres — indiquent le degré de concentration d'un liquide moins dense que l'eau..............
Emploi des pèse-acides et alcoomètres.

après avoir pris la température du liquide sur lequel on opère avec le **thermomètre**, instrument dont il sera question plus tard.

Devoirs. — Évaluer la poussée subie par un parallélipipède de fer (d. 7,8) mesurant $8^{cm} \times 7^{cm} \times 5^{cm}$, plongé : 1° dans l'eau, 2° dans l'éther (d. 0,75).

Un cube de plomb de 10^{cm} d'arête (d. 11,5) flotte à la surface du mercure (d. 13,6). Trouver la hauteur de la partie immergée.

Un vin pèse $7°\ 1/2$. Quelle quantité d'alcool pur contient une pièce de 225 litres de ce vin ?

CHAPITRE VI

Propriétés générales des gaz.
L'atmosphère. — Expérience de Torricelli.
Baromètres. — Siphon.

Propriétés générales des gaz. — Les gaz, dont il a été déjà question à propos des divers états de la matière, possèdent un certain nombre de propriétés intéressantes qu'il est nécessaire de passer rapidement en revue. Les gaz sont éminemment **compressibles et expansibles.** Nous avons déjà parlé de la compressibilité de l'air à propos du briquet à air. Tout autre gaz mis dans ce briquet se conduirait d'une manière analogue.

Inversement, tout gaz a tendance à occuper un volume de plus en plus grand et les parois du vase contre lesquelles il presse s'opposent à une nouvelle augmentation de volume. On donne à cette propriété le nom d'**expansibilité.**

L'expansibilité se démontre très bien par l'expérience suivante (fig. 51) : on prend une vessie fermée par un robinet et qu'on a eu soin d'aplatir au préalable ; on la place sous la cloche d'une machine pneumatique, instrument qui enlève l'air de cette cloche ainsi que nous le verrons plus loin ; or, à mesure que nous faisons le vide,

Fig. 51. — **Démonstration de l'expansibilité des gaz.**

nous voyons la vessie se gonfler, l'air qu'elle renferme dans ses plis, n'étant plus maintenu dans sa position par l'atmosphère, tend à prendre un plus grand volume, de sorte que la vessie se gonfle considérablement et finit souvent par éclater.

Lorsque les gaz sont renfermés dans un espace à parois résistantes, ils exercent sur ces parois une pression à laquelle on donne le nom de tension ou de **force élastique.**

L'atmosphère. — L'homme et tous les êtres qui existent à la surface du globe sont plongés dans une couche gazeuse comme les poissons sont immergés dans l'eau ; à cette masse gazeuse, on donne le nom d'**air atmosphérique ou d'atmosphère.** Nous verrons dans la chimie que l'air est formé du mélange de deux gaz, l'*oxygène* et l'*azote*, mais pour le moment il suffit seulement d'étudier les propriétés physiques de l'air et de démontrer tout d'abord qu'il est pesant.

L'air est pesant. — Les anciens ignoraient en effet que l'air fût doué de pesanteur ; pour prouver cette propriété nous indiquerons l'expérience suivante qui est bien simple. On prend un ballon de verre muni d'un robinet (fig. 52), on retire l'air du ballon à l'aide de la machine pneumatique, on l'accroche à l'un des plateaux de la balance hydrostatique, de l'autre côté on met des poids pour faire équilibre au ballon, puis le fléau étant bien horizontal on ouvre le robinet; l'air rentre avec un sifflement et à mesure que cette rentrée s'effectue on voit la balance pencher du côté du ballon; donc l'air pèse. Si le ballon a un litre de capacité, il faudra ajouter de l'autre côté 1 gr. 293 milligr. pour rétablir l'équilibre, ce qui nous donne le poids d'un litre d'air.

On montre plus simplement que l'air est pesant en procédant ainsi : prendre un ballon d'un litre environ; y faire bouillir une petite quantité d'eau, la vapeur chasse l'air du ballon. Boucher le ballon, le tarér avec une balance assez sensible. Déboucher le ballon; l'air y rentre. La balance s'incline du côté du ballon. Donc l'air est pesant.

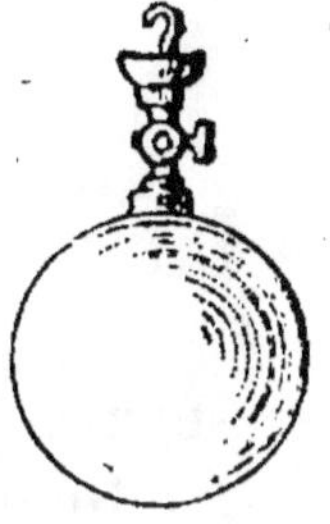

Fig. 52.

Si l'air est pesant, il est aisé de concevoir que le nombre énorme de litres d'air qui constitue l'atmosphère pèse sur les objets et sur les êtres qui y sont plongés; à cette pression de l'air, on donne le nom de **pression atmosphérique.**

Démonstration de l'existence de la pression atmosphérique. — Un certain nombre d'expériences mettent en évidence l'existence de cette pression : une clef forée peut être vidée de l'air qu'elle renferme par un mouvement de succion de la langue et alors elle adhère aux lèvres. Les écoliers font souvent cette expérience bien simple; l'adhérence de la clef s'explique par la disparition de l'air qu'elle contenait, la pression atmosphérique n'étant plus contre-balancée s'exerce sur la clef et l'applique sur la lèvre.

Deux hémisphères creux (fig. 53) étant appliqués l'un

sur l'autre, on fait le vide dans l'intérieur et il devient impossible alors de les séparer, car la pression atmosphérique les maintient en contact. Faisons rentrer l'air à l'aide d'un robinet et aussitôt il devient facile de les

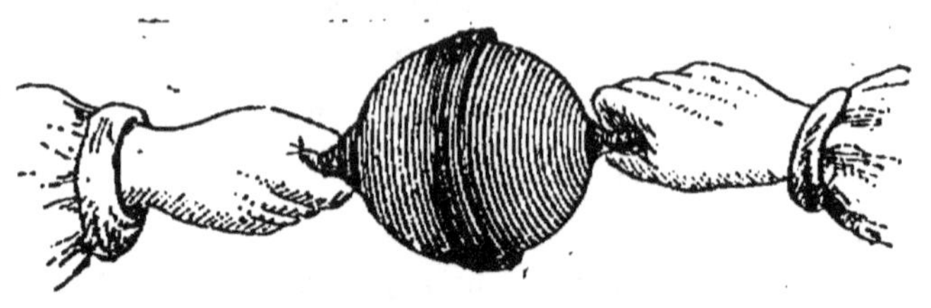

Fig. 53. — **Hémisphère de Magdebourg.**

séparer, car l'air qui vient de rentrer contre-balance l'influence de l'atmosphère ; c'est l'expérience dite des **hémisphères de Magdebourg.**

Parmi les nombreuses expériences qui prouvent l'existence de la pression atmosphérique, citons encore :

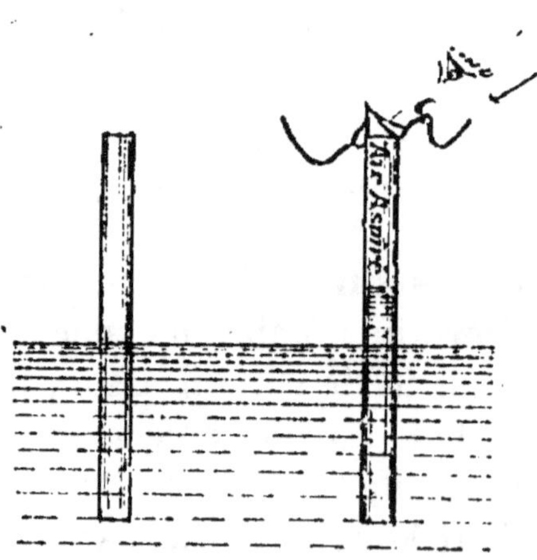

Fig. 54 et 55.

Faire entrer un œuf dans une carafe ;

Le tire-pavé ;

L'adhérence de 2 plaques de verre ;

L'éprouvette pleine d'eau, retournée sur l'eau ou fermée par une feuille de papier ;

Et enfin l'élévation de l'eau dans un tube dont on aspire l'air.

Un tube en verre ouvert par les deux bouts (fig. 54) est plongé dans l'eau ; celle-ci monte dans le tube sensiblement au même niveau qu'extérieurement, puisqu'une même pression s'exerce sur le liquide en dehors et en dedans. Aspirons par la bouche l'air du même tube plongeant dans l'eau (fig. 55). Nous y faisons le vide ; à l'intérieur du tube, la pression est nulle, l'air ayant été expulsé, tandis que la pression extérieure qui existe force l'eau à s'élever dans le tube ; c'est par un mécanisme de ce genre que l'eau monte dans les pompes, ainsi que nous le verrons plus tard.

C'est donc la pression atmosphérique qui fait monter les liquides dans les tubes vides et non l'*horreur du vide*, comme le disaient les anciens qui admettaient une sorte de tendance de la nature à combler les espaces vides d'air.

On peut se demander jusqu'à quelle hauteur une colonne d'eau monterait dans un tube vide d'air ; l'expérience démontre que cette hauteur est d'environ **10 mètres 33** : au delà, l'eau ne peut monter par la raison qu'une colonne d'eau de 10 mètres 33 faisant équilibre à l'atmosphère, celle-ci n'est pas capable de soulever une colonne d'eau plus élevée.

En raisonnant par comparaison, on doit conclure que si l'atmosphère élève à 10 mètres 33 une colonne d'eau, elle doit élever

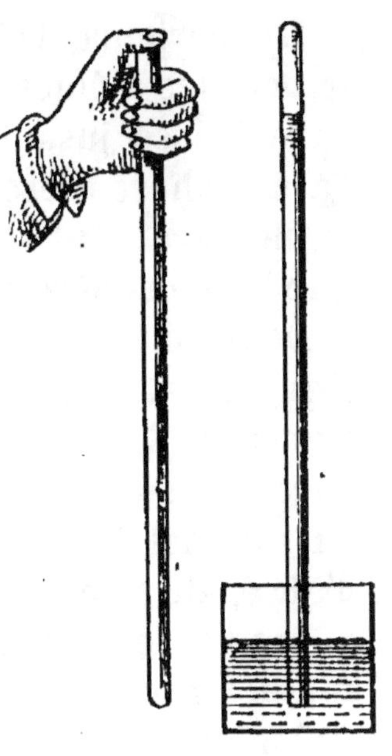

Fig. 56. — **Expérience de Torricelli.**

moins le mercure qui est beaucoup plus lourd que l'eau, et nous sommes ainsi amenés à une expérience restée célèbre faite pour la première fois par l'Italien Torricelli (1643) et qu'on peut répéter de la façon suivante (fig. 56).

Expérience de Torricelli. — On prend un tube de

verre de 80 centimètres environ fermé par un bout ; ce tube est gradué en millimètres ; on le remplit de mercure et avec le pouce on ferme l'extrémité ouverte ; on le plonge dans une cuvette pleine de mercure, on retire alors le pouce et on voit le mercure tomber et s'arrêter à environ 76 centimètres ; le vide occupe la partie supérieure du tube, car, dans les conditions où nous avons opéré, il est impossible que l'air extérieur ait pu pénétrer. La colonne de mercure de 76 centimètres est donc soutenue par la pression de l'atmosphère et *lui fait équilibre*.

L'expérience de Torricelli ne donne pas toujours exactement les mêmes résultats. Il peut se faire que le mercure baisse jusqu'à 72 ou 73 centimètres : c'est que l'atmosphère presse moins ; dans d'autres circonstances, le mercure peut s'élever à 77 ou 78 centimètres : c'est que l'atmosphère presse plus.

De là nous pouvons déduire que la pression atmosphérique n'est pas toujours constante. Si on fait l'expérience de Torricelli au sommet d'une montagne, le mercure descendra plus bas qu'au pied de la montagne, car au sommet la pression est *moindre* de toute la hauteur d'air égale à celle de la montagne.

Les hauteurs de la colonne barométrique varient environ de 1 millimètre par 10 mètres d'altitude jusqu'à 500 mètres. A 7 000 mètres, on a constaté une hauteur de mercure de 33 centimètres.

L'expérience de Torricelli nous conduit à parler du **baromètre** qui en est l'application directe.

Baromètres. — *Le baromètre est un instrument destiné à mesurer la pression atmosphérique ;* or, l'expérience a démontré qu'à une pression forte correspond généralement le beau temps, tandis qu'une pression faible correspond au mauvais temps ; c'est pour cette raison qu'on utilise le baromètre pour avoir des indications sur l'état du temps ; mais il faut bien savoir que cet instrument ne donne à cet égard que des probabilités et non une certitude.

Il existe plusieurs espèces de baromètres, mais nous nous contenterons de décrire les plus simples.

Le **baromètre à cuvette** (fig. 57) se compose d'un tube de Torricelli qui plonge dans une cuvette portant une ouverture pour que la pression atmosphérique puisse s'exercer. On a soin de faire bouillir le mercure dans le tube avant de le renverser dans la cuvette, afin de chasser les dernières bulles d'air qui pourraient rester adhérentes au verre. L'appareil est ensuite fixé sur une planchette graduée qui porte à côté de la graduation en *centimètres* les indications correspondantes à l'état du temps.

Le **baromètre à cadran**, très usité dans les appartements, est constitué essentiellement par un tube deux fois recourbé.

Fig. 58.—**Baromètre à cadran.**

Fig. 57.—**Baromètre à cuvette.**

La grande branche est fermée, la petite ouverte (fig. 58). Le mercure s'élève à 76 cent. dans la grande branche en partant, bien entendu, du niveau de la petite branche AA′. Sur le mercure de la petite branche est un flotteur de fer B, attaché à un cordon de soie S; le cordon s'enroule sur une poulie P et est maintenu par un petit contrepoids R. Enfin, à l'axe de la poulie est fixée une aiguille M qui se meut sur un cadran gradué. Toutes ces pièces sont, du reste, cachées par une caisse en bois dont le cadran gradué fait partie.

Le mécanisme de ce baromètre est très simple. Si la pression augmente, le mercure monte dans la grande branche, baisse dans la petite, le flotteur tire sur le contrepoids; car il est plus lourd que lui et tend à rester en contact avec le mercure; la poulie tourne et entraîne l'aiguille de droite à gauche.

Au contraire, la pression vient-elle à diminuer, le mercure descend de la grande branche, monte dans la petite et pousse la pièce de fer, le contrepoids agit alors sur la poulie et l'aiguille marche de gauche à droite.

Il ne reste plus qu'à graduer l'instrument en question, par comparaison avec un autre baromètre.

Nous parlerons, pour terminer, d'un baromètre d'une forme différente, le baromètre anéroïde.

Cet appareil (fig. 59) consiste en un tube creux de laiton, vide

Fig. 59. — Baromètre anéroïde.

d'air. Le tube forme un cercle incomplet fixé sur un

cadre, mais dont les deux extrémités viennent buter sur deux petites pièces *ab, cd,* qui sont elles-mêmes en rapport avec les extrémités d'un levier *cb,* mobile autour de l'articulation R. Cette articulation porte une tige dentée à son extrémité libre *m n,* et dont les dents s'engrènent avec les dents d'une roue centrale au milieu de laquelle se trouve une aiguille qui se meut autour d'un cadran gradué portant les indications de pression et l'état des temps.

Le mécanisme de cet appareil est facile à comprendre. Lorsque la pression augmente, le tube se resserre sous l'influence de cette augmentation de pression, les deux extrémités se rapprochent et la tige s'incline, entraînant la roue dentée de l'aiguille.

Si au contraire la pression diminue, l'élasticité du tube détermine sa distension et l'aiguille marche en sens inverse.

Cet appareil, moins exact que le baromètre ordinaire, est d'un usage facile, parce qu'il n'est pas fragile et qu'il est par conséquent transportable, tandis que les autres espèces de baromètres risquent facilement de se briser; en effet, le mercure peut venir frapper le sommet de la chambre barométrique, dans laquelle, par suite de l'absence d'air, la colonne mercurielle ne trouve aucun tampon qui puisse protéger le verre.

Applications. — Nous avons dit plus haut que le baromètre permet, dans une certaine mesure, de pronostiquer le beau et le mauvais temps.

Ceci tient à ce que, dans nos climats, les vents du sud-ouest sont **humides** et chauds : l'eau qu'ils renferment à l'état de vapeur se condense et se transforme en pluie ; à ce moment la pression diminue et le baromètre baisse.

Le beau temps, au contraire, se montre lorsque les

vents sont secs et viennent du nord-est; alors le baromètre monte.

Siphon. — Le siphon (fig. 60) est également un petit instrument basé sur l'action de la pression atmosphérique. Il sert à transvaser les liquides. Il se compose d'un tube ABCD recourbé en deux branches d'inégales longueurs.

On plonge la branche la plus courte dans le liquide d'un vase V.

On aspire en D l'air du tube; le liquide monte jusqu'en B, arrive en C, descend dans la branche CD, et s'écoule ensuite par D d'une façon continue. On peut alors le recueillir dans un vase V'.

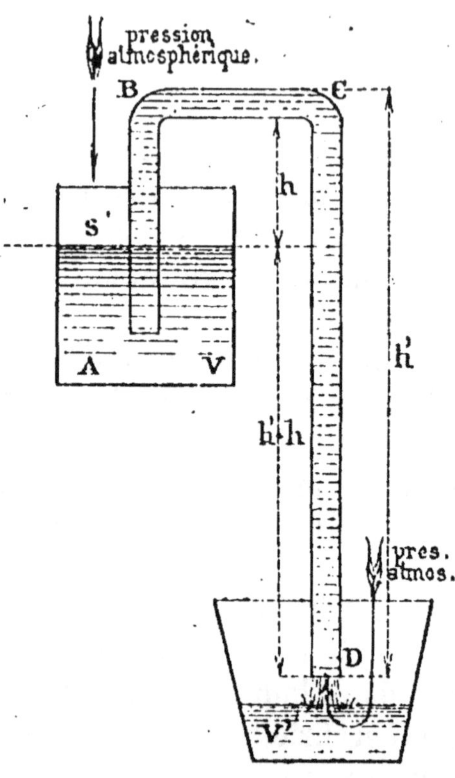

Fig. 60. — **Siphon**.

L'explication de ce phénomène est très simple. Supposons le siphon amorcé. Examinons les pressions supportées par la tranche D du liquide. Elle supporte de bas en haut la pression atmosphérique, et de haut en bas, la pression atmosphérique $+$ le poids de la colonne de liquide ayant pour hauteur $h' - h$, la différence des hauteurs dans les deux branches.

Cette tranche D du liquide est donc plus pressée de haut en bas que de bas en haut; elle doit donc tomber. Il en est de même de toutes les autres; le liquide s'écoule

RÉSUMÉ SYNOPTIQUE DU CHAPITRE VI

AÉROSTATIQUE (Propriétés générales des gaz).

I

Les gaz sont des fluides :
- très compressibles. — *Briquet à air.*
- très expansibles. — *Vessie se gonflant sous une cloche où l'on fait le vide.*
- pesants. — *Peser un ballon dont une partie de l'air a été chassée.*

Pression atmosphérique.

Causes.
- Poids de l'air 1ᵉʳ,293 par litre. — *Le peser après y avoir laissé rentrer l'air.*
- Étendue de l'atmosphère.

Démonstration de son existence.
- Expérience de Torricelli (XVIIᵉ siècle). — *Expérience de Torricelli.*
- Expérience de Pascal.
- Autres expériences et nombreux faits journaliers. — *Clef aux lèvres. Aspiration de l'eau dans un tube. Faire entrer un œuf dans une carafe. Tire-pavé. Adhérence de 2 plaques. Hémisphères de Magdebourg. Crève-vessie.*

Mesure.
- Baromètres
  - à mercure
    - à cuvette.
    - à cadran.
  - métalliques.

Variations.
Pression moyenne : 1ᵏᵍ,033 par cmq 760ᵐᵐ de mercure.
- En des lieux différents
  - suivant les altitudes.
  - leur évaluation (baromètre).
- En un même lieu
  - suivant l'état de l'atmosphère.
  - prévision du temps (baromètre).
  - *Observations barométriques.*

Applications.
- Pompes. — (Voir plus loin).
- Siphon. — Fait écouler un liquide d'un vase dans un autre vase moins élevé. — *Fonctionnement du siphon.*

donc d'une façon continue de la petite branche vers la grande.

Devoirs. — La densité du mercure étant 13,6, à quelle hauteur s'élèverait un baromètre à eau, si le baromètre à mercure, au même lieu, au même instant, marquait 74^{cm},8 ?

Quelle est la valeur de la pression atmosphérique supportée par une table de 1^m,5 sur 2 mètres ? — Pourquoi ne se rompt-elle pas sous cette pression ?

CHAPITRE VII

Loi de Mariotte. — Machine pneumatique. Manomètres. — Pompes.

Loi de Mariotte. — Les gaz tendent à occuper le plus grand volume possible ; ils exercent sur les parois de leurs récipients une pression appelée *force élastique*.

Cette force élastique des gaz est évidemment égale à la pression qu'ils supportent.

Un grand physicien français du XVIIe siècle, Mariotte, a découvert la relation très simple qui existe entre le volume d'une masse gazeuse et la pression qu'elle supporte (ou entre son volume et sa force élastique).

Je prends un litre d'air puisé dans l'atmosphère, et qui est par conséquent à la pression de cette atmosphère, représentée par 76 cent. de mercure ; les gaz étant essentiellement compressibles, je force ce litre d'air, par un moyen quelconque et qu'il importe peu de connaître pour le moment, à ne plus occuper qu'un volume d'un demi-litre, je dis que sa pression est devenue double,

c'est-à-dire égale à deux fois une colonne de mercure de
76 cent. ou à deux atmosphères, et ainsi de suite, en
forçant l'air à n'occuper qu'un tiers, qu'un quart de
litre, sa pression serait devenue
de trois, de quatre atmosphères.

Nous avons là un exemple de ce
qu'on nomme des quantités qui
sont **inversement proportionnelles**;
en effet, à mesure que le volume de
l'air diminue, sa pression augmente. C'est vers la fin du XVII° siècle
que Mariotte découvrit ce principe
de physique qu'il avait cru devoir
d'abord appliquer à tous les gaz,
mais qui n'est en réalité sensiblement vrai que pour l'air.

Nous énoncerons d'une manière
plus scientifique la loi de Mariotte
de la façon suivante :

En supposant que la température
reste invariable, *les volumes d'une
masse d'air sont en raison inverse des
pressions qu'ils supportent.*

**Démonstration de la loi de
Mariotte.** — On démontre cette
loi à l'aide du **tube de Mariotte**
(fig. 61). C'est un tube à deux
branches, l'une courte, fermée,
l'autre longue, ouverte.

Ce tube est appliqué sur une
planchette ; la grande branche est
divisée en parties d'égale longueur,
la petite en parties d'égal volume. A la courbure du
tube on a placé le chiffre zéro.

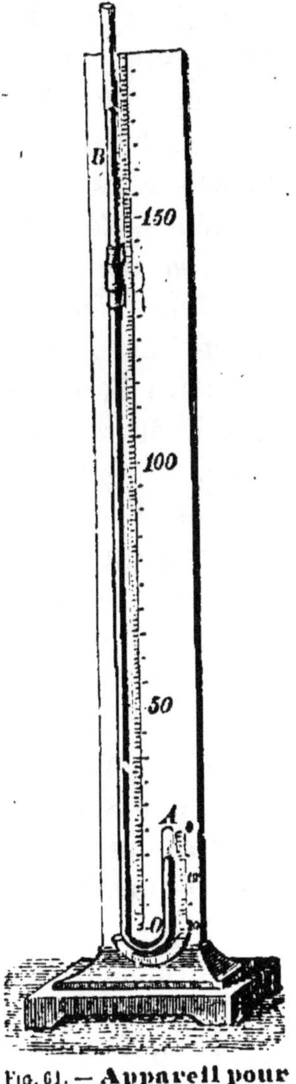

Fig. 61. — **Appareil pour
la démonstration de
la loi de Mariotte.**

Pour démontrer la loi de Mariotte, on commence par verser du mercure dans la courbure de manière *qu'il arrive au zéro dans les deux branches.* Le niveau du mercure étant bien horizontal, il en résulte que l'air qui a été refoulé dans la petite branche presse autant sur le mercure que l'air de la grande branche, c'est-à-dire que l'atmosphère ; s'il en était autrement, le niveau du mercure ne serait pas horizontal, mais différent dans les deux branches, *donc l'air de la petite branche a pour pression une atmosphère.*

Versons maintenant de nouveau du mercure dans la grande branche, le liquide pénétrera dans la petite et refoulera l'air ; lorsque cet air n'occupera plus que la moitié du volume primitif, regardons la hauteur de mercure qu'il a fallu verser pour arriver à ce résultat et nous voyons que cette hauteur est de 76 cent. environ, **à partir du niveau du liquide dans la petite branche :** donc l'air refoulé dans la moitié de la petite branche fait équilibre à une atmosphère ou 76 cent. de mercure, plus à une seconde atmosphère, à l'atmosphère elle-même qui pèse sur le mercure ; ce qui revient à dire que le fait d'avoir refoulé l'air de moitié a doublé sa pression.

En poussant l'expérience plus loin, on verrait que pour refouler l'air au tiers de son volume, il faudrait une colonne de mercure de deux fois 76 cent., c'est-à-dire $1^m,52$ plus l'atmosphère qui pèse librement, en tout, trois atmosphères, et ainsi de suite.

On a démontré que la loi de Mariotte présente des écarts sensibles lorsqu'il s'agit des grandes pressions. Il est bon de remarquer que ce sont les gaz les plus difficilement liquéfiables, tels que l'air, l'azote, l'hydrogène, l'oxygène, qui se rapprochent le plus de la loi. Celle-ci n'en est pas moins féconde en applications diverses, ainsi que nous allons le faire voir.

Parmi ces applications, nous mentionnerons :
1° **La Machine pneumatique** ;
2° **Les Manomètres** ;
3° **Les Pompes.**

MACHINE PNEUMATIQUE

Inventée au XVIIe siècle par Otto de Guéricke, bourg-mestre de Magdebourg, cette machine a pour but de retirer l'air d'une cloche, par exemple, d'y **faire le vide,** bien que la machine la plus parfaite soit incapable de donner le *vide absolu,* comme on peut l'obtenir dans le tube de Torricelli. La machine la plus simple est dite à **un corps de pompe,** et se compose des parties suivantes :

Un corps de pompe A (fig. 62), en métal ou en verre épais, terminé à sa partie inférieure par un canal BC *qui part latéralement en faisant suite à la face* AB, chose très

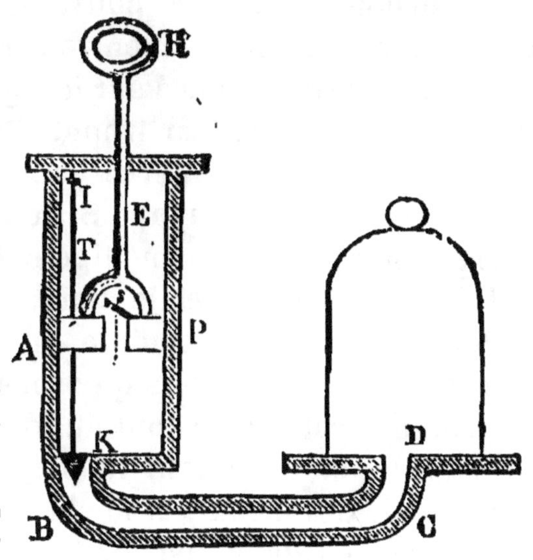

Fig. 62. — **Machine pneumatique à un corps de pompe.**

importante à noter pour comprendre le jeu de la machine. Ce canal vient déboucher sous un plateau en verre dépoli nommé **platine** de la machine.

Sur cette platine, on place la cloche en verre dans laquelle on veut faire le vide ; l'ouverture du canal qui débouche sur la platine est occupée par un pas de vis D sur lequel on peut visser des tubes, ballons ou autres pièces, desquelles on veut expulser l'air.

L'ensemble de la platine et de la cloche porte le nom de récipient. Il est donc bon de savoir qu'il est nécessaire, lorsqu'on veut faire le vide sous la cloche, d'en graisser les bords avec un peu de suif, afin qu'elle adhère bien exactement à la platine.

Dans l'intérieur du corps de pompe se meut un piston à frottement doux.

La partie du piston P qui est en regard du canal de communication est percée d'une ouverture dans laquelle se trouve une tige en baleine T, portant à son extrémité un bouchon conique K pouvant fermer à un moment donné la communication entre le récipient et le corps de pompe. Un arrêt I, placé sur la tige en baleine, empêche la soupape de s'éloigner trop de l'ouverture.

Enfin le piston est percé de part et d'autre; l'ouverture présente une soupape S s'ouvrant de bas en haut. A ce piston se rattache une tige E munie d'une poignée H qui sert à la saisir avec la main.

Pour nous rendre compte du fonctionnement de la machine pneumatique, supposons le piston au bas de sa course, c'est-à-dire tout au fond du corps de pompe. Je soulève, en saisissant la poignée; le piston monte, chasse l'air devant lui, et le vide se fait au-dessous.

D'autre part, le mouvement d'ascension du piston entraîne la tige T, et le bouchon K ne s'applique plus sur l'ouverture du canal; il y a par conséquent communication entre le corps de pompe vide d'air et le récipient; l'air renfermé dans ce dernier, en vertu de son expansibilité, va occuper à la fois le récipient et le corps de pompe, ce qui revient à dire *qu'une partie de l'air* contenu dans le récipient passe dans le corps de pompe.

Le piston ayant atteint sa plus grande hauteur, dans

le second temps, je l'abaisse, il s'enfonce, et la tige T, entraînée de haut en bas, replace le bouchon K dès le premier mouvement d'abaissement à l'entrée du canal ; par conséquent *toute communication est interrompue entre*

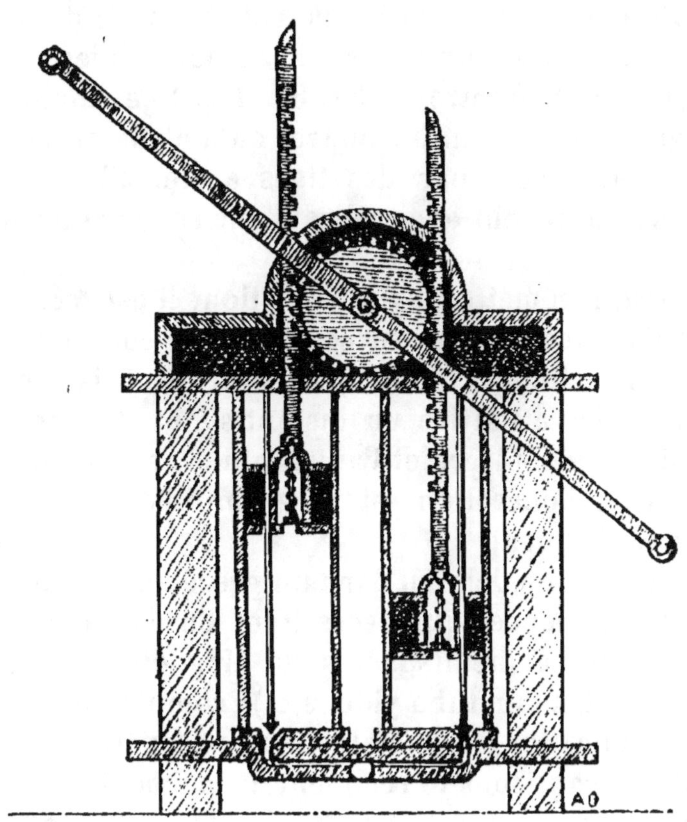

Fig. 64. — Coupe de la machine pneumatique à deux corps de pompe.

le récipient et le corps de pompe. Je continue à enfoncer ; l'air renfermé dans le corps de pompe est comprimé et à mesure que cette compression s'exerce, en vertu de la loi Mariotte, sa tension augmente si bien qu'au moment où la pression de cet air comprimé l'emporte sur la pression atmosphérique, la soupape se soulève et l'air s'échappe.

Une série de coups de piston achève de vider sensiblement le récipient.

On construit aujourd'hui, de préférence, la machine pneumatique à deux corps de pompe. Il suffit, pour comprendre le mécanisme de cet appareil, de supposer deux machines à un corps de pompe, réunies entre elles ainsi que le montre la fig. 63. Les tiges munies d'une poignée qui servent à soulever ou à abaisser les pistons sont remplacées par des tiges à crémaillère dont les dents s'engrènent avec celles d'une roue dentée mue par un levier.

Lorsqu'on met ce levier en action, il est facile de voir que l'un des pistons se soulève, par conséquent attire l'air du récipient, tandis que l'autre s'abaisse et chasse l'air qu'il avait attiré un instant avant. Ce sera ensuite celui-ci qui aspirera et l'autre qui chassera l'air et ainsi de suite, l'opération est très simplifiée et se fait bien plus rapidement.

Nous avons déjà vu dans un précédent chapitre quelques expériences qui nécessitent l'usage de la machine pneumatique (hémisphères de Magdebourg, ascension de l'eau dans un tube vide, etc.); complétons cet exposé par l'indication de quelques autres expériences.

En plaçant sous le récipient de la machine une bougie allumée, on la voit s'éteindre dans le vide, de même un oiseau ne peut y vivre, ce qui nous prouve que l'air est nécessaire à la combustion et à la respiration.

Complétons les notions sur la machine pneumatique par quelques renseignements sur les appareils dans lesquels, au lieu de raréfier l'air, on **comprime** celui-ci.

La machine qui sert à cet usage se nomme *machine de compression*. Les limites de ce travail ne permettent pas, d'ailleurs, d'en indiquer le mécanisme.

Qu'il nous suffise de dire que les phénomènes inverses

à ceux observés dans l'air raréfié se produisent dans l'air comprimé. C'est ainsi qu'une bougie y brûle avec un vif éclat et qu'un oiseau semble y vivre dans des conditions meilleures pour la respiration que dans l'air ordinaire.

Applications. — Parmi les applications de l'air comprimé, citons d'abord la *cloche à plongeur*, dans laquelle se placent les ouvriers qui exécutent des travaux sous l'eau. Dans la cloche, constituée par un cylindre métallique, viennent déboucher à la partie inférieure des tubes provenant d'une pompe de compression à l'aide de laquelle on y refoule l'air nécessaire à la respiration des travailleurs; l'air vicié par la respiration s'échappe par le tour de l'appareil.

A Paris, les *dépêches pneumatiques* sont envoyées grâce à l'air comprimé. Imaginons un tube allant d'une station à une autre; les dépêches sont placées dans l'intérieur d'une pièce creuse fonctionnant à la façon d'un piston; cette pièce est lancée de la station du départ vers la station d'arrivée par l'air comprimé.

MANOMÈTRES

Ce sont des instruments destinés à mesurer la **tension** ou **force élastique** des gaz et des vapeurs.

La tension de la *vapeur d'eau* si fréquemment utilisée dans l'industrie (machines à vapeur) se mesure au moyen des **manomètres.**

On distingue trois sortes de ces instruments : 1° le *manomètre à air libre;* 2° le *manomètre à air comprimé;* 3° le *manomètre métallique.*

Manomètre à air libre (fig. 64-65). — Le manomètre à air libre n'est plus guère utilisé. Il se compose d'un réservoir A qui peut être mis en communication avec le récipient renfermant le gaz ou la vapeur au moyen d'un robinet R. Ce réservoir renferme du mercure dans lequel plonge un long tube de verre B ouvert à sa partie supérieure. Si la tension de la vapeur est de 1 atmosphère, le mercure reste dans le réservoir et ne s'engage pas dans le tube, la pression à la surface du mercure étant la même, à l'intérieur et à l'extérieur du tube.

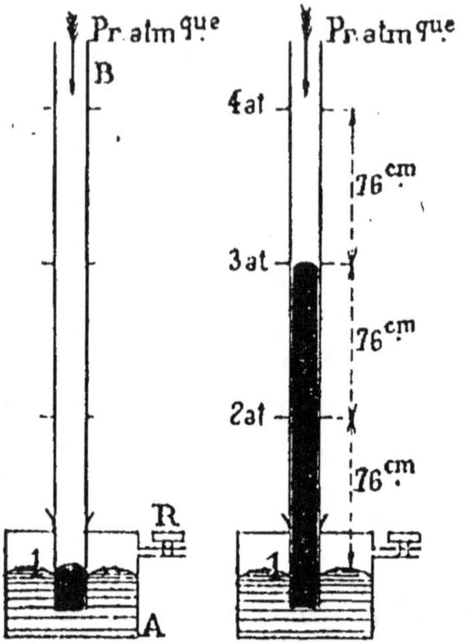

Supposons maintenant que la pression de la vapeur soit de 2 atmosphères, le mercure *montera* de 76 centimètres ; de 3 atmosphères, il s'élèvera de 2 fois 76 centimètres ; et ainsi de suite.

Cet instrument est d'une exactitude absolue, mais il doit être rejeté en pratique, car pour une pression très forte, il exige un tube d'une longueur considérable et du mercure en quantité.

Fig. 64-65. — Manomètre à air libre.

Manomètre à air comprimé (fig. 66-67). — Cet instrument, *basé sur la loi de Mariotte*, diffère du précédent en ce que le tube est bien plus court et fermé à sa partie supérieure, par conséquent d'un maniement bien plus commode.

Comme dans le manomètre précédent, le mercure de la cuve *ne bouge pas*, si on met l'instrument en contact avec une machine à vapeur à la pression de l'atmosphère.

La pression est-elle de 2 atmosphères, le mercure *monte* dans le tube, mais son ascension est gênée par l'air qui occupe la partie supérieure et qui se comprime d'après la loi de Mariotte, de sorte que la colonne ne monte pas à 76 centimètres. De même pour une pression de 3 atmosphères, la colonne de mercure soulevée est encore plus

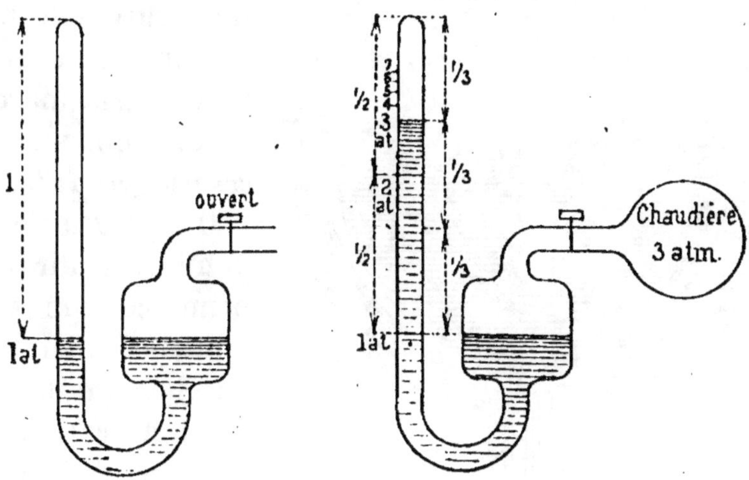

Fig. 66-67. — **Manomètre à air comprimé.**

petite que la précédente ; car la pression de l'air renfermé dans la branche est encore plus considérable et ainsi de suite.

Il est aisé de concevoir qu'à mesure que la *tension* de la vapeur sera plus grande, la *différence* entre les colonnes de mercure sera de plus en plus faible, si bien que, à partir d'une certaine hauteur, les divisions seront très rapprochées ; d'où grande difficulté dans la lecture de ces divisions. Cet inconvénient, ajouté à celui d'un instrument en verre, par conséquent facile à briser, lui fait aujourd'hui préférer le manomètre métallique.

Manomètre métallique (fig. 68). — Cet instrument est basé sur *l'élasticité des métaux*. Si dans un tube métallique à parois minces et enroulé en spirale on fait arriver de la vapeur, celle-ci agira en tendant à *dérouler* la spirale.

Plus la tension de la vapeur sera considérable, plus

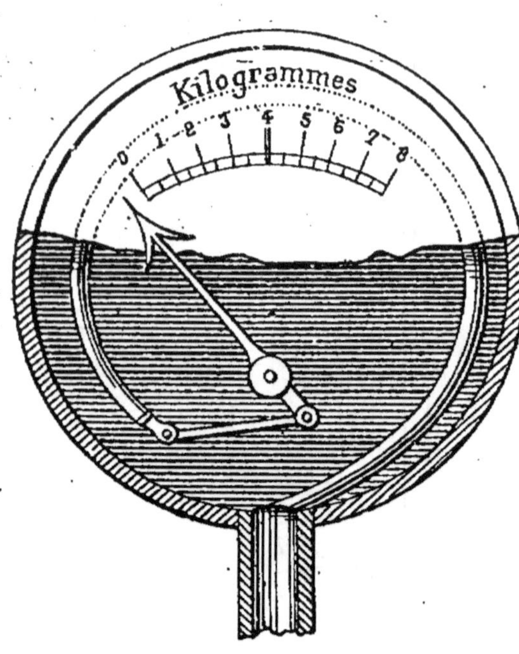

Fig. 68. — **Manomètre métallique.**

la spirale se déroulera ; une *aiguille* placée à l'extrémité du tube suivra le mouvement de la spirale et viendra marquer la tension sur une *échelle graduée*.

On **gradue** le manomètre à air comprimé comme le manomètre métallique en les mettant en communication avec des chaudières déjà pourvues d'un manomètre et en marquant le nombre

d'*atmosphères* (kilogrammes) à l'endroit où le mercure ou bien l'aiguille s'arrête.

POMPES

Ces appareils bien connus de tous ont pour but d'appeler l'eau dans leur intérieur, ou bien de la lancer dans une direction déterminée. Dans le premier cas, nous avons affaire à **la pompe aspirante** ; dans le second, à **la pompe foulante.** Enfin, dans un troisième cas, la pompe peut répondre à un double but : on lui donne alors le nom de **pompe aspirante et foulante.**

Pompe aspirante. — La pompe aspirante se compose (fig. 69) d'un corps de pompe muni à sa partie inférieure d'un canal d'aspiration qui vient aboutir à la nappe d'eau. Dans l'intérieur du corps de pompe se meut un *piston*, qui est mis en mouvement à l'aide d'une tige munie d'une poignée ou d'une manivelle. Une *soupape* s'ouvrant de bas en haut est placée sur l'ouverture par laquelle le tuyau d'aspiration débouche dans le corps de pompe, enfin le piston présente une soupape dont le mécanisme est analogue à celui de la machine pneumatique.

Supposons le piston au bas de sa course. Je le soulève, le vide se fait au-dessous de lui et la pression atmosphérique qui exerce son action sur la nappe d'eau force le liquide à soulever la soupape et à pénétrer dans le corps de pompe (fig. 70). Dans le second temps, j'abaisse le piston, la soupape se referme, toute communication est interrompue entre la nappe d'eau et le corps de pompe; si je continue à enfoncer le piston, l'eau va donc se trouver comprimée, et il arrivera un moment où cette compression *étant plus considérable que la pression atmosphérique*, la soupape du piston se soulèvera de bas en haut et l'eau s'écoulera au dehors lorsque le piston s'élèvera à nouveau (fig. 71-72).

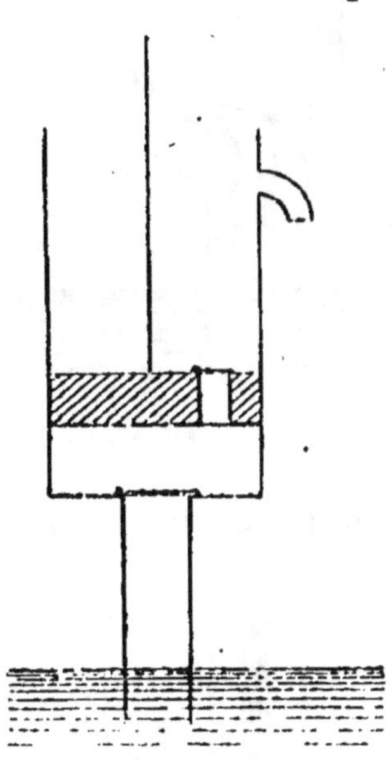

Fig. 69. — **Pompe aspirante.**

Pompe foulante. — La pompe foulante (fig. 73) diffère de la précédente par l'absence de tuyau d'aspiration, par le piston qui est plein, enfin le corps de pompe est immergé dans l'eau. Un tuyau de refoulement est

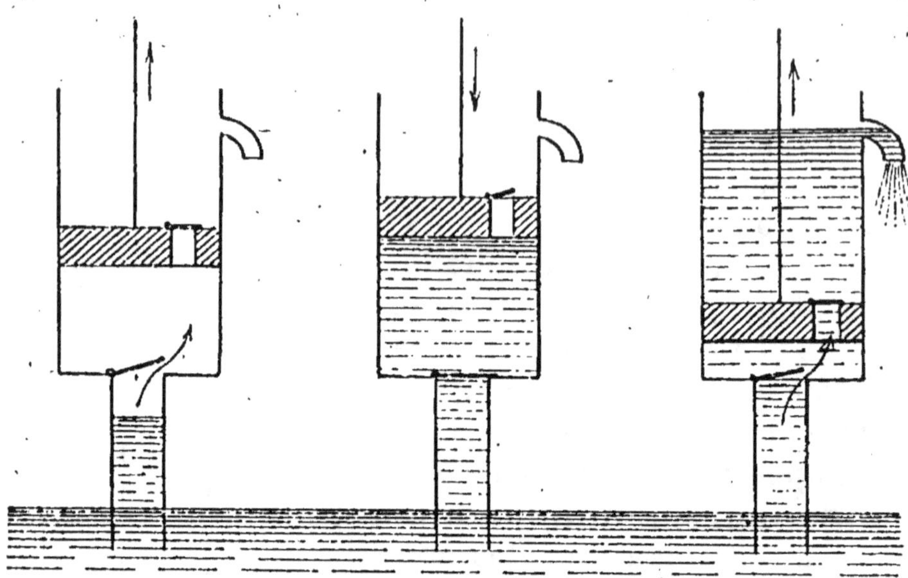

Fig. 70, 71, 72. — **Pompe aspirante** (Fonctionnement).

placé à la partie inférieure et latérale du corps de pompe.

Supposons le piston au bas de sa course. Je le soulève, le vide se fait au-dessous de lui, et la pression atmosphérique refoule l'eau dans le corps de pompe, après avoir soulevé la soupape. Puis celle-ci se referme, j'abaisse alors le piston et l'eau refoulée passe dans le tuyau latéral.

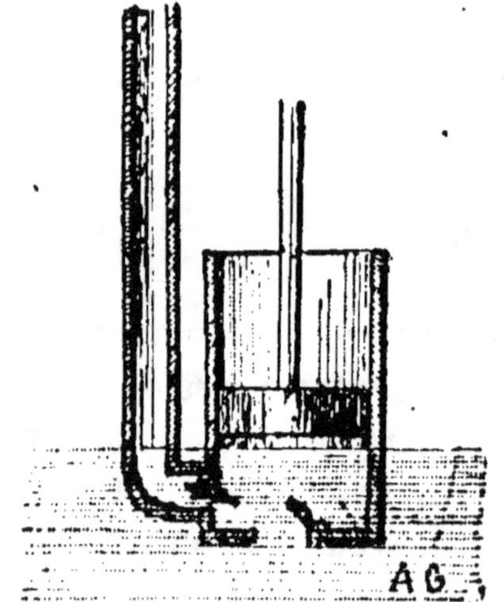

Fig. 73. — **Pompe foulante.**

Pompe aspirante et foulante. — Enfin la pompe aspirante et foulante ne diffère de la précédente que par la présence d'un tuyau

AÉROSTATIQUE II

Force élastique des gaz.

Définitions. — Un gaz (très compressible et expansible) comprimé dans un récipient, exerce sur les parois une pression appelée *force élastique*. Cette pression est égale à la pression subie par le gaz lui-même. — *La canonnière (jouet d'enfant). Briquet à air. Gaz carbonique préparé dans une éprouvette bouchée.*

Loi de Mariotte. — Les volumes d'une masse d'air sont en raison inverse des pressions qu'elle supporte........ $\dfrac{V}{V'} = \dfrac{P'}{P}$ — *Tube de Mariotte.*

Applications.

Manomètres. — Appareils indiquant la force élastique des vapeurs ou gaz contenus dans des récipients clos. Cette force est calculée en *atmosphères*, ou plutôt en *kilogrammes* (1 kilogr. par centimètre carré).

Machine pneumatique. — Machine employée pour faire le vide (*raréfier l'air*) dans des récipients clos. Permet de nombreuses expériences.................... — *Hémisphères de Magdebourg; vessie pleine d'air sous la cloche. Crève-vessie. Nécessité de l'air pour la vie.*

Pompes. — Machines servant à élever les liquides dans des tubes où la force élastique de l'air est rendue inférieure à la pression atmosphérique....... — *Aspiration de l'eau dans un tube.*

Pompes { aspirante..................................... foulante.................................... aspirante et foulante................ } — *Fonctionnement de pompes des 3 sortes.*

d'aspiration ; par conséquent le corps de pompe n'est plus immergé. Il est facile de faire la théorie de cette pompe d'après les données précédentes.

Devoirs. — A quelle hauteur théorique l'eau peut-elle être élevée par une pompe aspirante ?

Y a-t-il une limite pour la hauteur de l'élévation de l'eau par une pompe foulante ?

Sous une pression de 1 atm. 1/2, une masse d'air occupe un volume de 3 décimètres cubes. Toutes choses égales d'ailleurs, quel volume occupera-t-elle sous une pression de 2 atmosphères ?

CHAPITRE VIII

L'Aérostation.

Aérostats. — On donne le nom de **Ballons** à des appareils destinés à s'élever dans l'air : on les désigne aussi sous le nom d'**aérostats.**

Les ballons sont basés sur le *principe d'Archimède.* De même que les corps plongés dans un liquide éprouvent une poussée de bas en haut, les corps plongés dans un gaz, dans l'air par exemple, éprouvent également une poussée de la part de l'air. Il en résulte que si le corps plongé dans l'air est plus léger que celui-ci, il tend à s'élever dans l'atmosphère. Il suffit donc de gonfler une enveloppe mince avec un gaz plus léger que l'air pour réaliser les conditions voulues.

C'est ce que firent pour la première fois en 1783 les **frères Montgolfier,** d'Annonay (Ardèche). Ils gonflèrent une enveloppe de papier avec de l'air chaud en faisant brûler sous l'enveloppe de l'étoupe mouillée ou de la paille : une ouverture placée à la partie inférieure du

sac permettait de chauffer l'air qui y était renfermé. Or
l'air chaud est plus léger que l'air froid, car son volume
est plus considérable pour un même poids : donc, en
vertu de ce que nous avons vu en étudiant la densité,

Fig. 74. — Gonflement d'un ballon.

celle-ci est plus faible et le ballon gonflé par cet air sera
dans les conditions voulues pour s'élever dans l'atmosphère.

Gaz servant à gonfler un ballon. — Le danger
qu'il y avait à s'élever avec un foyer de chaleur qui pouvait incendier l'appareil, décida la substitution à l'air

chaud du **gaz hydrogène**. Ainsi que nous le verrons dans la chimie, ce gaz pèse 14 fois et demi moins que l'air, c'est pour cela que l'aéronaute Charles eut l'idée de l'utiliser.

Mais ce gaz présentait le grave inconvénient de filtrer à travers les enveloppes et on le remplaça par le **gaz d'éclairage**, moins léger, il est vrai, mais qui n'offre pas cet inconvénient. Dans ces derniers temps, du reste, on recommence à utiliser l'hydrogène parce qu'on est arrivé à confectionner des enveloppes presque imperméables.

Construction du ballon. — Que l'aérostat soit à hydrogène ou à gaz d'éclairage, il est formé (fig. 74) d'une enveloppe sphérique en taffetas gommé, dans laquelle on introduit le gaz par la partie inférieure. Il est entouré d'un filet, de cordes auquel s'attache en bas la **nacelle** : cette nacelle est tout simplement un panier en osier. Dans le haut du ballon se trouve une **soupape** qui est munie d'une corde aboutissant à la nacelle. Lorsque l'aéronaute veut descendre, il tire la corde, la soupape s'ouvre, une partie du gaz s'échappe, est remplacée par de l'air et le ballon, devenu plus lourd, tend à descendre. Le voyageur veut-il au contraire s'élever, il laisse tomber du lest, c'est-à-dire une certaine quantité d'une provision de sable qu'il a emportée avec lui.

Le gonflement du ballon ne doit pas être complet, car à mesure qu'il s'élève, la pression atmosphérique diminuant, le gaz tend à prendre un plus grand volume et le ballon pourrait se déchirer. Avec un gonflement incomplet, cet inconvénient ne se produit pas.

Au ballon est adapté un *parachute*, appareil à forme de parasol, muni d'une ouverture à son centre. Si par malheur le ballon éclate, le parachute permet à l'aéronaute de descendre doucement et sans secousse au lieu d'être violemment précipité vers le sol. Une ancre analogue à celle des marins, mais plus petite, sert lors de la descente à accrocher un tronc d'arbre ou tout autre objet.

Instruments nécessaires à l'aéronaute. — Le voyageur emporte avec lui un *baromètre* dont le mercure par sa hauteur lui permet de connaître à quelle distance il se trouve du sol; une *boussole* qui lui indique la direction suivie par le ballon. Souvent aussi il emporte d'autres instruments en rapport avec les observations qu'il désire faire; les deux instruments indiqués ci-dessus sont indispensables.

Principales ascensions. — Les principaux voyages aérostatiques à la fin du siècle dernier sont ceux de Jeffries et du marquis d'Arlandes, qui traversèrent la Manche, de Pilâtre de Rozier, qui trouva la mort en tombant d'une grande hauteur.

Avec le dix-neuvième siècle commencent les ascensions réellement scientifiques. Déjà on avait utilisé dans les guerres de la première République les ballons captifs comme moyen d'observation pour connaître les positions de l'ennemi.

En 1805, Gay-Lussac fait sa fameuse ascension et s'élève à 7 000 mètres environ. Plus tard, d'autres hardis voyageurs suivent son exemple. Il nous est impossible d'entrer dans le détail de toutes ces ascensions : qu'il nous suffise de rappeler les noms de Barral, de Bixio, de Tissandier, de Crocé-Spinelli, de Sivel, de Giffard. Parmi eux, Crocé-Spinelli et Sivel sont morts asphyxiés, victimes glorieuses de la science. La funeste guerre de 1870-71 devait donner aux aérostats un essor nouveau. Les ballons partaient de Paris assiégé, chargés de lettres pour la province. Ces ballons eurent des sorts divers : quelques-uns arrivèrent à bon port, d'autres tombèrent dans les mains de l'ennemi. Gambetta, partant de Paris pour organiser la défense en province, faillit être pris par les envahisseurs.

Saluons parmi les aéronautes du siège de Paris deux noms obscurs devenus glorieux : ceux de Lacaze et de Prince, dont les ballons se perdirent dans l'Océan.

Ce qui n'a pas permis jusqu'à présent aux ballons de rendre les services qu'on peut attendre d'eux, c'est qu'on n'a pas encore trouvé le moyen de les diriger : dans ces dernières années, ce problème difficile a fait un grand pas, grâce à deux officiers de notre armée, MM. Krebs et Renard. Il semble que nous touchons à ce grand résultat qui est destiné probablement à modifier profondément les voyages de l'avenir.

Devoirs. — Indiquer très brièvement les expériences faites au cours des leçons sur la *Pesanteur*.

TABLEAU SYNOPTIQUE DE REVISION.

LOIS. — PRINCIPES.

LA PESANTEUR

Notions générales.

Les corps *tombent* verticalement vers le centre de la Terre. — *Fil à plomb.*

Les *espaces* parcourus sont proportionnels aux carrés des temps. — *Vitesse de chute.*

Pour qu'un corps soit *en équilibre*, il faut que la verticale du centre de gravité passe par le point de suspension ou la base de sustentation. — *Conditions de stabilité.*

Des *forces* sont d'égale intensité quand elles produisent les mêmes effets. — *Dynamomètres.*

La *force centrifuge* tend à éloigner les corps de leur centre de rotation. — *Équilibre des corps en rotation. Essoreuses, etc.*

Dans un *levier* en équilibre, le produit de la puissance par son bras égale le produit de la résistance par son bras. — *Leviers (ciseaux, pinces, casse-noix, pincettes, brouettes, pédales, etc.).*

La *balance* est un levier dont les bras sont égaux.

Les petites oscillations d'un *pendule* sont de même durée. — *Poids des corps.*

La *durée* des oscillations ne dépend que de la longueur du pendule. — *Régularisation des horloges.*

Hydrostatique.

La *surface libre* d'un liquide au repos est plane et horizontale. — *Niveaux.*

Plusieurs liquides dans un vase se superposent par ordre de densités. — *Veilleuses, décantage.*

La *pression* d'un liquide sur le fond ou les parois d'un vase dépend de la surface pressée, de la distance du centre de cette surface au niveau libre du liquide, et de la densité du liquide. — *Solidité des fonds de vases, de tonneaux.*

Un liquide versé dans des *vases communicants* s'élève dans chacun d'eux au même niveau horizontal. — *Robinets, cannelles, turbines.*

(*Pascal*). Si l'on exerce une pression sur une surface d'un liquide, *cette pression est transmise* avec toute son intensité à toute surface égale à la première. — *Sources, puits, puits artésiens, jets d'eau, distribution de l'eau dans les villes, ascenseurs, écluses, niveau d'eau. Presse hydraulique.*

(*Archimède.*) Tout corps plongé dans un fluide subit de la part de ce fluide *une poussée* de bas en haut égale au poids du volume de fluide déplacé. — *Corps flottants. Détermination de la densité.*

La *densité* d'un corps est le rapport entre le poids de ce corps et le poids du même volume d'eau. — *Aréomètres, alcoomètres.*

Aérostatique.

L'air est pesant. — La *pression atmosphérique* soutient une colonne d'eau de 10^m,33. — La pression atmosphérique *varie* suivant l'altitude des lieux et en un même lieu, suivant l'état de l'atmosphère. — (*Mariotte*). Les *volumes* occupés par une masse de gaz sont en raison inverse des pressions qu'elle supporte. — Si l'on *aspire* l'air d'un tube plongeant dans un liquide, ce liquide monte dans le tube. — Le principe d'Archimède est applicable aux gaz. — *Baromètre (évaluation des altitudes, prévision du temps). — Siphon. — Manomètres, soufflets. — Pompes pneumatiques, à eau. — Aérostats.*

LA CHALEUR

CHAPITRE IX

Chaleur. — Dilatation des corps par la chaleur. — Thermomètre. — Calorie, chaleur spécifique.

On donne vulgairement le nom de **chaleur** à la sensasation plus ou moins intense bien connue de chacun de nous, que nous éprouvons lorsque nous nous trouvons près de certains corps dits *chauds ;* nous savons aussi que cette sensation disparaît lorsque nous nous éloignons du corps chaud, pour faire place à une sensation nouvelle dite de **refroidissement.** En réalité, il n'y a ni corps chaud ni corps froid.

En physique, nous envisagerons la question dans un sens bien plus élevé et nous verrons successivement que la chaleur, outre ses manifestations sur nos organes, a la propriété :

1° D'allonger ou de dilater les corps ;

2° De déterminer leur **changement d'état ;**

3° Enfin de se **transmettre** à d'autres corps, à travers le vide et les gaz par voie de *rayonnement.*

Quelques expériences vont nous permettre de rendre ces définitions suffisamment claires ; voyons d'abord en quoi consiste la *dilatation.*

Dilatation des corps. — Une barre de cuivre ou de tout autre métal chauffée un peu fortement s'allonge, c'est là le premier effet de la *chaleur*, et on donne à ce phénomène le nom de **dilatation.**

On démontre très facilement cette dilatation à l'aide du **pyromètre à cadran** (fig. 75); c'est une barre métal-

lique A fixée par une de ses extrémités B, mais qui, étant
libre par l'autre, peut s'allonger. Cette extrémité est en
contact avec l'aiguille K mobile autour d'un cadran gradué. Vient-on à chauffer la barre, on voit l'aiguille se
mouvoir, car la chaleur a dilaté la barre et celle-ci est
venue en contact avec l'aiguille et l'a mise en mouvement. Si on laisse refroidir la barre, celle-ci reprend peu
à peu sa longueur primitive. Ces phénomènes d'allonge-

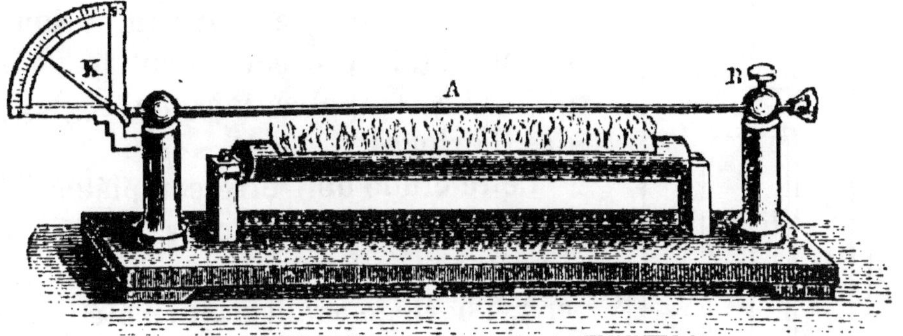

Fig. 75. — **Pyromètre à cadran.**

ment sous l'action de la chaleur expliquent pourquoi on
a soin sur les voies ferrées de laisser un certain espace
entre deux tronçons de rails afin que, sous l'influence de
la chaleur de l'été, les tronçons, venant à s'allonger, ne
se placent pas l'un au-dessus de l'autre. De même les
zingueurs et les plombiers, lorsqu'ils recouvrent les
toits avec des plaques métalliques, ont soin de laisser
entre elles un certain jeu ; sans cette précaution, en été,
on constaterait le plissement des plaques ou leur empié-
tement les unes sur les autres ; en hiver, au contraire,
par le fait de leur rétraction, elles arracheraient les
clous qui les fixent. C'est également ce phénomène qu'on
utilise pour cercler les roues des voitures : on chauffe
le cercle de fer qui, en se refroidissant, s'applique
exactement sur les roues en bois.

Les phénomènes de dilatation nous expliquent également la rupture du verre lorsqu'il est brusquement chauffé. En effet, le verre conduisant mal la chaleur, celle-ci se répartit irrégulièrement, et le verre se brise.

C'est pour la même raison qu'il faut, lorsqu'on allume une lampe, ne pas lever trop haut la flamme, car le verre, brusquement chauffé, se briserait. Pour éviter c m ême accident, il faut éviter de mettre une lampe dans un courant d'air froid.

Pendule compensateur. — Nous avons étudié précédemment le pendule et ses applications au réglage des horloges.

Cette étude doit être complétée ici par celle de la **compensation**. Si le pendule était tel que nous l'avons décrit, l'horloge avancerait en été et retarderait en hiver. En effet, en été, sous l'influence de la chaleur, la tige du pendule s'allongerait ; les oscillations seraient *plus lentes*, d'où **retard**. En hiver, au contraire, la tige se rétractant, les oscillations seraient *plus rapides* et l'horloge serait **en avance**.

Pour remédier à cet inconvénient, il faut que la lentille du pendule ne puisse ni s'abaisser ni s'élever. On arrive à ce résultat au moyen du pendule compensateur dit *pendule à gril* (fig. 76).

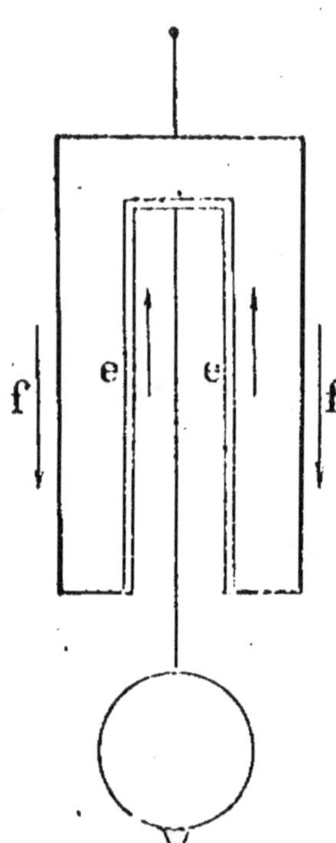

Fic. 76. — **Pendule compensateur.**

La lentille se rattache au point de suspension par des cadres alternativement de fer *f* et de laiton *e*.

Dans la figure ci-contre, que nous avons réduite à sa plus simple expression, il est aisé de voir que si les tiges de fer *f* se dilatent de haut en bas, elles feront descendre la lentille, mais d'autre part les tiges de laiton *e* se dilateront de bas en haut et relèveront la lentille. Le laiton étant plus dilatable que le fer, les tiges de ce métal seront plus courtes que celles du fer et un calcul très simple, bien que nous ne puissions l'indiquer ici, donnera les longueurs proportionnelles de fer et de laiton qu'il faudra employer pour que la lentille ne monte ni ne descende.

Les corps solides ne se dilatent pas seulement en longueur, une boule métallique qui, *froide*, passe facilement à travers un anneau, ne peut plus le traverser lorsqu'elle *est chaude;* l'accroissement existe donc également en **volume**.

Les corps solides ne se **dilatent pas tous également**. Il est très important, dans la pratique (construction, industries diverses), de connaître *l'accroissement en longueur* qu'ils peuvent prendre.

On appelle *coefficient de dilatation linéaire* d'un corps solide l'accroissement que prend une barre de ce corps mesurant 1 mètre, pour passer de 0 à 1° (voir *Thermomètre*).

Cet accroissement est proportionnel à l'élévation de la température et à la longueur de la barre.

Principaux coefficients :

Zinc, 0^{mm},03;
Argent, 0^{mm},02;
Fer, 0^{mm},012;
Sapin, 0^{mm},003.

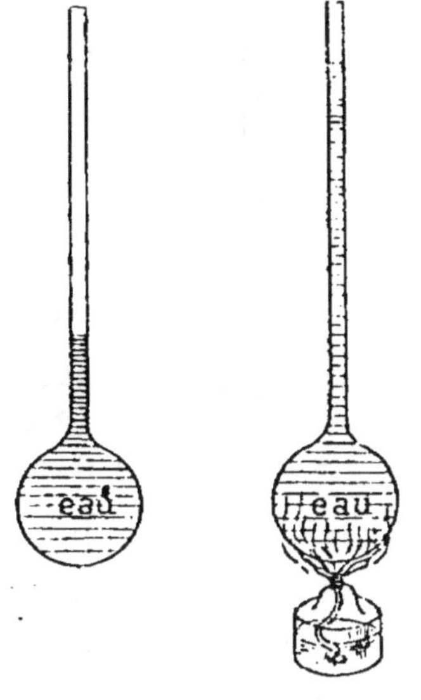

Fig. 77 et 78. — **Dilatation des liquides.**

Les corps liquides se dilatent aussi lorsqu'ils sont chauffés; on le démontre en plaçant un liquide, de l'eau vineuse par exemple, dans un réservoir auquel est soudé un tube en verre (fig. 77 et 78); on voit le liquide s'avancer peu à peu dans le tube lorsqu'on chauffe le réservoir.

Les corps liquides **ne se dilatent pas tous également.** L'alcool se dilate plus que le mercure, dans les mêmes conditions de température.

Enfin les gaz surtout éprouvent les effets de la dilatation; on le démontre en utilisant le petit appareil ci-dessous (fig. 79 et 80). On laisse de l'air dans la boule, et une goutte de liquide coloré seulement dans le tube. Si l'on prend la boule dans la main, la chaleur de celle-ci dilate l'air et la goutte colorée est poussée en avant. Les gaz se dilatent tous également, et d'environ 3^{cc} par litre, pour une élévation de température de 1°.

Thermomètre. — C'est sur la dilatation des liquides qu'est basé l'appareil destiné à *comparer les températures des corps* et que l'on nomme **thermomètre**. Pour construire cet instrument, on prend un tube de verre

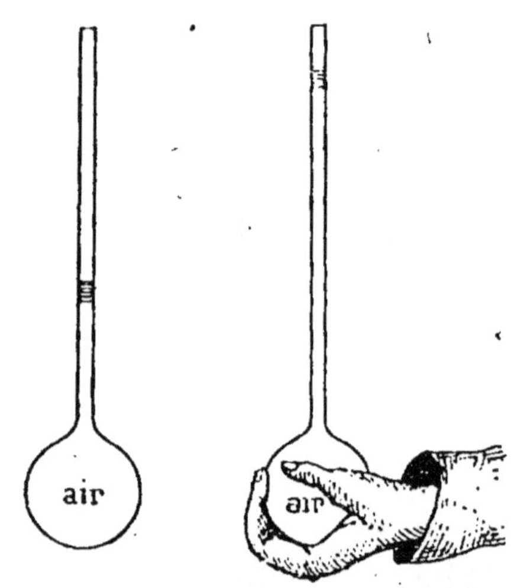

Fig. 79 et 80. — **Dilatation des gaz**.

très fin terminé par un réservoir sphérique ou cylindrique (fig. 81) et muni d'un entonnoir à son autre extrémité. Il s'agit de remplir l'appareil de liquide. A la rigueur on pourrait employer un liquide quelconque, mais on choisit **l'alcool** ou le **mercure**, et encore ce dernier, se dilatant d'une manière plus régulière, doit-il être pris de préférence. L'*alcool* s'évapore facilement et bout à 79°. On ne peut donc l'employer pour évaluer les hautes températures. Le *mercure* ne bout qu'à 350°; il se congèle à 40° au-dessous de 0. On l'emploie de préférence pour évaluer les hautes températures.

Quel que soit le liquide choisi, on remplit le tube de la façon suivante. Le réservoir est chauffé ; l'air renfermé se dilate et une partie s'échappe par l'autre extrémité. On verse alors le liquide dans l'entonnoir, et on cesse de chauffer ; l'air de la boule se rétracte et la pression atmosphérique qui pèse sur le liquide le force à descendre dans le réservoir. On est obligé d'employer cet artifice à cause de la finesse du tube en verre dans lequel il serait impossible d'introduire du liquide en l'y versant simplement.

Le thermomètre étant suffisamment rempli, on détache l'entonnoir par un trait de lime ; on ferme la partie restée ouverte en fondant le verre à l'aide de la chaleur et on procède à la graduation.

Graduation du thermomètre. — On plonge le réservoir dans de la glace fondante, le liquide descend jusqu'à un certain point, puis reste stationnaire ; à cet endroit, on marque zéro. On plonge ensuite l'appareil dans de la vapeur d'eau bouillant à la *pression normale*, le liquide monte et, au point où il s'arrête, on marque 100. On divise de zéro à 100 en cent parties égales et chaque partie représente un degré dont la

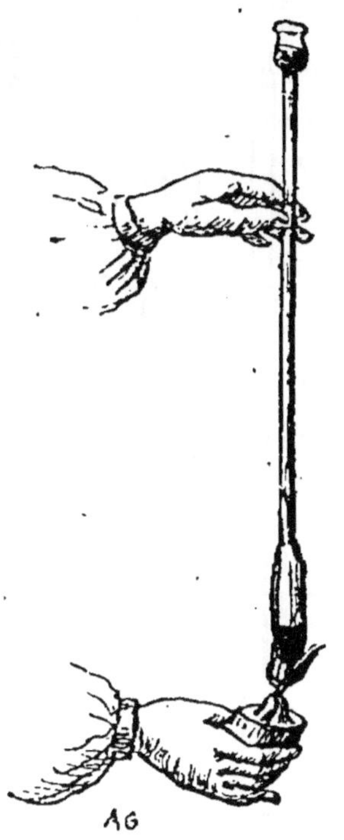

Fig. 81. — **Remplissage du thermomètre.**

longueur peut être portée au-dessus de 100 et au-dessous de zéro autant de fois qu'on le juge nécessaire. Cette graduation se fait sur le verre même s'il s'agit d'un thermomètre très précis, sur une planchette s'il s'agit de nos thermomètres d'appartement; dans ce cas, on fixe le tube à la planchette et on marque zéro en regard du point marqué sur le tube.

Mode d'emploi du thermomètre. — Lorsqu'on veut prendre la température d'un corps, on doit mettre le réservoir en contact avec le corps et attendre un certain temps; lorsqu'on constate que la colonne de liquide est immobile depuis quelques instants, on n'a qu'à lire le degré correspondant au niveau du liquide. Le thermomètre que nous venons de décrire est en usage en France et est dit **thermomètre centigrade.**

Pour distinguer les degrés au-dessus et au-dessous de zéro, on emploie les signes + et —. Pour indiquer 15 degrés au-dessus, on écrira + 15° ou simplement 15°; s'agit-il au contraire d'indiquer 15° au-dessous de zéro, l'indication se fera ainsi — 15°.

Il existe d'autres thermomètres basés sur le même principe, mais gradués d'une autre façon; nous citerons d'abord le **thermomètre Réaumur** (fig. 82 R). Sa graduation diffère peu de celle du thermomètre centigrade. Le zéro s'obtient de la même façon en plongeant le réservoir dans la glace fondante; mais au lieu de marquer 100° à l'eau bouillante, on marque 80°.

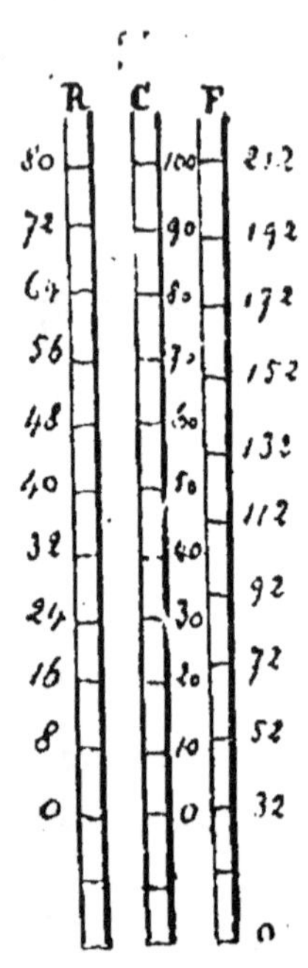

Fig. 82. — **Les trois échelles thermométriques.**

Le thermomètre en usage en Angleterre est dû à **Fahrenheit** (fig. 82 F.). Sa graduation diffère notablement de celle des thermomètres précédents. Le point zéro est obtenu avec un mélange de glace et de sel ammoniac à parties égales. Ce mélange est beaucoup plus froid que la glace fondante. Dans ce thermomètre, c'est le nombre 32 qui correspond à la glace fondante, par conséquent au point de zéro des autres thermomètres. Plongé dans l'eau bouillante, ce thermomètre indique 212°.

Lorsqu'on veut convertir des degrés de ce thermomètre en degrés centigrades pour établir la comparaison des échelles, il faut observer que la partie qui s'étend de zéro à 100 dans le thermomètre centigrade correspond à celle qui s'étend de 32 à 212 du thermomètre Fahrenheit, donc il faut retrancher de 212 le nombre 32, ce qui donne 180°. Donc 180 d. Fahrenheit correspondent à 100° centigrades. Pour savoir *à quel degré du thermomètre centigrade correspond un thermomètre Fahrenheit qui marque* 68°, par exemple, il faut d'abord retrancher de 68 F. les 32 degrés qui séparent le 0 centigrade du 32 F.

$$68 - 32 = 36.$$

La température observée (68° F.) est donc de 36° F. au-dessus de la température de fusion de la glace. Il faut ensuite convertir ces 36° F. en degrés centigrades.

Si 180 degrés F. valent 100° centigrades,

$$1 \text{ degré F. vaut } \frac{100}{180} \text{ de degré centigrade}$$

$$\text{et } 36 \text{ degrés F. valent } \frac{100 \times 36}{180} = 20° \text{ centigrades.}$$

La température observée de 68° F. correspond donc à 20 degrés centigrades.

Malgré la grande simplicité des calculs qui permettent de passer d'une échelle à une autre, il est très fâcheux qu'il n'y ait pas un seul et même thermomètre pour tous les peuples; il en est de la mesure de la chaleur comme du système des poids et mesures dont l'unification serait très désirable.

Chaleur spécifique. Calorie. — Il est très utile, dans l'industrie, de savoir la quantité de chaleur — et, par suite, de combustible — nécessaire pour obtenir certains effets. On appelle *chaleur spécifique* d'un corps la quantité de chaleur nécessaire pour élever de 1 degré la température d'un kilogramme de ce corps.

On mesure cette chaleur spécifique au moyen de la *chaleur spécifique de l'eau*, appelée *calorie*.

La *calorie* est donc la quantité de chaleur nécessaire pour élever de 1 degré la température d'un kilogramme d'eau.

On évalue aussi en *calories* la quantité de chaleur donnée par les différents combustibles. Ainsi, théoriquement, 1 kilogramme de houille brûlant complètement fournit 7500 calories, ce qui revient à dire qu'en brûlant 1 kilogramme de houille on pourrait élever

de 1 degré la température de 7500 kilogrammes d'eau,

de 2 degrés la température de $\dfrac{7500}{2} = 3750$ kilogr. d'eau,

ou faire bouillir $\dfrac{7500}{100} = 75$ litres d'eau prise primitivement à 0°.

1 kilogr. de bois produit	3000	calories.
1 — de charbon de bois fournit	7000	—
1 — de houille fournit	7500	—
1 — d'hydrogène (10me)	35000	—

Devoirs. — Trouver la longueur à 200° d'une barre de fer qui a 3 mètres de long à 0°.

Trois thermomètres différents (centigrade, Réaumur, Fahrenheit) sont plongés dans le même bain d'eau chaude; le 1° marque 72°. Que marquent les autres ?

De combien (théoriquement) pourrait-on élever la température de 700 kilog. d'eau en brûlant complètement 2 kilog. de charbon de bois ?

LA CHALEUR (I)
Principal agent de transformation physique des corps.

PHYSIQUE.

Les corps.
chauffés se dilatent.
refroidis se contractent.

Dilatation des corps.
solides : peu, mais régulièrement...................... Pyromètre à cadran.
liquides : plus que les solides, inégalement.............. Anneau de S'Gravesand'.
gazeux : beaucoup, tous également...................... Dilatation des liquides. / Dilatation des gaz.

Pyromètres; rails, charpentes métalliques, pendules-compensateurs, etc.

Applications.

Thermomètres (Comparer les températures).

à mercure (hautes températures)........... Construction d'un thermomètre.
à alcool (basses températures)............. Observations thermométriques. (glace fondante, vapeur d'eau bouillante).

GRADUATION

Th.	Glace fondante.	Vapeur d'eau bouillante.
Centigrade.....	0°	100°
Réaumur.	0°	80°
Fahrenheit.....	32°	212°

Mesure de la chaleur.

Unité
calorie, quantité de chaleur nécessaire pour élever de 1° la température de 1 kilogr. d'eau.

Chaleur spécifique d'un corps.
Nombre des calories nécessaire pour élever de 1° la température de 1 kilogr. de ce corps.

CHAPITRE X

Changements d'état des corps. — Fusion. — Dissolution. — Vaporisation. — Ébullition.

Changements d'état des corps. — La chaleur, avons-nous vu dans le précédent chapitre, a pour premier effet d'écarter les molécules des corps solides, de *dilater* ces corps. Si le phénomène est poussé plus loin, les molécules seront suffisamment écartées pour que le corps devienne liquide ou *fonde;* à ce phénomène, on a donné le nom de **fusion.** Du plomb chauffé à une certaine température fond et devient liquide; de la glace mise dans la main fond sous l'influence de la chaleur de l'organe et devient de l'eau liquide.

Venons-nous à continuer à fournir de la chaleur à un corps fondu, il passe alors à *l'état de gaz* ou *de vapeur;* à ce phénomène, on donne le nom de **vaporisation.** Exposez à l'air une assiette contenant de l'eau, peu à peu celle-ci disparaîtra en se transformant en vapeur. Veut-on aller plus vite, on place l'eau dans une bouillotte et on chauffe; le passage à l'état de vapeur se fera tumultueusement. La vaporisation peut donc s'effectuer par deux procédés, un qui est lent, c'est l'**évaporation**, l'autre rapide, c'est l'**ébullition.**

Inversement, venons-nous à refroidir une vapeur, de la vapeur d'eau, par exemple, le refroidissement détermine le rapprochement des molécules; cette vapeur reviendra à *l'état liquide* et nous donnerons à ce phénomène le nom de **condensation** ou de **liquéfaction.** Si, lorsqu'elle est liquide, nous refroidissons encore, elle deviendra de la glace, c'est-à-dire qu'elle prendra l'état solide, et à ce nouveau phénomène nous donnerons le nom de **solidification**.

Nous allons jeter un coup d'œil rapide sur ces divers changements d'état, en commençant par la *fusion* et par le phénomène contraire ou *solidification*.

FUSION

Ce phénomène est soumis à deux lois d'une grande importance.

1re Loi. — *Tout corps fond à une température qui est toujours la même.*

C'est ainsi que, lorsqu'on fait fondre de la cire, on a constaté qu'elle commençait toujours à devenir liquide au moment où le thermomètre plongé dans la masse marquait 64° au-dessus de zéro. On a pu établir des tables qui indiquent le point de fusion de tous les corps, c'est ainsi que

le mercure fond à. .	— 40°		le soufre, à.	+ 111°
l'eau, à	zéro		le fer, à.	+ 1500°
la cire, à	+ 64°		le platine, à . . .	+ 2000°

On donne le nom de **réfractaires**, à des corps difficilement fusibles ; telles sont la chaux, l'argile pure.

2e Loi. — *Pendant toute la durée de la fusion, la température ne change pas.*

Cette seconde loi mérite de nous arrêter un instant, car au premier abord elle peut paraître singulière.

Plaçons dans un vase en terre de la cire et portons le tout sur un fourneau ; après avoir plongé dans la masse un thermomètre, nous verrons la matière qui commence à fondre lorsque le thermomètre marque + 64°, et à partir de ce moment, tant qu'il restera un fragment de cire solide, la température restera la même. Si on augmente la chaleur du foyer, la cire fondra plus vite, mais le thermomètre ne bougera pas, ce n'est qu'après la fonte totale que l'instrument commencera à accuser une élévation de température. C'est qu'en effet la chaleur du foyer n'est pas employée à influencer le thermomètre, mais à séparer les molécules de la cire de manière à l'amener de l'état solide à l'état liquide.

De même plaçons en contact 1 kilogramme de glace à zéro et 1 kg. d'eau à 79°. Nous verrons la glace fondre, et au bout de quelque temps nous aurons 2 kg. d'eau à zéro. La chaleur cédée par l'eau chaude (79 calories) n'aura donc servi qu'à fondre la glace, et la température du mélange ne s'est pas élevée. On donne à cette chaleur le nom de *chaleur latente* (cachée), car elle agit pour changer l'état des corps, mais n'est pas visible au thermomètre.

Dissolution. — On peut *fondre* un corps sans le chauffer directement ; plongé dans l'eau, le sucre y disparaît : *il fond.*

On appelle **dissolution** cette fusion par l'action d'un liquide.

On dit que le sucre, le sel, la gomme, etc., sont *solubles* dans l'eau ; le soufre est *insoluble* dans l'eau, mais soluble dans le sulfure de carbone, ...

Un solide qui *se dissout* absorbe autant de chaleur que si on le *fondait.* Du sel fin, du salpêtre, etc., *refroidissent* l'eau dans laquelle on les fait fondre spontanément ; tel est le principe des **mélanges réfrigérants** (glace et sel ; azotate d'ammoniaque et eau, glace et chlorure de calcium, etc.).

SOLIDIFICATION

C'est le phénomène inverse du précédent, et nous avons vu qu'on désignait ainsi *le retour d'un corps liquide à l'état solide.*

Un premier fait attire l'attention : lorsqu'un corps fondu, du soufre, par exemple, remplit complètement un vase jusqu'aux bords et qu'on le laisse refroidir, il se solidifie et on voit qu'après sa solidification il s'est *rétracté ;* la masse solide, loin de s'étendre jusqu'aux bords du vase, n'occupe plus qu'un volume notablement plus faible ; donc, en se solidifiant, les corps diminuent de volume, ce qui est facilement compréhensible, un corps solide différant des corps liquides par le rapprochement des molécules.

Fig. 83.

Cependant quelques corps font exception à cette règle : l'*eau*, lorsqu'elle se solidifie, au lieu de diminuer, *augmente de volume ;* il est facile de le constater en faisant geler de l'eau dans une bouteille entièrement remplie de liquide et bien bouchée (fig. 83) ; à un moment donné, la bouteille est brisée par l'augmentation de volume de la glace. On a pu, profitant de cette augmentation de volume, faire éclater des bombes creuses en fer forgé. Les pierres dites *gelives* sont des pierres poreuses qui absorbent l'humidité : l'eau vient-elle à geler, elles sont brisées, aussi doit-on éviter de les employer dans la construction des maisons.

La solidification est soumise, comme la fusion, à deux lois identiques :

1° *Tout corps se solidifie à une température qui est toujours la même.*

Ajoutons, comme il est facile de le concevoir, que le point de fusion se confond avec celui de solidification. Dire que le soufre fond à 111°, c'est dire aussi que lorsqu'on le prend à l'état de fusion, c'est à 111° qu'il se solidifie.

2° *Pendant la durée de la solidification, la température ne change pas.* Puisque nous avons vu que, pour fondre, un corps absorbe de la chaleur, lorsqu'il reprend l'état solide il restitue cette chaleur latente, par conséquent il n'y a pas de changement appréciable au thermomètre.

Corps cristallisés et amorphes. — La plupart des corps fondus, en se solidifiant, prennent des formes géométriques régulières nommées **cristaux.** Lorsque l'eau gèle dans les régions supérieures, la neige qui résulte de la solidification de l'eau prend des formes très élégantes, faciles à observer lorsqu'elle commence à tomber (fig. 84). Plaçons du soufre dans un vase, faisons-le fondre, puis retirons-le du feu et laissons tranquillement refroidir; dès qu'une croûte solide se sera formée à la surface, perçons-la, versons ce qui reste de soufre encore fondu dans le vase et nous trouverons l'intérieur encore tapissé de cristaux de soufre.

Fig. 84. — **Formes cristallines de la neige.**

Ajoutons qu'exceptionnellement certains corps se solidifient sans cristalliser; ces corps, tels que le verre, sont **amorphes.**

VAPORISATION

Nous avons vu qu'on désignait sous le nom de *vaporisation* le passage de l'état liquide à l'état de vapeur et que la vaporisation pouvait s'effectuer par **évaporation** ou par **ébullition**.

Évaporation. — Les liquides, pour s'évaporer, *empruntent de la chaleur* aux corps sur lesquels s'effectue le phénomène, d'où abaissement de température de ces corps. Lorsque nous versons quelques gouttes d'alcool ou d'éther sur notre main, nous éprouvons une sensation de froid, due à ce que le liquide, pour s'évaporer, soutire de la chaleur à la main. Aussi, l'évaporation est-elle une source de froid. On utilise, pour rafraîchir l'eau, sous le nom d'*alcarazas*, des vases en terre poreuse ; une partie du liquide passe à travers les pores de l'alcarazas et s'évapore à l'extérieur, refroidissant le reste du liquide renfermé dans le vase.

Grâce à la *transpiration*, le corps humain peut lutter contre l'élévation de la température dans les climats les plus chauds (voir nos *Éléments de Sciences naturelles*).

Un certain nombre de circonstances favorisent le phénomène de l'évaporation. D'abord *la mobilité du liquide* ; les liquides tels que l'alcool, l'éther s'évaporent plus facilement que l'eau, l'eau plus facilement que l'huile. Si *la température* est élevée, l'évaporation se fera mieux, le linge sèche plus facilement lorsqu'il fait chaud.

Un liquide s'évapore d'autant mieux qu'il s'étend sur une *plus grande surface* et que la couche en est plus mince. C'est ainsi que, pour obtenir le sel, on fait arriver l'eau de mer sur des surfaces très étendues et peu profondes (*marais salants*).

Enfin, lorsqu'on met un liquide dans le vide, une partie passe instantanément en vapeur. Il est donc bien évident que la *diminution de la pression atmosphérique* favorisera l'évaporation, tandis que son augmentation la retardera.

L'*agitation de l'air* est encore une cause à noter parmi celles qui favorisent le phénomène d'évaporation. Les couches d'air arrivent en contact avec le liquide, en enlèvent une partie sous forme de vapeur, puis passent lorsqu'elles ont pris tout ce qu'elles pouvaient prendre de vapeur, lorsqu'elles se sont **saturées**, pour employer l'expression des physiciens, et sont remplacées par de nouvelles couches qui agissent de même, et ainsi de suite ; peu à peu, la masse entière est tranformée en vapeur. C'est parce que l'agitation de l'air favorise l'évaporation que le linge sèche facilement lorsqu'il fait grand vent.

Tension de la vapeur. — C'est la *force élastique* de la vapeur.

Si l'espace n'est *pas saturé*, la vapeur suit sensiblement la *loi de Mariotte*.

Si l'espace est *saturé*, la tension de la vapeur reste *constante, quel que soit le volume occupé.*

Cette *tension de saturation* varie pour chaque liquide et, pour un même liquide, avec la *température*.

Voici comment on peut étudier, d'après Dalton, les variations de tension de la vapeur d'eau avec l'appareil suivant (fig. 85). Dans un grand manchon de verre M plongeant dans une cuve à mercure C chauffée elle-même par un fourneau, on met de l'eau à une température connue. Deux baromètres b et b' plongent également dans la cuve à mercure, l'un b (baromètre témoin) reste dans les conditions ordinaires ; dans la chambre barométrique du second b', on introduit assez d'eau pour que l'espace se *sature* et qu'il reste peu de liquide. Or, à mesure que la température de l'eau du manchon s'élève, le mercure du baromètre à vapeur s'abaisse. Cet abaissement est dû à l'augmentation de tension de la vapeur d'eau qui agit en déprimant le mercure.

On peut, en mesurant la différence des niveaux entre les deux baromètres et en notant avec un thermomètre la température exacte de l'eau du bain, avoir la tension de vapeur qui correspond à une température donnée.

Ébullition. — L'*ébullition* est la vaporisation se produisant dans toute la profondeur de la masse du liquide ; elle se caractérise par un mouvement tumultueux.

De grosses bulles de vapeur viennent crever à la surface du liquide.

Il est très important de remarquer qu'*un liquide bout lorsque la force élastique de sa vapeur est égale à la pression qui pèse sur lui;* il en résulte que si l'eau bout à 100° à l'air libre, c'est que c'est à cette température

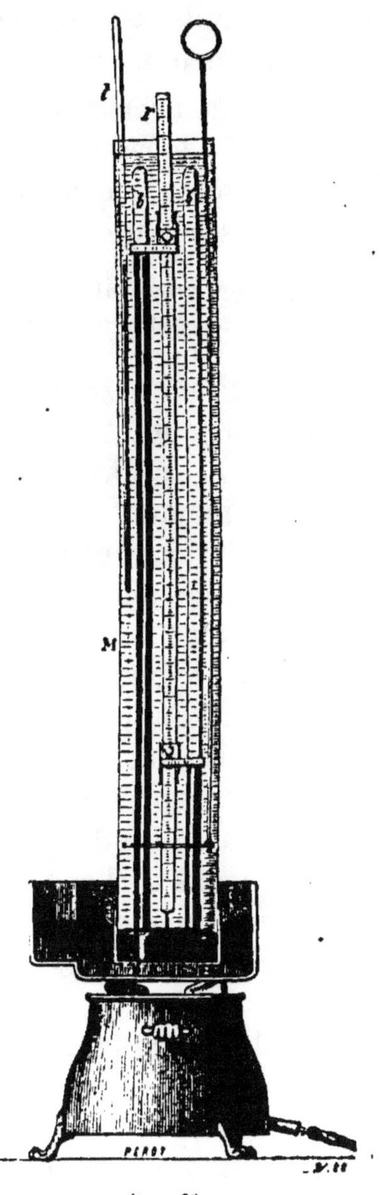

Fig. 83.
Appareil de Dalton.

que la vapeur d'eau peut équilibrer la pression atmosphérique.

L'ébullition est soumise à des lois analogues à celles de la fusion.

1° *Tout corps bout à une température qui est toujours la même, à la condition que la pression soit invariable.*

Parmi les corps dont le point d'ébullition peut nous intéresser, citons :

l'éther, qui bout à . . . $+35°$	l'eau pure, qui bout à. $+100°$
l'alcool, qui bout à . . $+79°$	le mercure, qui bout à $+350°$

2° *Pendant toute la durée de l'ébullition, la température ne change pas.*

Il y a, on le voit, une chaleur latente d'ébullition.

De même que pour l'évaporation, les conditions de l'ébullition peuvent être modifiées par un certain nombre de circonstances au nombre desquelles nous signalerons seulement *la pression atmosphérique.*

Nous avons dit qu'un corps entrait en ébullition au moment où la force élastique de sa vapeur pouvait équilibrer la pression de l'atmosphère ; il suffit donc de faire varier la pression pour avancer ou reculer le moment de l'ébullition.

Plaçons de l'eau simplement tiède dans le récipient de la machine pneumatique, elle se met à bouillir ; c'est qu'en effet la pression étant très faible, la force élastique de la vapeur pourra égaler la pression de l'air dans la cloche à une température relativement basse.

Mais, au contraire, si nous comprimions l'air placé à la surface d'une couche d'eau que l'on chauffe, celle-ci ne pourra pas bouillir facilement ; il lui faudra atteindre une température très élevée pour que sa tension de vapeur puisse équilibrer la forte pression qui s'exerce à sa surface.

Marmite de Papin. — On arrive à cette démonstration avec la marmite de Papin (fig. 86), qui n'est autre
qu'une chaudière à parois très épaisses, munie d'un couvercle fermé ; l'eau qui y est contenue est chauffée ; sa
vapeur, ne pouvant
s'échapper, presse sur
le liquide contenu
dans la chaudière, et
ainsi, l'ébullition étant
retardée, on peut ob-
tenir de l'eau à une
température supé-
rieure à 100°, tempé-
rature impossible à
réaliser dans nos ap-
pareils ordinaires de
cuisine qui sont mal
fermés et en contact,
par conséquent, avec
l'atmosphère. On uti-
lise spécialement cet
appareil pour extraire

Fig. 86. — **Marmite de Papin.**

la gélatine des os, cette extraction exigeant une température supérieure à 100°.

Condensation. — Lorsqu'on refroidit suffisamment
une vapeur, celle-ci reprend l'état liquide : à ce phénomène on donne le nom de **condensation** ou de **liquéfaction.** Comme nous l'avons fait observer en étudiant la
solidification, une vapeur qui se condense *rend la chaleur qu'elle a absorbée pour passer de l'état liquide à l'état
de vapeur.*

Distillation. — Nous terminerons l'étude de ce
chapitre des changements d'état des corps par une des
applications les plus importantes de la vaporisation et

de la condensation, nous voulons parler de l'opération désignée dans l'industrie sous le nom de *distillation*.

La **distillation** a pour but de séparer des corps solides d'un liquide dans lequel ils sont en dissolution, ou bien de séparer des liquides mélangés entre eux. Un exemple du premier cas nous est fourni par la distillation de l'eau.

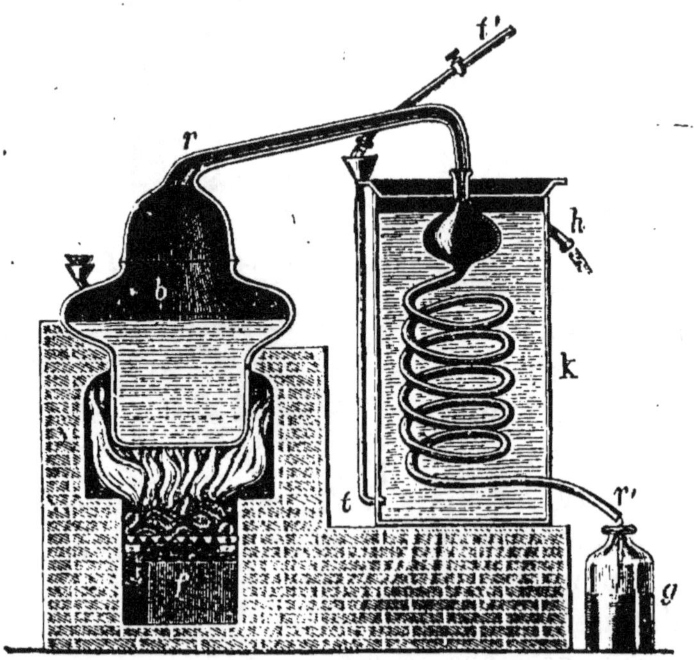

Fig. 87. — **Alambic.**

Fabriquer de l'eau distillée, c'est séparer l'eau des sels qu'elle tient en dissolution, de manière à l'amener à un état très grand de pureté. Le type du second cas nous est donné par la distillation de l'alcool. Ici on sépare ce dernier liquide d'autres liquides avec lesquels il est mélangé.

Qu'il s'agisse de l'une ou de l'autre distillation, le principe est le même, et l'appareil utilisé est toujours identique ; on donne à l'appareil de la distillation le nom d'alambic (fig. 87). Il est essentiellement formé d'une chaudière *b* munie d'un dôme ou *chapiteau r* à sa partie supérieure : du chapiteau part un tube en spirale nommé serpentin qui vient aboutir dans une cuve *k* contenant de l'eau froide. L'eau à distiller est placée dans la chaudière et chauffée ; arrivée au point d'ébullition, la vapeur s'engage dans le tube et, se trouvant dans un milieu froid, se condense, les sels restent dans la chaudière. L'eau obtenue est dite *distillée* et elle s'écoule par un robinet attenant au serpentin.

S'agit-il de préparer l'alcool, on introduit le vin dans la chaudière ; on chauffe à 79° ; l'alcool passe en vapeur, se condense dans le serpentin et est recueilli comme précédemment. Le produit obtenu est de l'eau-de-vie et de nouvelles distillations conduiront, par éliminations successives de l'eau, à obtenir l'alcool à l'état de pureté.

Devoirs. — Énoncer 2 lois communes à tous les changements d'état des corps.

Indiquer 10 substances solubles dans l'eau.

Expliquer ce qui se passe lorsqu'on chauffe une dissolution de sel, de sucre.

Principaux dissolvants.

RÉSUMÉ SYNOPTIQUE DU CHAPITRE X.

LA CHALEUR (II). — Changements d'état des corps.

État gazeux. — État liquide. — État solide.

Vaporisation. Fusion. — La température s'élève.
Condensation. Solidification. — La température s'abaisse.

Changements d'état.

Lois.

Fusion. — Se produit toujours à la *même* température, pour un même corps. — Température invariable pendant toute la durée de la fusion (chaleur latente).
Fusion du beurre, de la cire, du soufre.

Dissolution. — Se fait avec un emprunt de chaleur au dissolvant.
Mélanges réfrigérants (sel et neige, sel ammonia[c] et glace).

Vaporisation.

  Évaporation. — Dépend de la fluidité du liquide, de sa surface libre, de l'état de l'air (agitation, sécheresse, température).................................
Évaporation d'éther sur la main, sur le réservoir d'un thermomètre.
Évaporation d'eau salée.

  Ébullition. — Se produit toujours à la *même* température, pour un même corps............................
Température invariable pendant toute la durée de l'ébullition (chaleur latente)..............
La force élastique d'un liquide en ébullition égale la pression qu'il supporte.....................
Ébullition de l'eau, d[e] l'huile.
Expérience de Frankli[n] (eau d'un ballon bouillan[t] à moins de 100°).

Condensation. — Une vapeur qui se condense rend la chaleur que le liquide avait absorbée pour passer à l'état de vapeur.....................................
Condensation de vapeu[r] d'eau sur une soucoup[e], un verre contenant de [la] glace ou de l'eau fraîche.
Distillation du vin.

Solidification. — Se produit toujours à la *même* température, pour un même corps (température de fusion).......
Température invariable pendant toute la durée de la solidification (un liquide qui se solidifie restitue la chaleur latente de fusion).........
Solidification du souf[re] fondu.

CHAPITRE XI

MACHINES A VAPEUR

Notions sur les machines à vapeur. — Machine de Papin. — Machine de Newcomen, Savery et Cawley. — Machine de Watt. — Machine à simple et à double effet. — Idée d'une locomotive.

Nous avons étudié précédemment la force élastique de la vapeur et constaté que cette force augmente avec la température. La vue d'une bouillotte placée sur un fourneau et dont la vapeur, en sortant, soulève et abaisse le couvercle, nous donne la première idée de la vapeur produisant le mouvement.

Que la tension de la vapeur vienne à s'exercer sur une pièce disposée de telle façon que le mouvement qu'elle lui donne soit transmis à d'autres pièces qui seront à leur tour mises en mouvement, et nous avons les diverses machines que l'industrie moderne utilise.

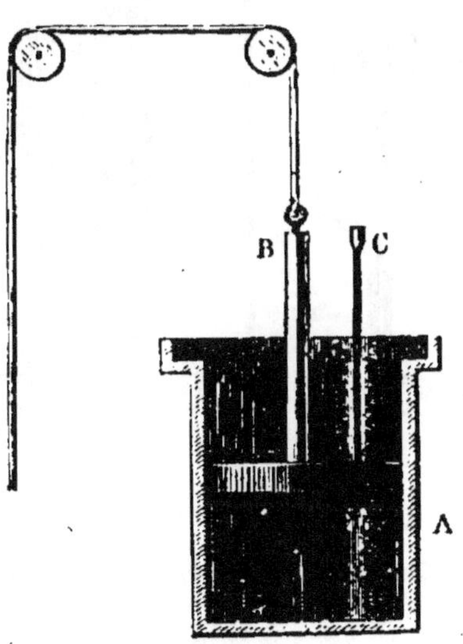

Fig. 88. — **Machine à vapeur de Papin.**

Machine de Papin. — L'honneur de l'invention de la première machine à vapeur revient à un Français, à **Papin (1648).**

Elle se composait d'un cylindre A (fig. 88) dans lequel un piston pouvait s'élever et descendre ; en supposant une certaine quantité d'eau placée dans le fond du

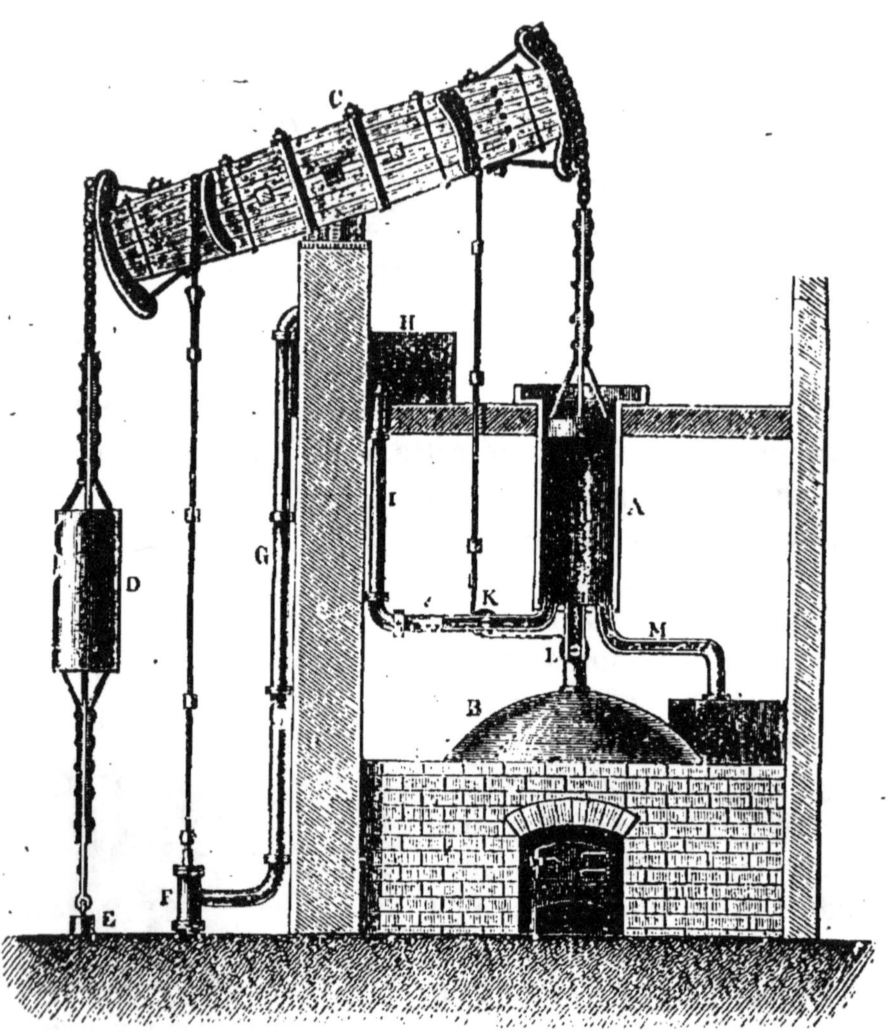

FIG. 89. — **Machine de Newcomen, Savery et Cawley.**

cylindre, si on vient à la chauffer, la vapeur qui se dégage agit de bas en haut sur le piston et le fait monter ; mais vient-on à refroidir le corps de pompe, en cessant de chauffer, l'eau se condense et la pression atmosphé-

rique agissant sur la face supérieure du piston le force
à descendre, et ainsi de suite. Ce mouvement du piston
peut être transmis à une corde TT' qui s'enroule sur des
poulies MM'.

Une pareille machine était très imparfaite, puisqu'il
fallait, pour obtenir l'ascension ou la descente du piston,
chauffer et refroidir successivement le cylindre.

Trois Anglais, Newcomen, Savery et Cawley, perfec-
tionnèrent très habilement la machine de Papin, en plaçant sous le corps de pompe une chaudière dictincte B
(fig. 89) qui était munie d'un robinet, de telle sorte qu'il
suffisait d'ouvrir le robinet L pour faire entrer la vapeur
qui agissait de bas en haut; le robinet refermé, le piston
retombait, poussé par la pression atmosphérique. La
tige du piston s'attachait à un balancier C mobile autour
d'un axe.

Machine de Watt. — Vers le milieu du dix-huitième
siècle, **Watt** apporta à cette machine des modifications

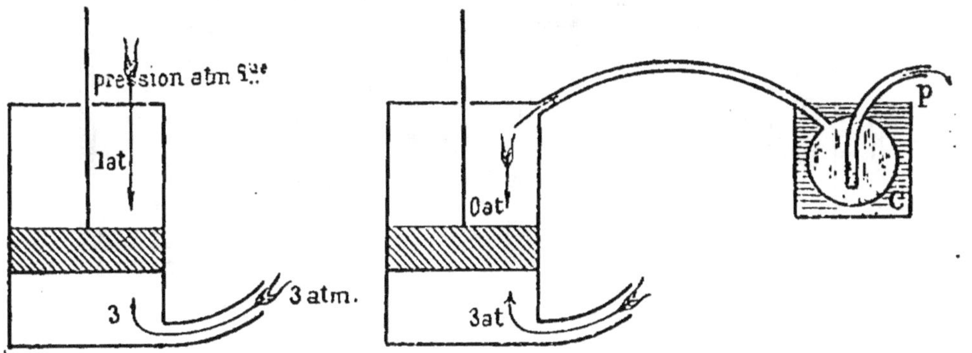

Fig. 90 et 90 *bis*. — **Emploi du condenseur** (Gain théorique : 1 atm., P, pompe).

qui la transformèrent radicalement en la rendant pratique.

Il eut l'idée de condenser la vapeur d'eau dans un
vase distinct nommé **condenseur**; de cette façon, l'eau
froide n'agissait plus sur les parois du corps de pompe

et on évitait ainsi une condensation d'une partie de la vapeur dans ce corps de pompe, au moment où celle-ci y arrivait.

Le condenseur (fig. 90-90 *bis*) est un vase clos, vide d'air, plongeant dans un réservoir d'eau froide ; un filet de cette eau pénètre dans le récipient et condense la vapeur qui vient d'agir sur une face du piston. Cette face ne subit plus aucune pression, et la force élastique qui s'exerce sur l'autre face peut donc être entièrement utilisée.

Machine à double effet. — Nous avons vu que, jusqu'à présent, la vapeur n'avait d'action que pour soulever le piston, la pression atmosphérique servant à

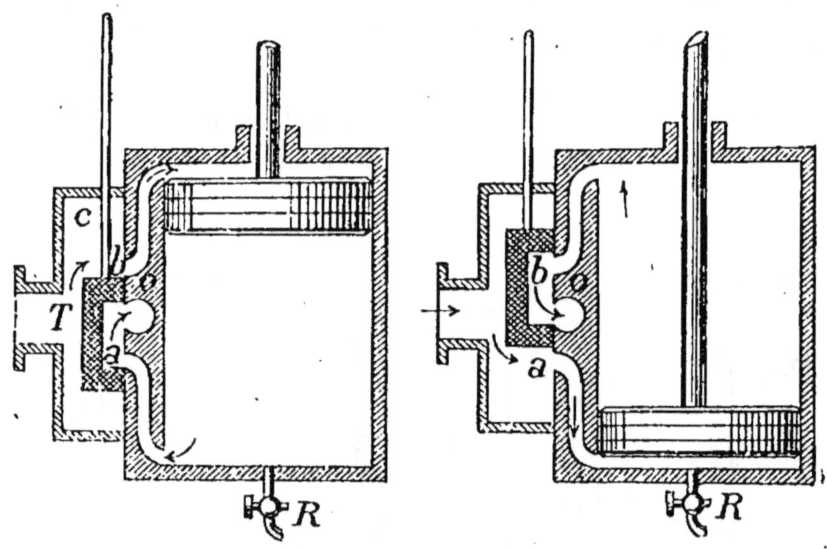

Fig. 91 et 92. — **Fonctionnement du tiroir.**
T, tiroir ; C, boîte à vapeur ; *a*, *b*, ouvertures en relation tantôt avec la boîte à vapeur, tantôt avec le conduit O.

l'abaisser ; c'est pour cette raison que la machine était dite à simple effet.

Le second perfectionnement de Watt consiste à supprimer l'action de la pression atmosphérique et à transformer la machine à simple effet en machine à **double**

effet; il obtint ce résultat en fermant complètement le *cylindre* et en faisant arriver alternativement la vapeur au-dessus et au-dessous du piston.

Une pièce appelée **tiroir** (fig. 91-92), boîte à un seul fond, glisse le long du cylindre et met alternativement chaque face du piston en communication soit avec la boîte à vapeur, soit avec le condenseur ou tuyau d'échappement.

Lorsque la partie supérieure du corps de pompe est en contact avec la vapeur qui le force à descendre, la partie inférieure est en communication avec le condenseur, par conséquent la vapeur contenue dans cet espace se liquéfie. Un moment après, c'est au contraire la partie inférieure du corps de pompe dans laquelle arrive la vapeur, tandis que la partie supérieure correspondant avec le condenseur, la vapeur s'y liquéfie, et ainsi de suite; on obtient une série très régulière de mouvements d'abaissement et d'élévation qui peuvent être communiqués à des roues par des tiges articulées.

Locomotive. — L'intérieur de la locomotive est une vaste chaudière (fig. 93) contenant de l'eau et dans laquelle se trouvent immergés une multitude de *tubes* BB parcourus par la fumée provenant de la chaudière. L'eau se trouve donc chauffée rapidement, grâce à l'énorme surface de chauffe que représente l'ensemble des tubes; la fumée aboutit à la cheminée et s'échappe au dehors.

Le piston est mis en action par la vapeur qui lui communique un mouvement de va-et-vient horizontal; ce mouvement est à son tour transmis à une roue, grâce à une tige appelée *bielle* qui part du piston et s'articule à une *manivelle*; le mouvement rectiligne est ainsi transformé en mouvement circulaire; la roue tourne et la locomotive est mise en mouvement.

Travail et puissance d'une machine. — Le

manomètre de la chaudière indique en kilogrammes

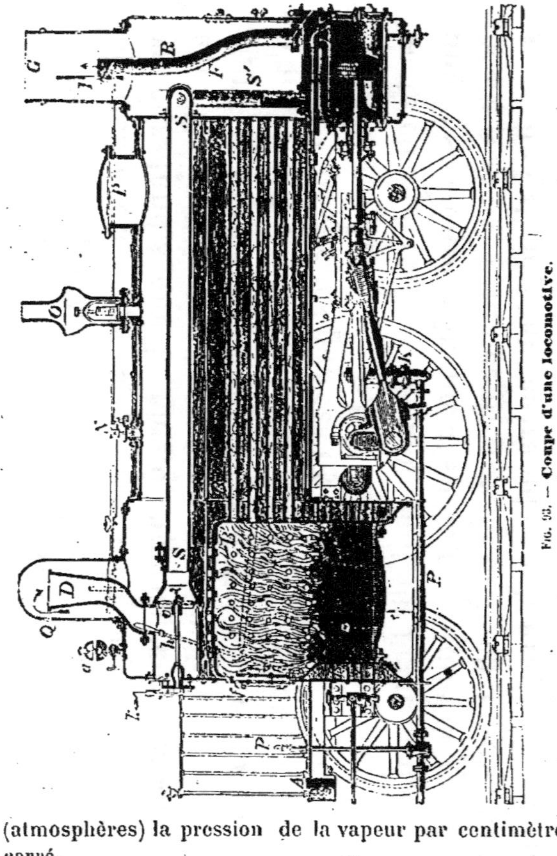

Fig. 93. — **Coupe d'une locomotive.**

(atmosphères) la pression de la vapeur par centimètre carré.

Supposons que cette pression soit de 3 kilogrammes

et que le piston ait une surface de 500 centimètres carrés, la *force théorique* de la machine sera, si elle a un condenseur :

$$3^{kg} \times 500 = 1\,500 \text{ kilogrammes ;}$$

si elle n'a pas de condenseur :

$$[3^{kg} - 1^{kg} \text{ (pr. atm.)}] \times 500 = 1\,000 \text{ kilogrammes.}$$

Le travail d'une force (voir p. 23) est le produit de son intensité par le chemin que parcourt son point d'application.

Le travail du piston est donc égal au produit de la force avec laquelle il est poussé par la longueur de sa course.

Si cette longueur de course, dans l'exemple cité plus haut, est de 0ᵐ,60, le *travail théorique* de la machine sera :

$$1\,500 \text{ kilogrammètres} \times 0,6 = 900 \text{ kilogrammètres.}$$

La puissance des machines s'évalue en chevaux-vapeur (voir p. 23).

Si la course du piston s'effectue en 1 seconde, la *puissance* du piston sera :

$$\frac{900}{75} = 12 \text{ chevaux-vapeur.}$$

Si cette course s'effectue en $^1/_2$ seconde, la puissance sera :

$$\frac{900}{75 \times ^1/_2} = 24 \text{ chevaux-vapeur.}$$

(Locomotives : puissance de 200 à 300 chevaux-vapeur. — Machines de cuirassés : puissance de 2 000 chevaux-vapeur.)

Devoirs. — Représenter par un dessin simple, au trait, d'après la figure 93, l'ensemble de la boîte à vapeur, du tiroir, du cylindre, du piston et de sa tige, de la bielle, de la manivelle et de la roue.

Calculer le travail et la puissance d'une locomotive (pas de condenseur) à une pression de 5 atmosphères, dont le piston a 28 centimètres de rayon et 1/2 mètre de course en 1/3 de seconde. Prendre $\pi = 22/7$.

RÉSUMÉ SYNOPTIQUE DU CHAPITRE XI.

LA CHALEUR (III). *La machine à vapeur.*

Historique.
- Papin (1648).
- Newcomen, Savery, Cawley, Watt (XVIIIᵉ siècle).

Principe.

La force élastique de la vapeur d'eau croît avec la température..

La vapeur produite dans une **chaudière** close peut acquérir une force élastique de 2, 3, 4, 5, 6 atmosphères....................

Chauffer de l'eau dans un tube de cuivre fermé d'un bouchon de liège.

Cette force fait mouvoir le **piston**...........................

Le **tiroir**, mû par un *excentrique*, permet de faire agir la vapeur alternativement sur chacune des deux faces du piston.........

Le **condenseur** supprime la résistance due à la pression atmosphérique s'exerçant sur l'une des faces du piston............

Fonctionnement à la main de l'excentrique et du piston (coupe réduite d'un cylindre de machine à vapeur).

La tige du piston pousse la *bielle*, qui fait mouvoir la *manivelle*. Celle-ci fait tourner les *roues*.............................

Imaginer un dispositif simple de tige, bielle et manivelle (règles articulées et manivelle de moulin à café.)

Travail et Puissance.

Le **travail** des machines à vapeur est évalué en *kilogrammètres* (1 kilogr. porté à 1 mètre).

La **puissance** des machines à vapeur est évaluée en *chevaux-vapeur* (75 kilogrammètres en une seconde).

CHAPITRE XII

Propagation de la chaleur. — Conductibilité. Applications. — Chaleur rayonnante. — Pouvoirs émissif et absorbant. — Applications. — Appareils producteurs de la chaleur. — Cheminées. — Notions sur la ventilation.

Conductibilité. — La chaleur peut se propager dans les corps en les échauffant ; c'est à cette propriété que l'on a donné le nom de **conductibilité**. Qu'on place une pincette dans le feu par une extrémité en tenant l'autre dans la main, il arrivera un moment où l'on sera obligé de la lâcher, tant elle sera devenue chaude ; la chaleur aura passé à travers les molécules du fer et sera venue impressionner la peau.

Le pouvoir conducteur varie du reste avec les corps. Les métaux sont les meilleurs conducteurs et parmi eux l'argent, puis le cuivre, viennent en première ligne. Le verre, au contraire, est très mauvais conducteur. Les corps liquides, les gaz sont mauvais conducteurs de la chaleur, certaines expériences spéciales le démontrent ; cependant, ces corps conduisent la chaleur dans une certaine mesure.

La connaissance des phénomènes de conductibilité donne la clef d'un certain nombre de faits usuels très intéressants.

Applications de la conductibilité. — La théorie des vêtements est en partie fondée sur cette étude. *Un vêtement est d'autant plus chaud qu'il est plus mauvais* *conducteur de la chaleur ;* en effet, le vêtement n'apporte au corps aucune chaleur, comme on le croit vulgairement. La chaleur que nous possédons est produite sous l'influence des phénomènes de la respiration[1]. Les vêtements sont d'autant plus chauds qu'ils empêchent cette chaleur de s'échapper. Ce sont les étoffes mauvaises conductrices qui répondent le mieux à ces conditions et principalement les étoffes de laine.

Un édredon placé sur un lit tient chaud parce qu'il s'oppose à la déperdition de la chaleur de la personne. Les plumes sont en effet très mauvaises conductrices et l'air interposé entre les barbes des plumes est lui-même très mauvais conducteur. Les doubles fenêtres sont utiles pour tenir une pièce chaude, car elles interposent de l'air, corps mauvais conducteur. Un sol carrelé sur lequel les pieds sont posés amène rapidement le refroidissement de ces parties du corps ; c'est qu'en effet le carreau est bon conducteur et soutire aux pieds leur chaleur naturelle. Par la raison contraire, les pieds se tiennent chauds lorsqu'ils reposent sur un tapis, celui-ci étant mauvais conducteur. En été, on conserve la glace en la plaçant soit dans de la flanelle, soit sur des nattes en paille ; ces substances, étant mauvaises conductrices, empêchent la chaleur extérieure de fondre la glace.

Une autre application importante de la conductibilité est l'emploi des *toiles métalliques* dans la construction des lampes de sûreté des mineurs (voir *Chimie : la Flamme*).

La chaleur envoie des rayons. — Nous avons étudié jusqu'à présent la chaleur se transmettant par contact ou par conductibilité, elle peut être encore transmise par **voie de rayonnement**, c'est-à-dire que, placés

---

1. Voir nos Éléments de *Sciences naturelles*.

devant une source de chaleur, sans être en contact avec elle et sans être rattachés à cette source par un corps conducteur, nous sommes à même d'apprécier cette chaleur. C'est ainsi qu'à travers d'immenses espaces la chaleur du soleil nous arrive par voie de rayonnement et, lorsque nous nous trouvons devant une cheminée, c'est par rayonnement que nous sommes chauffés. Il y a donc des *rayons de chaleur* comme il y a des rayons de lumière, ainsi que nous le verrons plus loin.

Il va sans dire que la chaleur rayonnée est d'autant plus considérable que la source de chaleur est plus puissante.

Le soleil est la source de chaleur par excellence, aussi échauffe-t-il le globe par rayonnement. Un poêle rayonne plus de chaleur qu'une lampe.

Une autre cause intervient qui modifie la puissance du rayonnement : c'est la *distance* de la source de chaleur. Plus vous vous rapprochez d'une cheminée, plus l'intensité de la chaleur rayonnée est considérable, et l'expérience démontre que de deux personnes placées l'une à un mètre, l'autre à deux mètres d'une cheminée, cette dernière reçoit quatre fois moins de chaleur.

Réflexion de la chaleur dans les miroirs creux. — Lorsqu'on place au soleil un *miroir métallique creux*, tel que celui qui est représenté (fig. 94), on constate, en plaçant un morceau d'amadou en avant du miroir et à une certaine distance de celui-ci, que l'amadou s'enflamme. Le point auquel il faut placer le corps combustible se nomme **le foyer du miroir F**. La figure nous explique ce qui s'est passé.

Considérons deux rayons de soleil AB et CD, qui viennent frapper le miroir. Le premier, arrivé en B, rebondit à sa surface à la façon d'une balle élastique et suit la direction BE ; le second rayon se conduit de même et suit la direction DE. Ces deux rayons se rencontrent en E ; tous les rayons que le soleil envoie sur le miroir se concentrent par la même raison au point E, de telle sorte qu'un corps combustible s'enflamme avec facilité lorsqu'il est placé en ce point.

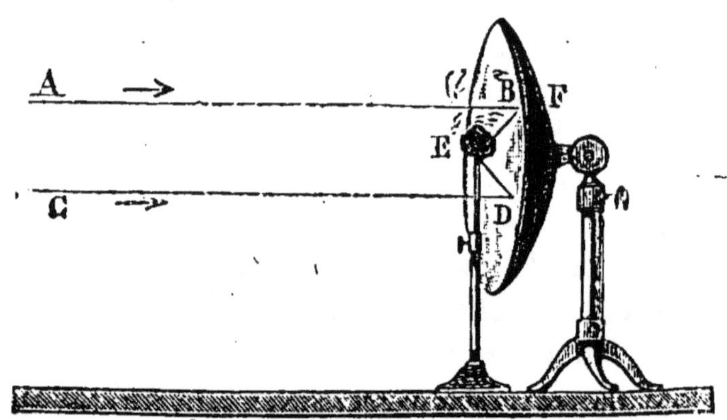

Fig. 94. — **Inflammation d'un morceau d'amadou à l'aide d'un miroir creux.**

Pouvoir absorbant des corps. — Dans l'expérience qui précède, si nous avions eu soin d'enduire la surface du miroir métallique d'une couche de noir de fumée, le corps combustible placé au foyer n'eût pas pris feu : c'est qu'en effet, au lieu de rebondir à la surface, les rayons de chaleur sont pour ainsi dire retenus par le noir de fumée. On donne aux substances de ce genre le nom d'**absorbantes**. A côté du noir de fumée, il est bon de placer l'eau comme substance éminemment absorbante. D'une manière générale, on peut dire que les corps de couleur noire ou foncée sont aptes à absorber la chaleur ; aussi les vêtements clairs, blancs surtout, sont-ils adoptés par les peuples des contrées chaudes à l'exclusion des vêtements noirs.

Applications du pouvoir absorbant. — Ainsi donc, lorsque les corps s'emparent facilement de la chaleur qu'ils reçoivent par voie de rayonnement, ils sont dits *absorbants*. Or, l'expérience montre que ces corps absorbants cèdent également avec une grande facilité la chaleur qu'ils possèdent. Si l'on enferme de l'eau bouillante dans un vase noir ou dans un vase blanc, on constate qu'elle *se refroidit bien plus vite* dans le premier que dans le second. D'où l'on tire cette conséquence qu'il vaut mieux employer une théière polie lorsqu'on veut conserver du thé chaud pendant un certain temps, qu'une théière matte dans laquelle le liquide se refroidirait plus vite.

Pouvoir émissif des corps. — On donne le nom de pouvoir émissif à la propriété qu'ont les corps de rayonner leur chaleur, et nous arrivons à cette conclusion que *les corps les plus absorbants sont en même temps les plus émissifs.*

Le blanc étant peu émissif, il est facile de comprendre pourquoi la fourrure des animaux des pays septentrionaux est généralement blanche (ours, lièvres, renards blancs, etc.); la chaleur propre à ces animaux ne peut donc aussi facilement être émise que s'ils étaient entourés de fourrures sombres. La neige, recouvrant en hiver les semailles, empêche le rayonnement de la terre d'être aussi grand et s'oppose par conséquent, dans une certaine mesure, à son refroidissement.

Notions sur les appareils producteurs de la chaleur et sur la ventilation. — Les principaux appareils de chauffage utilisés sont : 1° *La cheminée*, mauvais moyen de chauffage, puisqu'on perd la plus grande partie de la chaleur produite; 2° *les poêles*, la chaleur est en grande partie utilisée, mais ces appareils dessèchent l'atmosphère ; il faut donc, pour lui rendre son humidité, placer sur le poêle un vase rempli d'eau. Les *poêles* dits *roulants*, employés dans ces dernières années, donnent beaucoup de chaleur et peuvent être utilisés avec avantage, mais avec infiniment de précautions ; ils doivent toujours être bien fermés, s'adapter à des cheminées dont le tirage est bon, et on doit avoir grand soin de ne pas les laisser la nuit dans les chambres à coucher.

Les *calorifères* constituent le meilleur mode de chauffage de tous, mais ils ne peuvent être utilisés que dans de grands locaux : on les divise en *calorifères* à circulation d'*air chaud*, d'*eau chaude* ou de *vapeur*.

Cheminées. — Leur rôle dans la ventilation. — Nous nous occuperons seulement ici de la *cheminée*, qui est le mode de chauffage le plus employé dans notre pays ; on peut dire d'elle que si elle chauffe peu, elle a l'avantage d'être très gaie l'hiver et d'offrir un bon mode de ventilation.

Lorsqu'on allume la cheminée, les matériaux combustibles chauffent la colonne d'air renfermée dans le tuyau. Cet air devient par conséquent plus léger, s'élève, détermine un vide dans la cheminée ; — l'air froid de la pièce s'y précipite et il résulte de ce fait que la cheminée détermine un véritable appel d'air ; d'autre part, l'air de la pièce est remplacé par de l'air extérieur qui s'introduit par les joints des portes et des fenêtres, qui laissent un jour plus ou moins grand.

Dans les grands établissements où la cheminée ne sert pas au chauffage, on est obligé de faire usage, pour la ventilation, de machines spéciales qui vont chercher de l'air au dehors et le poussent dans les pièces ou qui l'y attirent directement.

Nous ferons remarquer l'extrême importance de la **ventilation**, qui est destinée à renouveler l'air vicié par la respiration de l'homme.

Devoir. — Résumer les notions d'hygiène résultant des phénomènes de conductibilité et de rayonnement de la chaleur.

EXPÉRIENCES

LA CHALEUR (IV). Propagation.				EXPÉRIENCES
Conductibilité.	Propagation	au travers des corps.		
	Les corps sont	*bons conducteurs :* métaux (argent, cuivre, or, zinc, fer)............................		*Fil de fer et morceau de fusain tenus à la main dans une flamme.*
		ou		
		mauvais conducteurs : bois, charbon, argile.................................		*Toucher avec la main du fer et une étoffe de laine.*
	Applications.	Manches des objets allant au feu, toiles métalliques..........................		*Observations.*
		Hygiène des vêtements, de l'habitation, etc.		*Refroidir les gaz d'une flamme par une toile métallique.*
		Conservation de la glace..............		
Rayonnement.	Propagation	par rayons au travers de l'espace........		*Intercepter les rayons de chaleur par un écran.*
	Les corps	*réfléchissent* les rayons de chaleur (miroir, foyer).		*Enflammer de l'amadou au foyer d'un miroir.*
		absorbent les rayons de chaleur (pouvoir absorbant des corps noirs, de l'eau, etc.).		*Toucher simultanément un papier blanc et un papier noir exposés au soleil.*
		émettent les rayons de chaleur (pouvoir émissif des corps absorbants)..........		
	Applications.	Couleurs des objets allant au feu.		
		Hygiène des vêtements et de l'habitation.		
		Rôle de la neige.		
Chauffage.	Appareils :	cheminées, poêles, calorifères....... ..		*Montrer, par l'inclinaison de la flamme d'une bougie, l'appel d'air d'une cheminée.*
	Cheminée :	assure le chauffage et la *ventilation*......		

CHAPITRE XIII

Notions sommaires d'hygrométrie et de météorologie. — L'atmosphère contient de la vapeur d'eau. — Substances hygrométriques. — Nuages. — Pluie. — Rosée.

L'atmosphère contient de la vapeur d'eau. — L'air qui nou entoure est loin d'être sec. Il renferme de la **vapeur d'eau** en proportions variables. C'est là, du reste, un fait nécessaire ; la vie serait impossible dans un air absolument sec, les organes de la respiration souffriraient du contact d'un air privé d'humidité.

La vapeur qui est mélangée à l'air provient principalement de l'évaporation des vastes étendues d'eau qui couvrent le globe ; la chaleur solaire détermine une abondante évaporation à la surface des mers, des fleuves et des lacs.

On a vu (page 110) que l'eau, dans l'air, s'évapore lentement jusqu'à la **saturation** de l'air.

Si le récipient est *clos* il reste un excès de *liquide*.

Mais à l'*air libre*, la vapeur se répand dans l'espace illimité et si la saturation se produisait dans le voisinage de la surface du liquide, elle cesserait bientôt : une nouvelle évaporation se produisant le liquide finirait par *disparaître*.

L'expérience montre qu'il faut *plus* de vapeur pour saturer un espace *chaud* qu'il n'en faut pour saturer le même espace froid. L'air saturé est à son maximum *d'humidité*.

Il faut donc bien comprendre ces mots **humidité de**

l'air et ne pas croire que plus l'air contient de vapeur, plus il est humide; l'air est d'autant plus humide *que la vapeur qu'il contient est plus rapprochée du moment où elle reviendra à l'état liquide.*

Nous disons qu'en hiver l'air est plus humide et cependant, *en poids*, l'air contient généralement moins de vapeur qu'en été; mais cette petite quantité de vapeur suffit à saturer l'air, tandis qu'il faut une bien plus grande quantité d'eau pour produire le même résultat en été.

La branche de la physique qui étudie les conditions d'humidité de l'atmosphère porte le nom d'**hygrométrie**.

La buée dont se recouvre une bouteille fraîche remontée de la cave provient de la condensation d'une partie de la vapeur d'eau de l'atmosphère.

La présence de la vapeur d'eau dans l'air peut également être démontrée au moyen de certaines substances; lorsqu'on examine du gros sel de cuisine après l'avoir laissé exposé à l'air, on constate qu'il est *humide*; c'est qu'il s'est emparé d'une certaine quantité de vapeur contenue dans l'air; d'autres substances offrent la même propriété, on leur donne le nom de **déliquescentes**.

L'humidité de l'atmosphère agit également sur les cheveux, sur les cordes de violon dites *cordes à boyau*. Ces substances ont, en effet, la propriété de s'allonger sous l'influence de l'humidité et de se rétracter sous celle de la sécheresse.

On vend chez les opticiens de petits appareils dits *capucins*, qui sont basés sur cette propriété et qui servent à indiquer, d'une façon assez grossière, du reste, si l'atmosphère est sèche ou humide.

L'instrument consiste en un personnage quelconque, un capucin, par exemple, au capuchon duquel est adapté une corde à boyau cachée dans le corps du personnage;

l'appareil est disposé de telle sorte que lorsqu'il fait humide, la corde s'allonge et le capuchon se rabat sur la tête du capucin. Fait-il au contraire sec, la corde se contracte et le capuchon tombe sur ses épaules.

Hygromètre à cheveu (fig. 95). — Cet instrument est basé sur l'*allongement* que produit l'humidité sur les cheveux. Un long cheveu A est fixé par une pince à la partie supérieure d'un cadre métallique et vient s'enrouler en bas sur une poulie B.—Le cheveu est tendu par un poids léger P. La poulie porte une aiguille M. Si le cheveu vient à s'allonger par suite de l'humidité, ou à se raccourcir sous l'influence de la sécheresse, il agira sur la poulie qui, tournant dans un sens ou dans un autre, entraînera l'aiguille. Celle-ci parcourt un cadran divisé dont nous allons expliquer le mode de graduation.

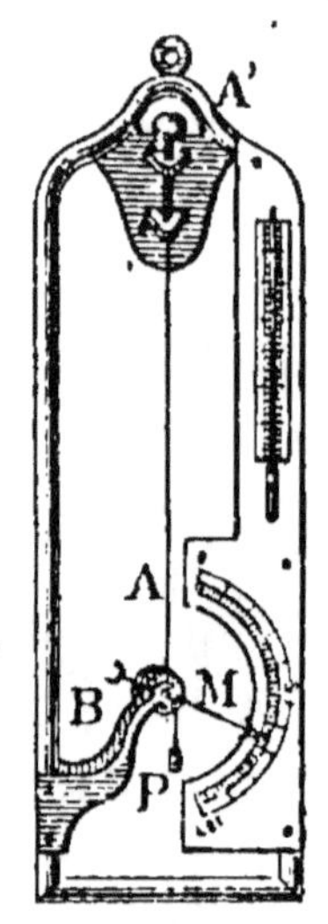
Fig. 95. — **Hygromètre à cheveu.**

Pour graduer l'hygromètre, on le place pendant un certain temps sous une cloche sur les parois de laquelle on a fait ruisseler de l'eau. Le cheveu *s'allonge* et l'aiguille finit par s'arrêter ; là on marque 100, point d'*extrême humidité*. On place ensuite l'instrument sous une cloche desséchée au préalable ou contenant de l'acide sulfurique concentré qui absorbe la vapeur d'eau ; le cheveu se *rétracte*, l'aiguille marche en sens contraire et là où elle s'arrête on marque *zéro*, point d'*extrême sécheresse*. On divise ensuite de 0 à 100 en 100 parties égales.

L'hygromètre à cheveu *n'est pas* un instrument précis, en ce sens que lorsque l'aiguille marque 50° ou 25°, cela ne signifie pas que l'air est à moitié ou au quart saturé. Chaque hygromètre est accompagné d'une table faite d'avance et où l'on a inscrit par expérience le degré d'humidité correspondant à chaque division du cadran.

Notions de météorologie. — La présence de la vapeur d'eau dans l'air nous explique un très grand nombre de phénomènes physiques dont l'atmosphère est le théâtre ; à l'étude de ces phénomènes on donne le nom de **météorologie** C'est une branche toute récente de la science et elle est encore à ses débuts, mais elle est l'objet de nombreuses études et en grand progrès depuis quelques années.

Parmi les phénomènes météorologiques, nous étudierons : 1° *les nuages;* 2° *la pluie;* 3° *le verglas;* 4° *la rosée.*

Nuages. — Pluie. — Neige. — Sous le nom de **nuages**, on désigne des amas plus ou moins considérables de fines gouttelettes d'eau qui se sont formées par refroidissement des vapeurs dans les régions supérieures de l'atmosphère. Les nuages ont des formes et des aspects très différents, et dans certaines conditions ils se résolvent en **pluie**, en **grêlons** qui ne sont simplement que de l'eau solidifiée, ou en **neige** constituée également par de l'eau solidifiée, mais *cristallisée.*

On a classé les nuages en quatre espèces différentes, d'après leur forme et leur aspect. Bien que cette classification puisse être sujette à certaines critiques, elle est généralement adoptée, et nous l'indiquerons ici.

Parmi les nuages, nous distinguerons :

1° Les *Cirrus.* Ce sont des nuages blancs ayant l'aspect de l'ouate et qui tranchent sur le bleu du ciel. Ces nuages, qui sont à une dizaine de kilomètres du sol, doivent leur couleur à ce qu'ils sont formés de paillettes de glace. Ils indiquent en général un changement de temps.

2° Les *Stratus*. Ces nuages apparaissent à l'horizon comme des bandes horizontales plus ou moins régulières.

3° Les *Cumulus*, qui sont à 3 kilomètres environ du sol, ont des formes bizarres ; ils sont constitués par des gouttelettes très fines, et leur apparition, lorsqu'il fait beau temps, n'indique pas forcément un changement.

4° Les *Nimbus* sont de gros nuages de pluie ; souvent ils sont à fleur de sol. Les pluies tombent en quantités plus ou moins grandes, suivant la position géographique des lieux ; elles augmentent avec le voisinage des mers et paraissent plus fréquentes pendant la saison chaude que pendant l'hiver. Du reste, il existe à cet égard de nombreuses variations.

Aux nuages, nous pouvons rattacher les **brouillards**, qui sont souvent en contact avec le sol.

Verglas. — Imaginez que sur un sol froid tombe une pluie fine, il se formera une couche de glace à laquelle on donne le nom de *verglas*, phénomène très dangereux, car cette couche glissante peut amener des chutes, ainsi que cela a été observé plusieurs fois à Paris dans ces dernières années.

.Le verglas n'est généralement pas de longue durée.

Rosée. — La **rosée** est un phénomène que chacun a pu observer à la campagne, principalement au printemps et à l'automne. Elle consiste en un dépôt de gouttelettes d'eau sur les plantes, sur le gazon et sur un certain nombre d'objets laissés hors de la maison.

Une observation bien simple va nous donner l'explication de ce curieux phénomène. Lorsqu'on place sur une table une carafe d'eau frappée, après avoir eu soin de la bien essuyer extérieurement, on ne tarde pas à constater que sa surface se recouvre d'une buée. C'est qu'en effet la vapeur d'eau contenue dans l'air se trouvant en contact avec une surface froide, s'y précipite sous forme liquide. La buée vient donc de l'atmosphère. Pendant la nuit, la terre privée de la chaleur du soleil se refroidit, elle est donc dans les mêmes conditions que la carafe, et la vapeur de l'atmosphère se dépose à sa surface, sous forme de *rosée*.

Si, pendant la condensation, la température s'abaisse au-dessous de zéro, la buée se dépose en **gelée blanche**. Les jardiniers désignent sous le nom de *lune rousse* la période qui s'écoule entre la lune d'avril à mai, parce qu'à cette époque on constate souvent que les fleurs des arbres fruitiers sont détruites et laissent une trace roussâtre sur l'arbre. C'est qu'à cette époque, où la rosée est abondante, il arrive que, les nuits étant froides, il se forme de la gelée blanche, et nous avons vu que l'eau augmente de volume en se solidifiant ; la goutte de rosée tombée dans la fleur va donc la déchirer en devenant un petit glaçon. Pour lutter contre l'influence néfaste de la lune rousse, les jardiniers recouvrent autant que possible les plantes délicates avec des paillassons.

Si nous partons de ce principe que, pour qu'il y ait rosée, il faut des journées chaudes dans lesquelles la vapeur d'eau se forme en quantité et des nuits froides à la faveur desquelles la rosée se dépose, nous expliquerons facilement pourquoi la rosée s'observe principalement au printemps et en automne, nous comprendrons aussi pourquoi elle est plus abondante dans les régions chaudes du globe, l'écart entre la température du jour et celle de la nuit étant considérable dans ces contrées.

Naturellement la rosée se déposera de préférence sur les corps émissifs. Deux pelotes de laine, l'une noire, l'autre blanche, sont exposées au rayonnement nocturne : la première, qui est plus émissive, se recouvrira d'une bien plus grande quantité de rosée que la seconde.

Si, enfin, les corps en rase campagne se recouvrent de plus de rosée qu'à la ville, c'est que, dans ce dernier cas, ils sont protégés par les maisons et les édifices qui renvoient à ces corps les rayons de chaleur qu'ils ont émis, de telle sorte qu'il n'y a pas de refroidissement suffisant pour que la rosée se forme. C'est par la même raison qu'un ciel pur est nécessaire pour qu'il y ait formation de rosée ; les nuages, lorsqu'ils couvrent le ciel, renvoient les rayons émis comme les édifices dans les villes.

Devoirs. — Expliquer comment il peut y avoir en hiver dans l'atmosphère un poids moins grand de vapeur d'eau qu'en été, et que l'air soit plus humide en hiver.

La lune rousse.

Devoirs de revision. — Énumérer les expériences faites au courant des leçons sur *la chaleur*.

Indiquer l'application des principes de dilatation des corps, propagation de la chaleur, à l'hygiène de l'habitation et du vêtement.

RÉSUMÉ SYNOPTIQUE DU CHAPITRE XIII.

LA CHALEUR (V). Vapeur d'eau dans l'atmosphère.

EXPÉRIENCES

Hygrométrie.

L'atmosphère contient de la vapeur d'eau en proportions variables......................................
— *Buée déposée sur une bouteille remontée de la cave, ou sur un verre contenant de la glace.*

L'air est *saturé* de vapeur d'eau, lorsqu'il ne peut plus s'y former de vapeur, la température ne changeant pas..........

Dans l'air saturé, la vapeur est très près de son point de *condensation*...........................
— *Hygromètre à cheveu.*

L'**hygrométrie** étudie les conditions d'humidité de l'atmosphère...........................
— *Capucin.*

Météorologie.

La **météorologie** étudie les météores aqueux, phénomènes dus à la vapeur d'eau contenue dans l'atmosphère

Principaux phénomènes.

Condensation de la vapeur d'eau :
- brouillards...........................
- nuages...........................
- pluie...........................
- rosée...........................

— *Condensation de la vapeur d'eau produite dans un ballon (nuage).*

Condensation et solidification :
- neige...........................
- grêle...........................
- verglas...........................
- gelée blanche (lune rousse)...

— *Observations journalières.*

TABLEAU SYNOPTIQUE DE REVISION.

LOIS — PRINCIPES

LA CHALEUR

Dilatation.
- Tout corps chauffé se *dilate*, tout corps refroidi se *contracte*..........
- Les corps *solides* se dilatent peu, mais régulièrement................
- Les corps *liquides* se dilatent plus que les solides.....................
- Les corps *gazeux* se dilatent plus que les liquides.....................

Changement d'état des corps.

Fusion. — Température fixe pour le même corps, et invariable pendant la durée du phénomène...................

Dissolution. — Abaissement de la température du dissolvant.........

Solidification. — Température fixe pour le même corps, et invariable pendant la durée du phénomène...................

Évaporation.
- Emprunt de chaleur aux corps voisins...............
- *Conditions :* Fluidité, température, étendue de la surface du liquide, agitation de l'air.......................

Ébullition.
- Température fixe pour le même liquide, et invariable pendant la durée du phénomène...................
- Force élastique d'une vapeur croît avec la température.
- La force élastique de la vapeur d'eau bouillante égale la pression que supporte cette eau..................

Condensation. — Restitution de la chaleur absorbée par le liquide pour passer à l'état de vapeur........................

Propagation.

Conductibilité. — Propagation plus ou moins rapide à travers les molécules des corps (*bons ou mauvais conducteurs*)......

Rayonnement.
- Propagation au dehors des corps par des rayons rectilignes....................
- Pouvoir absorbant et pouvoir émissif ég[illegible]..........

Météorologie.
- L'air est d'autant plus humide que sa vapeur d'eau est plus près de son point de condensation.
- Les nuages, brouillards, pluies, rosées sont produits par la condensation de la vapeur d'eau atmosphérique........................
- La neige, la grêle, le verglas, la gelée blanche sont produits par la congélation de la vapeur d'eau condensée.......................

APPLICATIONS

Pyromètre, rails, cerclage des roues, charpentes métal, toits en zinc, pendule compens. — Therm. à merc., à alc. — Ventilation. — Montgolfières.

Fusion des métaux. Alliages. Corps réfractaires.

Nombreuses dissolutions. Principaux dissolvants : eau, alcool, benzine, ammoniaque, sulfure de carbone.

Mélanges réfrigérants.

Fabrication de la glace. Alcarazas. Marais salants. Séchage du linge. Hygiène (sueur).

Marmite de Papin. Machine à vapeur.

Distillation. Condenseur de la machine à vapeur.

Vêtements, doubles fenêtres, conservation de la glace, toile métall., vases allant au feu.

Écrans, fourrures, vêtements (pays froids, pays chauds, suivant les saisons).

Hygromètres.

Prévision du temps, préservation des récoltes.

L'ÉLECTRICITÉ

CHAPITRE XIV

Électricité. — Phénomènes fondamentaux. — Électricité développée par influence. — Machine électrique. — Électrophore. — Expériences à faire avec la machine électrique. — Bouteille de Leyde. — Ses effets. — Batteries électriques.

La cire à cacheter frottée attire les corps légers. — Prenons un bâton de cire à cacheter, frottons-le sur un vêtement de drap et approchons-le de petits morceaux de papier ou de débris de paille ; nous verrons ces corps légers, attirés par le bâton de cire, venir s'appliquer sur lui, puis être repoussés. Cette expérience donne la première idée de l'**électricité** ; elle avait été déjà faite en Grèce par Thalès de Milet, l'un des sept sages, avec l'*ambre* (en grec *électron*), d'où le mot *électricité*.

Les corps chargés d'électricité ou électrisés ont donc *pour caractère d'attirer puis de repousser les corps légers*.

On pensait que seul l'ambre avait cette propriété, mais depuis, outre la cire à cacheter, on a constaté qu'un très grand nombre de substances frottées jouissaient de cette propriété : le *verre*, la *gutta-percha*, la *résine*, etc., etc.

Corps bons et mauvais conducteurs. — Par

contre, les anciens physiciens firent cette remarque qu'un certain nombre d'autres corps, tels que les *métaux*, par exemple, n'attiraient pas les corps légers lorsqu'ils étaient frottés ; ils en conclurent donc qu'il y avait deux sortes de corps, les uns qu'on pouvait électriser par frottement, les autres qui ne s'électrisaient pas. Une expérience fait voir que cette division des anciens est absolument fausse.

Si nous prenons un bâton de cuivre, par exemple, que nous le soudions à un bâton de verre et que, tenant cette dernière partie en main, nous frottions le cuivre sur du drap, nous verrons que le métal est devenu apte à attirer les corps légers. Par conséquent, nous pouvons constater que si, *tenu directement à la main*, le cuivre ne s'électrise pas par frottement, il s'électrise, au contraire, *lorsqu'il est tenu par l'intermédiaire d'un manche en verre*. Tous les corps sont donc aptes à être électrisés par frottement. L'explication de ces différences dans le mode d'électrisation nous est fournie par ce fait qu'il y a, comme pour la chaleur, des corps **bons conducteurs** et des corps **mauvais conducteurs** de l'électricité.

Lorsqu'on tient à la main un bâton de cire, de verre, etc., et qu'on les frotte, ces corps s'électrisent et, comme ils sont mauvais conducteurs, ils ne permettent pas à l'électricité de passer entre leurs molécules ; aussi le fluide reste-t-il sur le corps frotté. Vient-on, au contraire, à frotter un bâton de cuivre, il y a bien apparition de fluide électrique ; mais, le cuivre étant bon conducteur de l'électricité, celle-ci passe à travers les molécules, arrive à la main, qui est également bonne conductrice, et, traversant le corps de la personne qui fait l'expérience, elle se perd dans la terre.

Si, enfin, on frotte le cylindre de cuivre soudé à *un bâton de verre* tenu dans la main, le cuivre s'électrise et, comme le verre s'oppose au passage du fluide, le métal gardè son électricité : on dit qu'il est *isolé*.

Il est bon de savoir que les corps qui conduisent bien la chaleur sont aussi bons conducteurs de l'électricité et inversement.

Les deux fluides électriques. — Voici un petit appareil qu'on peut facilement fabriquer soi-même et qui va nous servir à constater de nouveaux faits intéressants. Cet appareil est le pendule électrique. C'est une petite colonne en verre placée sur un pied ; à la partie supérieure se trouve une pièce métallique qui porte un fil de soie terminé par une petite balle en moelle de sureau. Cette balle, très légère, est attirée lorsqu'on approche d'elle un corps électrisé (fig. 96).

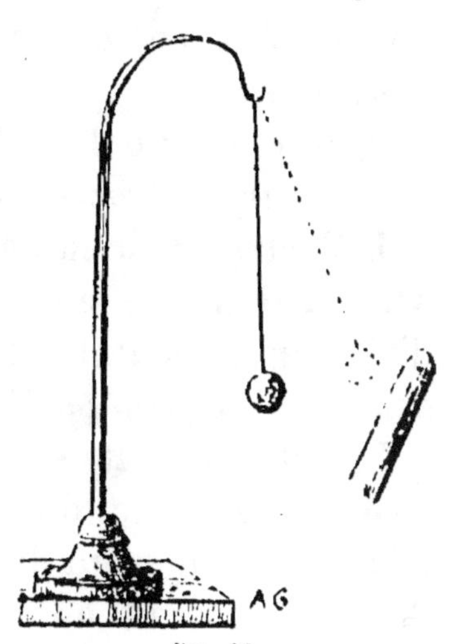

Fig. 96.
Pendule électrique.

Frottons un bâton de verre, par exemple, sur de la laine et approchons-le de la balle ; immédiatement elle est **attirée**, et cette attraction durera un certain temps, à moins qu'elle ne vienne à toucher le verre. Dans ce dernier cas, on verra la balle immédiatement **repoussée**. Ainsi donc le simple contact de cette balle avec le bâton de verre suffit pour qu'elle soit repoussée par le bâton.

Vient-on maintenant à approcher de la balle un bâton de résine préalablement frotté, on voit la balle de sureau qui est **attirée**. Repoussée par le verre, elle est attirée par la résine. On a conclu de cette expérience qu'il y avait deux fluides électriques, l'un se développant sur le verre et sur un certain nombre d'autres substances et nommé **fluide positif**, l'autre se développant sur la résine et sur d'autres substances qu'on nomme **fluide négatif**. On représente par abréviation le fluide positif par le signe **+**, le fluide négatif par le signe **—**.

Lorsque la balle de sureau touche le bâton de verre, elle prend une partie de son fluide, et à cet instant nous avons vu que la balle était repoussée, d'où l'on a tiré ce principe : *deux corps chargés d'électricité positive se repoussent.*

Ajoutons que l'expérience démontre aussi que *deux corps chargés d'électricité négative se repoussent.*

L'électricité de la balle est positive; nous avons vu en second lieu que le bâton de résine frotté qui est chargé d'électricité négative l'attirait; d'où ce second principe : *deux corps chargés d'électricités contraires s'attirent.*

Les corps électrisés sont chargés ou d'électricité positive ou d'électricité négative. Quant aux corps non électrisés, on admet qu'ils sont chargés de **fluide neutre**. Ce *fluide* ne serait autre qu'un mélange de négative et de positive, dont les propriétés se neutralisent, se masquent pour ainsi dire[1].

---

1. *Niveau électrique.* — Ce qui précède n'est qu'une hypothèse. Pour ramener à leur juste valeur ces expressions : *électricité positive, négative, état neutre,* il faut convenir que :

Tout corps électrisé positivement est à un niveau électrique plus élevé que celui du sol.

Tout corps électrisé négativement est à un niveau électrique moins élevé que celui du sol.

Le niveau électrique du sol est 0, par convention, de même que la température de la glace fondante est 0°.

Il n'y a donc pas, à proprement parler, d'électricité positive ni d'électricité négative, pas plus qu'il n'y a de chaud ni de froid. Les corps sont simplement à des *niveaux électriques différents,* plus ou moins élevés.

Courant électrique. — Deux comparaisons vont nous permettre de comprendre la notion du courant électrique.

Dans deux vases communicants le liquide du premier *s'écoule* dans l'autre jusqu'à ce qu'il se trouve en *équilibre* au même niveau dans les deux vases. Il y a donc un *courant d'eau* du vase où le niveau était le plus élevé vers le vase où le niveau était le moins élevé.

Mettons en communication deux chambres dont l'une a une température supérieure à celle de l'autre; nous constaterons que l'air de la première se

L'électricité se porte à la surface des corps et s'écoule par les pointes (fig. 97).

C'est à la surface des corps conducteurs que se porte le fluide électrique. Pour le démontrer, électrisons une sphère métallique portée sur une tige isolante, soit en

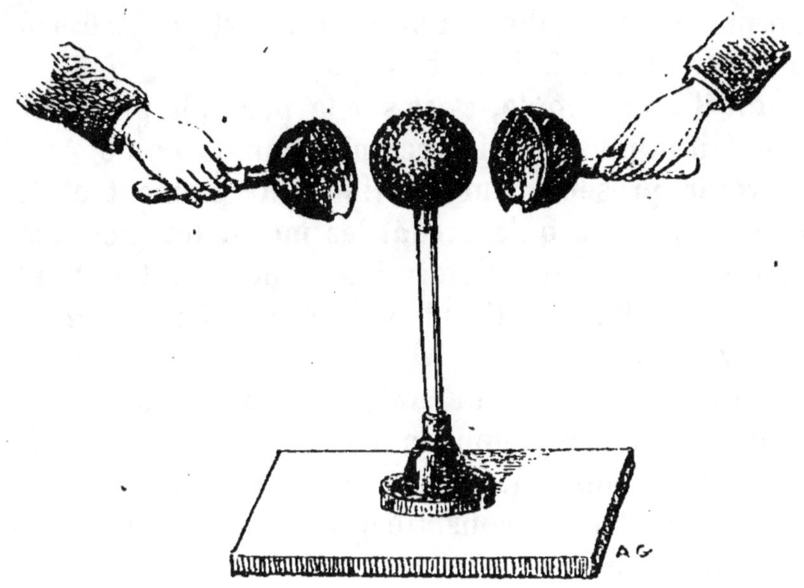

Fig. 97. — L'électricité se porte à la surface des corps.

la frottant, soit en la faisant toucher la machine électrique, ainsi que nous le verrons plus loin ; enveloppons la sphère avec deux hémisphères creux portés également sur une tige isolante, enlevons ensuite les hémisphères, nous verrons, en approchant la sphère d'un pendule électrique, que la balle de sureau n'est pas attirée, tandis qu'elle l'est par les hémisphères ; c'est qu'en effet le fluide électrique est passé de la sphère sur les hémi-

refroidit — que la deuxième s'échauffe — et qu'un équilibre de température finit par s'établir. Il y a donc un *courant d'air chaud* de la chambre à température supérieure vers la chambre à température inférieure.

De même si nous faisons communiquer deux corps : l'un électrisé positivement et l'autre négativement — c'est-à-dire de *niveaux électriques différents*, il s'établira un courant électrique du premier vers le second.

Les niveaux électriques finiront par *s'équilibrer* à un niveau intermédiaire.

sphères au moment où ceux-ci étaient à sa surface.

Quant à la façon dont le fluide est distribué, l'expérience et le raisonnement démontrent que sur une sphère cette distribution est très régulière sur *tous les points* de la surface de la sphère. Dans un cylindre terminé par deux portions sphériques, c'est *aux extrémités* que s'accumule le fluide électrique.

S'agit-il d'un ovoïde, c'est sur la partie la plus effilée que se fait la plus grande accumulation du fluide. Aussi, si l'ovoïde présente une portion extrêmement effilée, l'action répulsive qu'exercent les molécules électrisées les unes sur les autres détermine l'écoulement du fluide, ce qu'on exprime en disant que l'*électricité s'écoule par les pointes.*

Lorsque, en effet, sur une machine produisant de l'électricité, telle que nous la décrirons plus loin, on fixe un certain nombre de tiges métalliques terminées par une partie effilée, on constate que la machine ne fournit plus d'électricité.

En faisant l'expérience pendant la nuit, on voit s'échapper par les pointes une lueur bleue ; c'est l'électricité rendue visible sous sa forme lumineuse qui s'écoule (voir plus loin, *le paratonnerre*, p. 186).

Électricité développée par influence. — Jusqu'à présent, nous avons vu que l'électricité était transmise *par contact* et que, lorsque la balle de sureau touche au bâton électrisé, elle lui prend par contact une partie de son fluide. L'électricité peut encore se développer sur un corps neutre conducteur, lorsqu'au **voisinage** de ce corps neutre se trouve une source d'électricité.

Pour le démontrer, on prend un cylindre en cuivre AB monté sur deux pieds de verre et portant à ses extrémités et en son milieu de petits pendules de moelle de sureau. Approchons à une certaine distance une source d'électricité positive C, et à cet instant nous voyons les pendules des deux extrémités du cylindre *diverger*, tandis que ceux de la partie moyenne restent immobiles. Approchons un bâton de résine frotté de la partie A du cylindre, voisine de la source d'électricité, nous constatons qu'il y a répulsion, donc *cette partie est chargée de fluide négatif*. Au contraire, approchons le bâton de résine de la partie B, il y aura attraction, donc *cette partie est chargée de fluide positif* (fig. 98).

L'explication de ces faits est la suivante : l'électricité positive de la source *a décomposé par influence* le fluide

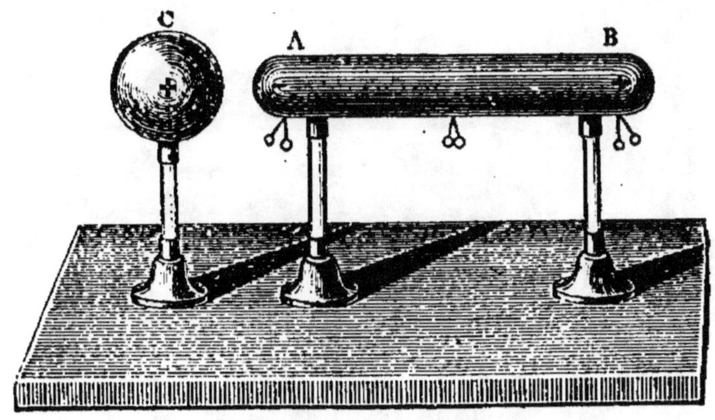

Fig. 98. — **Électrisation par influence.**

neutre du cylindre, a attiré le fluide négatif à une extrémité et a repoussé le fluide positif à l'autre extrémité.

Quant à la partie moyenne du cylindre, on admet qu'elle ne renferme ni fluide positif ni fluide négatif, c'est une zone dite **neutre** ; aussi le pendule reste-t-il immobile dans cette région.

Vient-on à éloigner la source d'électricité, les deux fluides se recombinent et le cylindre revient à l'état neutre ; mais si on touche le cylindre avec un corps bon conducteur, le doigt, par exemple, *sur un point quelconque* de sa surface, lorsque les deux fluides sont séparés, on constate que le fluide positif passe dans le sol par le corps de l'expérimentateur et qu'alors le cylindre reste chargé du fluide négatif. En un mot, *c'est toujours le fluide de même nom que celui de la source qui s'échappe.*

Machines électriques. — On désigne sous le nom de machines électriques des machines servant à pro-

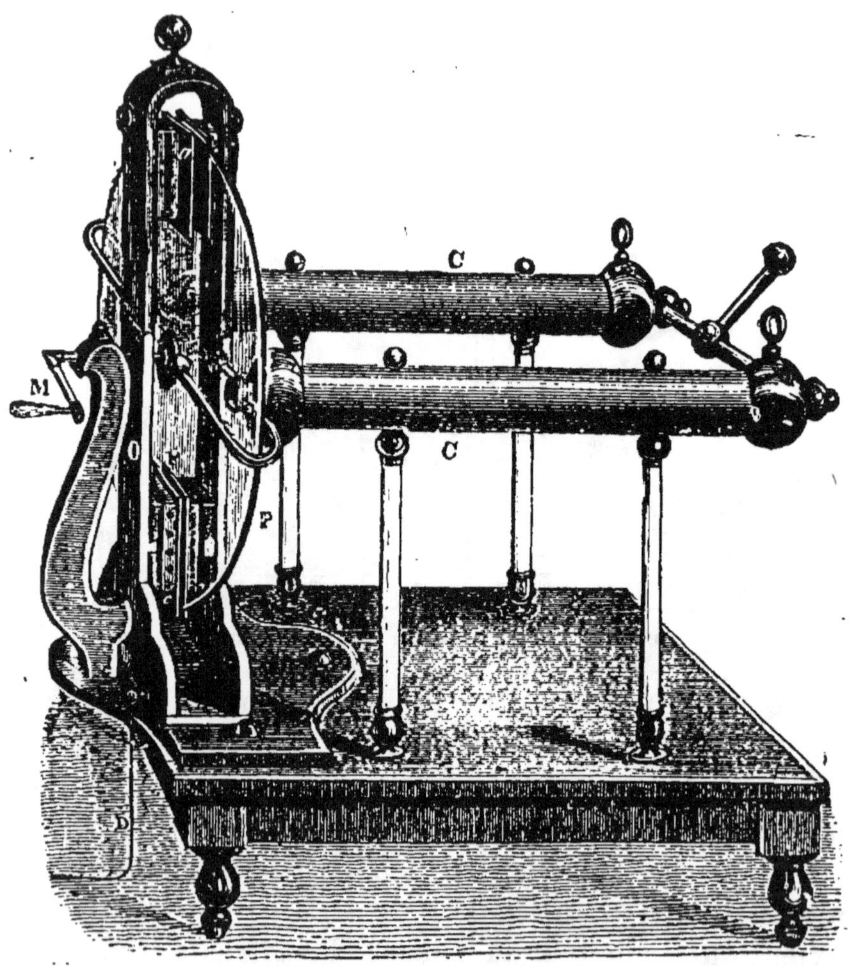

Fig. 99. — **Machine électrique.**

duire de l'électricité. Il existe un grand nombre d'es-pèces de machines électriques, nous nous contenterons de décrire la *machine ordinaire* et l'*électrophore*.

La machine électrique ordinaire, dite *de Ramsden,* est essentiellement composée d'une roue en verre qui tourne sur quatre coussins F fixés sur un montant O ; ces coussins sont bourrés de crin, leur surface est enduite de bisulfure d'étain (*or mussif*) ou d'un amalgame métallique (fig. 99).

La roue est embrassée des deux côtés par une pièce métallique en forme de fer à cheval et garnie de pointes à laquelle on donne le nom de *mâchoires;* la roue, lorsqu'elle tourne, passe dans les deux mâchoires, mais sans les toucher. Ces mâchoires sont adaptées à deux tubes de cuivre C montés sur des pieds de verre isolants P : ces tubes sont *les conducteurs.* Enfin l'ensemble est fixé sur une table qui rend l'appareil portatif.

La théorie de la machine électrique est aussi simple que sa description. Lorsqu'on fait tourner la roue, elle frotte sur les coussins et s'électrise positivement. Son électricité positive décompose par influence le fluide neutre des conducteurs, attire le fluide négatif qui s'échappe par les pointes et repousse le fluide positif dans les conducteurs. On voit donc que la machine ordinaire fournit de l'électricité positive.

La présence de l'électricité est rendue visible dans les conducteurs d'abord par l'attraction des corps légers, ensuite, quand il y a une grande quantité de fluide, par l'expérience de **l'étincelle électrique.** En approchant le doigt à une certaine distance de la machine, on fait jaillir une étincelle de forme irrégulière, accompagnée d'un léger craquement.

La production de l'étincelle s'explique de la façon suivante. Le fluide positif de la machine a décomposé par influence le fluide neutre du corps, a attiré le fluide négatif dans le doigt et a repoussé le fluide positif à travers le corps. A un moment donné, le fluide négatif du doigt et le fluide positif de la machine qui s'attirent se *combinent* et donnent lieu à l'étincelle qui serait simplement le résultat de la recombinaison des deux fluides.

On utilise souvent, pour obtenir de l'électricité, un petit appareil qui tient moins de place que la machine électrique et que l'on nomme **électrophore** (fig. 100). L'électrophore sert à fournir une étincelle électrique qu'on utilise souvent dans les laboratoires de chimie. L'appareil consiste en un moule bb, dans lequel on a coulé de la résine aa qu'on laisse solidifier. Sur ce gâteau, on peut appliquer un plateau en

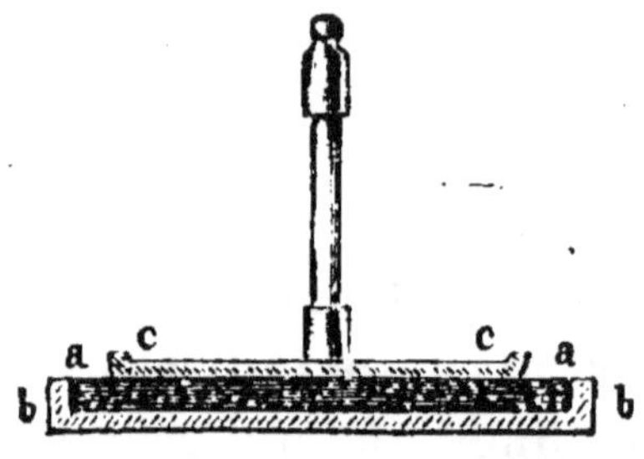

Fig. 100. — **Electrophore**

bois recouvert d'une feuille d'étain cc et muni d'un manche en verre.

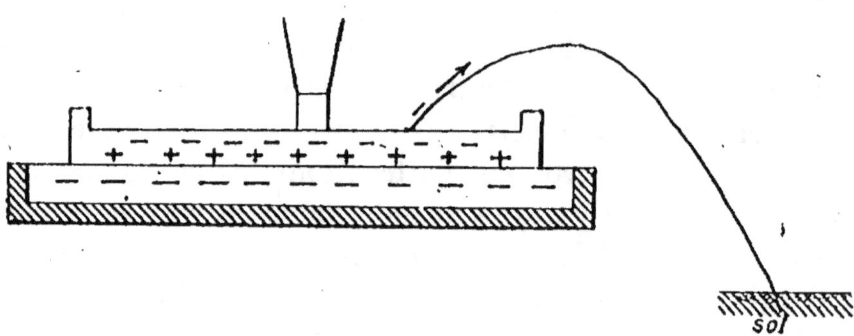

Fig. 101. — **Théorie de l'électrophore.**

Pour obtenir de l'électricité, on bat le gâteau de résine avec une peau de chat, on place le plateau sur le gâteau, puis on met le doigt sur ce plateau, on retire le doigt : on soulève le plateau ; *il est électrisé* et peut donner une étincelle.

La théorie de l'électrophore est la suivante. En battant la résine avec la peau de chat, on développe sur elle du *fluide négatif* (fig. 101). Lorsqu'ensuite on a posé le plateau sur le gâteau, l'électricité négative de la résine a décomposé par influence le *fluide neutre* du plateau, a attiré à la face inférieure de celui-ci la positive, a repoussé sur la face supérieure la *négative*. Touchant alors avec le doigt le plateau, l'électricité négative s'est écoulée, tandis que la positive y est restée.

Expériences. — Si l'on approche un corps électrisé + d'un corps électrisé —, ou un corps électrisé (+ ou —) d'un corps à l'état neutre, ou encore un corps électrisé (+ ou —) du sol, il se produit entre les deux corps rapprochés l'un de l'autre un *courant électrique* qui se manifeste avec plus ou moins d'intensité et qu'on appelle vulgairement *décharge électrique* (voir plus haut, *étincelle*). Cette décharge électrique produit des effets divers et permet de faire un grand nombre d'expériences des plus intéressantes; nous sommes forcé de faire un choix parmi les plus importantes.

Plaçons une personne sur un tabouret isolant, petit appareil composé d'une plaque de bois portée sur quatre pieds de verre; la personne saisit à pleine main un des conducteurs de la machine; celle-ci étant mise en action, on constate alors que la personne placée sur le tabouret est elle-même une annexe de la machine électrique de laquelle on peut tirer des étincelles; ses cheveux se hérissent à l'approche d'une baguette ou de la main. On conçoit facilement, en effet, que l'électricité de la machine passe dans le corps et que, ce dernier étant isolé par les pieds de verre du tabouret, cette électricité ne peut s'échapper.

Le **pistolet de Volta** (fig. 102) est une boîte en fer-blanc ayant généralement la forme d'une bouteille, l'ouverture en est fermée par un bouchon. On introduit dans ce petit appareil de l'oxygène et de l'hydrogène et dans le mélange on fait éclater une étincelle électrique. Les deux gaz se combinent avec détonation pour former de l'eau et le bouchon se-trouve projeté avec force.

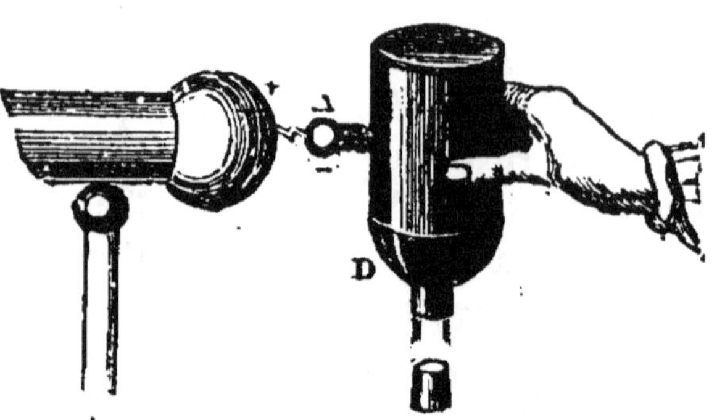

Fig. 102. — **Pistolet de Volta.**

Le **carillon électrique** (fig. 103) est constitué par une barre métallique transversale AB, portant à ses deux extrémités des timbres D et C suspendus le premier à une chaîne métallique, le second à un fil de soie mauvais conducteur; au milieu se trouve une balle métallique E suspendue à un fil de soie, enfin le timbre C est mis en communication avec le sol par une chaîne métallique. L'appareil tout entier est soutenu par un support isolant F. Vient-on à

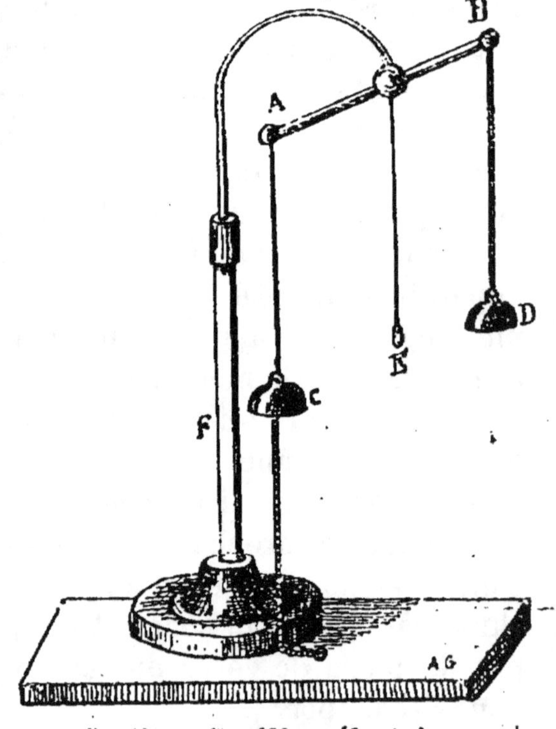

Fig. 103. — **Carillon électrique.**

mettre cet appareil en contact avec une machine élec-

trique, le timbre D s'électrise positivement, le fluide de
la machine passant directement sur lui ; au contraire,
le timbre C s'électrise par influence, son fluide neutre
est décomposé par le fluide positif de la machine, l'électricité négative reste sur le timbre, la positive s'écoule
sur le sol, le petit pendule métallique se trouve donc
entre deux timbres électrisés diffé-
remment. Attiré par D, il est re-

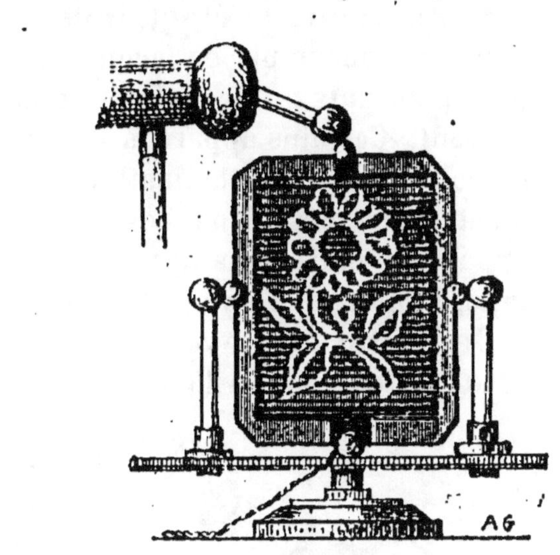

FIG. 104. — **Tube étincelant.**   FIG. 105. — **Carreau étincelant.**

poussé sur le timbre C dès qu'il a été en contact avec D.
Il est ensuite et par la même raison repoussé de C en D
et ainsi de suite, d'où une sonnerie qui ne cesse que
lorsque la machine ne donne plus de fluide.

Le **tube étincelant** (fig. 104) est un tube cylindrique
creux, dans l'intérieur duquel on a collé de petits
losanges en papier d'étain séparés par un intervalle très
faible. Si l'on met l'appareil en contact avec la machine
et en communication avec le sol par son autre extrémité,
le fluide électrique éclatera en passant entre chacun des
petits losanges et figurera une ligne de feu. On peut

modifier l'expérience en faisant un *carreau étincelant*
(fig. 105) ou un *globe étincelant ;* dans le premier cas, on
fixe les losanges métalliques sur une vitre en les disposant de telle sorte que leur ensemble représente une
maison, une fleur ou tout autre objet. S'agit-il du globe
étincelant, les losanges sont collés à la surface d'une
sphère.

Condensateur électrique. — Le fluide électrique
peut être accumulé de façon à produire des effets bien
plus puissants que ceux que nous avons étudiés jusqu'à
présent. Certains appareils dits **condensateurs** servent
à produire cette accumulation du fluide électrique ; nous
n'entrerons pas dans l'explication théorique de ces
appareils, mais nous décrirons l'appareil condensateur
type, la **bouteille de Leyde,** ainsi que ses effets.

Bouteille de Leyde. — La bouteille de Leyde fut
découverte dans la ville de ce nom d'une façon fortuite
par Cunéus et Musschen-
broek en 1746. Ces physi-
ciens, pour étudier l'action
de l'électricité sur l'eau,
avaient mis de l'eau dans
un flacon bouché et avaient
traversé le bouchon de liège
avec une tige métallique, en
contact avec une machine

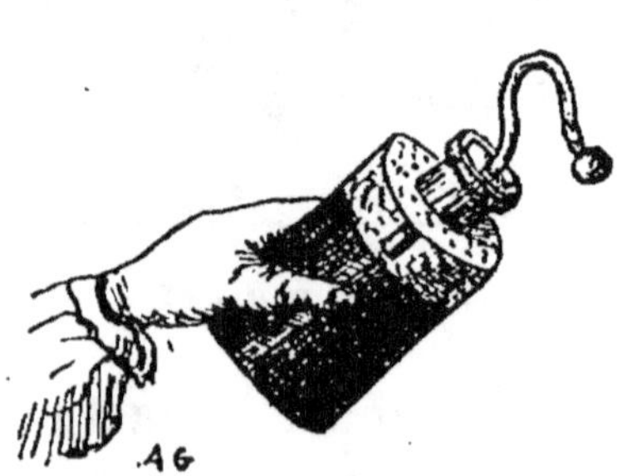

FIG. 106. — **Bouteille de Leyde.**

électrique. Lorsqu'au bout d'un certain temps on tou-
chait la tige métallique avec la main, la bouteille étant
toujours tenue par l'autre, on ressentait une violente
commotion.

On donne aujourd'hui à la bouteille de Leyde une disposition plus commode et qui en augmente la puissance. Elle est formée d'un flacon (fig. 106) de verre
mince, à l'extérieur duquel est collée une feuille d'étain.

Un bouchon ferme le goulot qui est enduit de gomme laque, matière isolante. Le bouchon est percé d'une ouverture donnant passage à une tige qui vient se mettre en contact avec des feuilles de cuivre ou d'étain, qui remplissent la bouteille. A l'extérieur, la tige forme une crosse, terminée par un bouton.

Charge et décharge de la bouteille de Leyde. — Lorsqu'on veut charger cette bouteille, on la saisit par le corps et on la met en contact avec la machine électrique par la tige métallique intérieure (fig. 107). Pour la décharger, on peut employer soit la main, soit un petit appareil appelé *excitateur*. Quand on tient la bouteille avec la main, il suffit pour la décharger qu'on touche avec l'autre main la tige métallique, mais

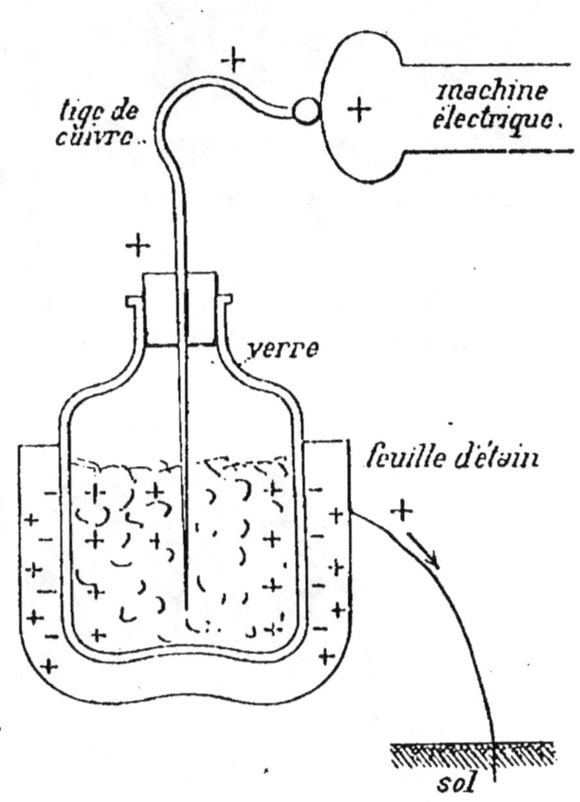

Fig. 107. — **Charge de la bouteille de Leyde.**

alors on éprouve une secousse plus ou moins forte, suivant la charge. On emploie, pour décharger la bouteille sans commotion, un appareil nommé **excitateur** (fig. 108), qui est un arc métallique, que l'on met d'un côté en contact avec la feuille d'étain et dont on rapproche l'autre extrémité de la tige métallique de la bouteille ; on voit alors jaillir de cette tige une étincelle qui produit un bruit sec.

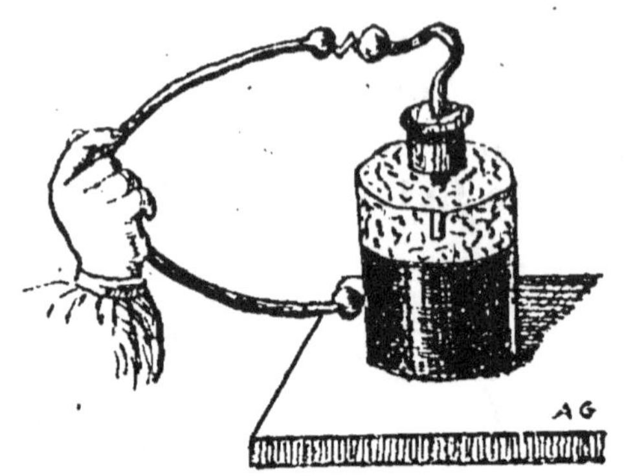

Fig. 108. — **Décharge de la bouteille de Leyde.**

En répétant cette opération plusieurs fois, on arrive à décharger entièrement la bouteille.

On peut, lorsqu'on décharge la bouteille avec la main, faire l'expérience dite de la **chaîne électrique.** Plusieurs personnes se donnent la main ; la première tient la bouteille chargée, la dernière touche la tige et à cet instant toutes les personnes éprouvent une commotion.

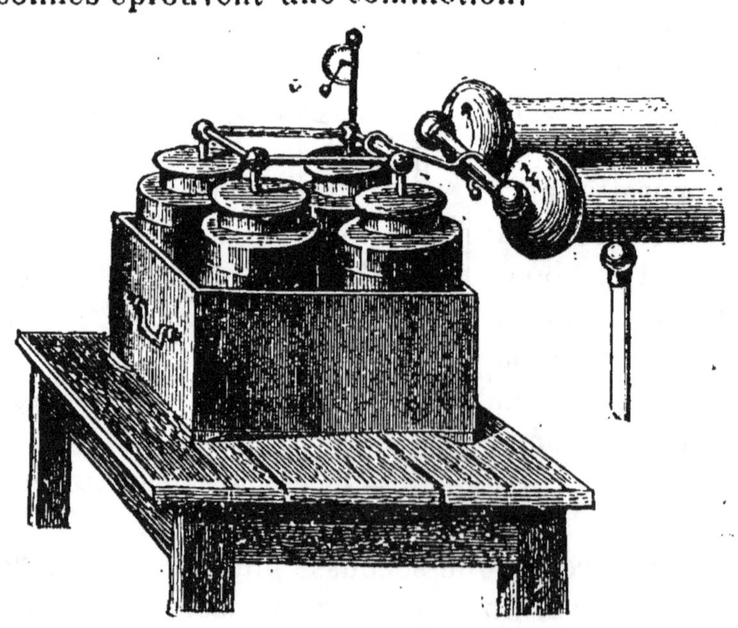

Fig. 109. — **Batterie électrique.**

Batteries électriques. — Si on veut avoir des effets très puissants, on réunit ensemble un certain nombre de bouteilles de Leyde. Les armatures extérieures d'une part, les armatures intérieures d'autre part étant réunies (fig. 109), on obtient ce que l'on nomme une **batterie électrique**; on a pu avec certaines batteries puissantes foudroyer un animal de forte taille, un bœuf par exemple.

Effets de la bouteille de Leyde. — La bouteille de Leyde permet de réaliser des expériences intéressantes. La chaleur que produit l'étincelle en éclatant est assez forte pour enflammer des liquides combustibles, tels que l'éther. On arrive à ce résultat avec un verre dont le fond est muni d'une pièce métallique. On verse de l'éther et on fait éclater une étincelle électrique en disposant l'expérience comme ci-contre (fig. 110); immédiatement le liquide prend feu.

Fig. 110.
Inflammation de l'éther par l'étincelle électrique.

En plaçant une carte entre deux pointes métalliques et en y faisant passer une étincelle, la carte est percée, ce qui prouve que l'étincelle électrique possède une certaine puissance mécanique qui refoule les molécules du carton.

Devoirs. — Montrer dans le fonctionnement de la machine électrique l'application des principes étudiés.

Quels sont les deux corps (bon conducteur et mauvais conducteur) les plus employés dans les appareils et machines électriques? Énumérer les parties de ces appareils où on les utilise.

RÉSUMÉ-SYNOPTIQUE DU CHAPITRE XIV.

L'ÉLECTRICITÉ (I).			EXPÉRIENCES
Production	par frottement.	Tous les corps frottés s'électrisent : ils attirent puis repoussent les corps légers................	*Attraction de corps légers par des bâtons de verre d'ébonite, de cire, frottés*
		Le frottement donne deux sortes d'électricités : (hypothèse) fluide positif $(+)$................. fluide négatif $(-)$..............	*Pendules électriques.*
	par influence.	Deux corps chargés d'électricités semblables se repoussent........................	*Frotter du verre avec de la laine, de la résine ou de l'ébonite avec une peau de chat.*
		Deux corps chargés d'élect. contraires s'attirent Un corps électrisé peut électriser par influence un autre corps placé près de lui.............	*Électrisation par influence.*
Propagation.	Corps	bons *conducteurs* : métaux, corps humain, sol... *mauvais conducteurs* : cire, verre. résine, caoutchouc, soie...............	*Frotter des fils de cuivre, de fer non isolés; isolées* *Observation des parties des machines isolées.*
	Décharge électrique, étincelle (courant................ Effets divers................		*Expériences avec la machine.*
Distribution.	A la *surface* des corps................ Aux *extrémités* des corps longs................ Écoulement par les *pointes*................		*Expériences avec la machine. Tourniquet électrique.*
Applications.	Machines.	*Électrophore.* Électrisation par frottement et influence................	*Fonctionnement de l'électrophore.*
		Machine à plateau de verre. Électrisation par frottement, par influence et pouvoir des pointes.	*Fonctionnement de la machine.*
	Condensateurs.	*Bouteilles de Leyde.* Accumule les deux fluides en les isolant................	*Charge et décharge de la bouteille de Leyde. Ses effets.*
		Batteries. Réunion de bouteilles de Leyde........	

CHAPITRE XV

Piles et éléments électriques. — Leurs effets, Galvanoplastie, dorure et argenture par l'électricité.

Piles électriques. — On désigne sous ce nom des appareils destinés à produire un courant électrique par suite d'une *action chimique*. Plaçons dans un vase contenant de l'acide sulfurique étendu d'eau une lame de cuivre et une lame de zinc. Le cuivre n'est pas attaqué par l'acide ; le zinc l'est, au contraire.

Cette action chimique a pour résultat de différencier les *niveaux électriques* des deux lames métalliques : le cuivre (non attaqué) est à un niveau électrique plus élevé que le zinc (très attaqué).

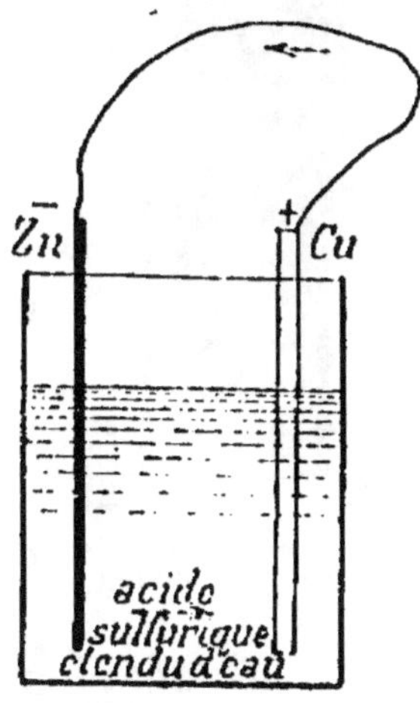

FIG. 111. — Pile à tasse.

Si nous réunissons les deux lames par un fil conducteur, il s'établira dans ce fil un courant (voir la note du chap. XIV) allant du cuivre vers le zinc.

Le cuivre est dit *pôle positif* et le zinc *pôle négatif*.

Pile de Volta. — La pile précédemment décrite est appelée *pile à tasse* (fig. 111).

La première pile a été construite par Volta en 1794, et c'est à la disposition des pièces de l'appareil qu'est dû le nom de *pile* donné à cet instrument. La **pile de Volta** (fig. 112) se compose de disques dont la moitié en épaisseur est en zinc, l'autre moitié en cuivre ; chacun de ces disques est un *élément* et l'ensemble des éléments constitue la *pile*. Ces disques sont empilés et séparés par des rondelles de drap imbibées d'eau et d'acide sulfurique. Enfin tous les disques, qui forment une pile plus ou moins haute, sont maintenus entre trois colonnes de verre.

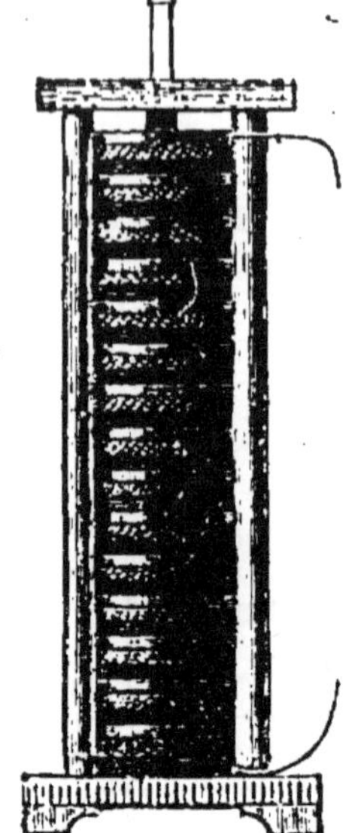

Fig. 112.
Pile de Volta.

On accroche un fil au cuivre du disque inférieur et un fil au zinc du disque supérieur. Le courant circule du cuivre vers le zinc.

Les fils qu'on utilise dans ces expériences sont en cuivre et entourés de soie afin de les isoler, la soie étant une substance mauvaise conductrice.

La *pile de Volta* est longue à monter et d'un usage peu commode.

L'intensité du courant de la *pile à tasse* est affaiblie par suite du *dégagement d'hydrogène*[1] qui se porte sur la plaque de cuivre.

A ces piles on en préfère d'autres d'un usage plus commode et dont les dispositifs variés ont pour but unique la destruction, l'*absorption de l'hydrogène*.

Parmi ces piles nous citerons les plus usitées : celle de *Bunsen* et celle de *Daniell*.

Élément de Bunsen (fig. 113). — Il se compose de quatre pièces qui entrent les unes dans les autres, savoir : 1° Un vase V en grès ou en verre ; 2° un cylindre en zinc Z ouvert à ses deux extrémités et présentant une rainure ; 3° un vase en terre de pipe VP ; 4° un prisme de charbon de cornues P, substance qui n'est autre qu'une sorte de coke à grains très serrés.

(1) Voir *Chimie*, chapitre III.

Pour faire fonctionner l'appareil, on introduit dans le premier vase de l'eau acidulée, on y place le cylindre de zinc, puis le vase en terre de pipe dans lequel on verse de l'acide azotique et enfin dans ce dernier on immerge le prisme de charbon.

Le courant circulera du charbon (non attaqué, pôle positif) vers le zinc (attaqué, pôle négatif).

L'hydrogène produit par l'eau acidulée décomposée par le zinc se porte au travers du vase poreux vers le charbon (pôle positif) ; il se combine avec une partie de l'oxygène de l'acide azotique contenu dans le vase poreux et n'affaiblit pas le courant.

L'odeur que produit cette dernière réaction est un inconvénient assez grave.

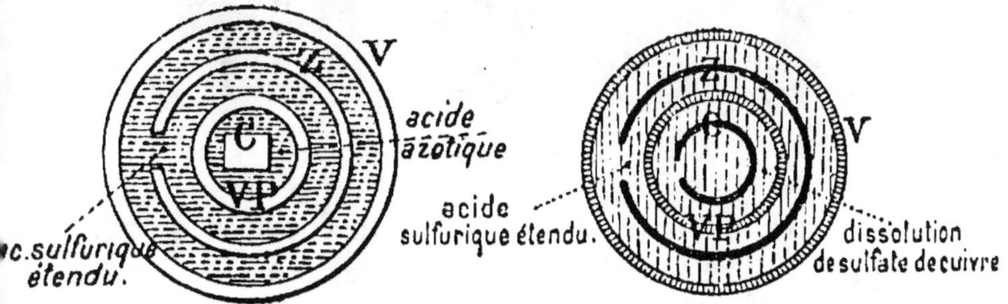

Fig. 113. — **Coupe de l'élément Bunsen.**

Fig. 114. — **Coupe de l'élément Daniell.**

Élément de Daniell (fig. 114). — Sa composition ne diffère guère de l'élément de Bunsen ; on y trouve : 1° un vase extérieur en grès ou en verre V renfermant de l'eau acidulée par de l'acide sulfurique ; 2° un cylindre en zinc Z ; 3° un vase en terre de pipe VP contenant une solution concentrée de sulfate de cuivre ; 4° un cylindre de cuivre C ouvert à ses deux extrémités qui plonge dans la solution de sulfate de cuivre. Dans cet élément, le pôle positif est au cuivre, le pôle négatif au zinc, le courant va donc du cuivre vers le zinc. L'hydrogène passe au travers du vase poreux, prend dans le sulfate la place du cuivre qui se dépose : le courant n'est pas affaibli.

Effets des piles. — La pile produit des *effets très variés*. Lorsqu'on veut obtenir des effets puissants, on accouple les éléments, c'est-à-dire qu'on les réunit en mettant en communication le zinc de l'un avec le charbon de l'autre. Veut-on, par exemple, réunir cinq éléments (fig. 115), nous ferons communiquer le zinc du premier avec le charbon du second, le zinc du second

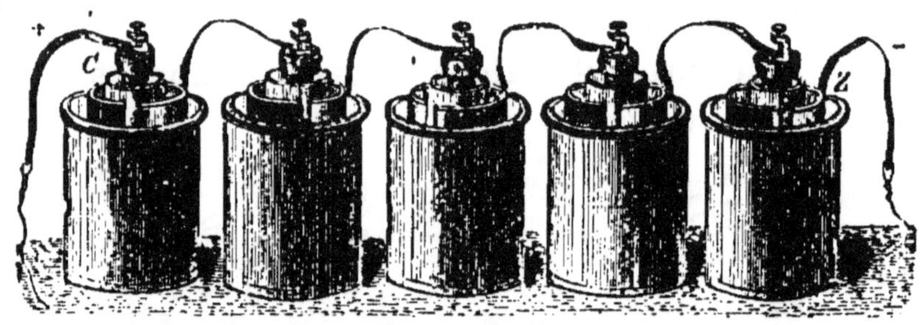

Fig. 115. — Éléments accouplés.

avec le charbon du troisième, etc.; le charbon du premier qui est libre sera le pôle positif des piles, le zinc du dernier sera le pôle négatif.

Parmi les effets des piles, signalons les contractions musculaires suivies que l'on éprouve lorsqu'on fait passer le courant produit par un certain nombre d'éléments.

En faisant passer le courant électrique à travers **deux cônes de charbon** (fig. 116), 'on voit jaillir entre les deux cônes une lumière très puissante, c'est la *lumière électrique*.

Dans cette expérience, on constate au bout de quelque temps que le cône correspondant au pôle positif diminue rapidement et se creuse en petite coupe, l'autre s'effile et diminue peu; c'est que sous l'influence du courant il y a transport des molécules du charbon du pôle positif au pôle négatif; c'est là un des grands inconvénients de ce mode de lumière électrique, le charbon positif finit par s'user et la lumière s'éteint.

En 1876, M. Jablochkoff remédia à cet inconvénient en disposant les baguettes de charbon parallèlement ; nous ne pouvons entrer ici dans plus de détails sur ce procédé, qu'il nous suffise de signaler le système actuellement très utilisé (fig. 117), dû à Edison et qu'on appelle éclairage par *incandescence*. La lumière électri-

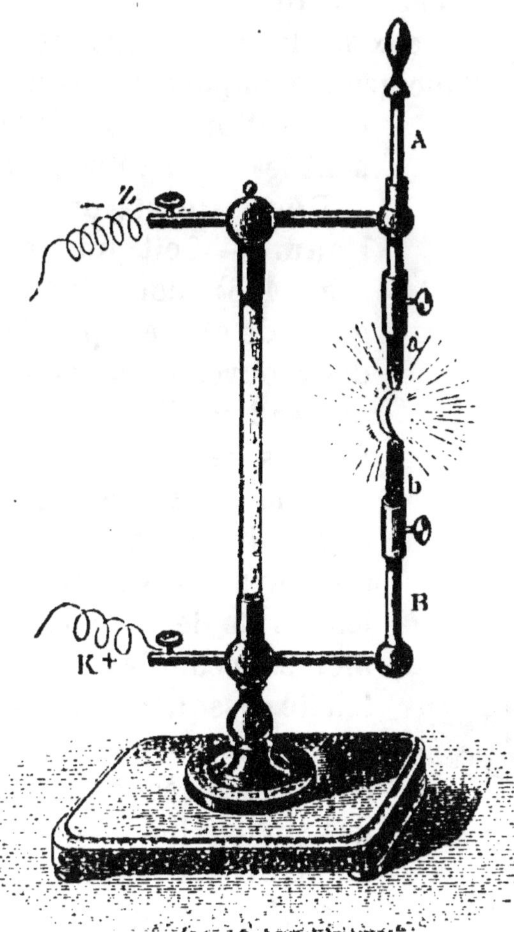

Fig. 116. — Lumière électrique.

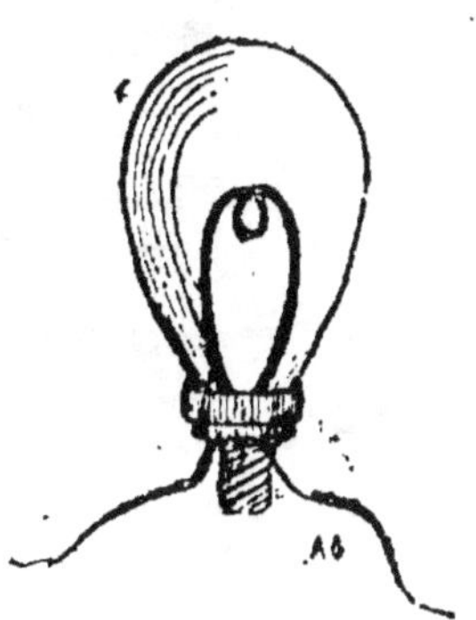
Fig. 117. — Lumière électrique d'Édison.

que est produite par un courant qui parcourt un filament de charbon flexible obtenu en carbonisant un morceau de bambou ; ce filament auquel on donne la forme d'un fer à cheval est introduit dans une poire en verre dans laquelle on a *fait le vide*; de cette façon le charbon *ne brûle pas*, par conséquent ne se consume pas, et peut servir un nombre considérable de fois. Tout le monde a été à même d'apprécier le bel éclairage produit par le procédé Edison : ajoutons que grâce à ce procédé, les causes d'incendie deviennent très rares.

Mais de tous les effets, ceux sur lesquels nous insisterons parce qu'ils sont d'une grande importance comme applications industrielles, sont les *effets chimiques*.

Décomposition de l'eau. — Soit un verre (fig. 118) dont le fond, garni de cire est percé de deux ouvertures laissant passer deux fils de platine. Si dans ce verre que l'on nomme **voltamètre**, on introduit de l'eau et qu'on attache aux fils de platine les fils de deux bons éléments accouplés, l'électricité passe à travers l'eau et la décompose. On voit se former des bulles de gaz sur les fils de platine et on observe qu'au pôle

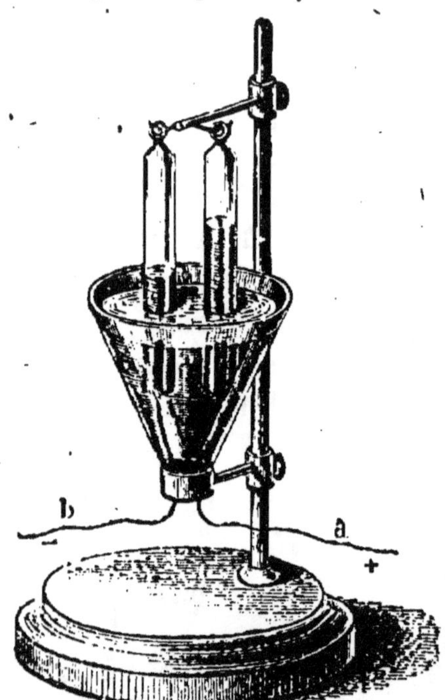

Fig. 118. — **Décomposition de l'eau par la pile.**

négatif les bulles sont *plus nombreuses* qu'au pôle positif.

En plaçant aux deux pôles deux petites cloches pleines d'eau, les gaz formés, en vertu de leur légèreté, monteront et forceront l'eau à descendre. Lorsque la cloche qui correspond au pôle négatif sera complètement rempli de gaz, nous verrons que celle qui correspond au pôle positif est pleine **juste à moitié.**

En examinant ces gaz, nous voyons que celui que contient l'*éprouvette du pôle négatif*, est de l'*hydrogène*, facile à reconnaître parce qu'il brûle ; au contraire l'éprouvette *du pôle positif* renferme de l'*oxygène* également facile à reconnaître en y plongeant une allumette qui ne présente que quelques points rouges ; elle se *rallume immédiatement* (*Voir Chimie*).

L'eau est donc formée en volume de 1 d'hydrogène pour 1/2 d'oxygène et la pile nous a permis de constater ce résultat, de **faire l'analyse de l'eau** comme disent les chimistes.

Galvanoplastic. — D'autres substances, d'une composition plus complexe que l'eau, subissent l'influence

Fig. 119. — Cuve à galvanoplastie.

du courant électrique. Le *sulfate de cuivre*, substance formée de cuivre, d'oxygène et d'anhydride sulfurique[1], est décomposé par un courant électrique faible ; le cuivre se rend au pôle négatif, l'acide sulfurique et l'oxygène au pôle positif. La **galvanoplastie** est basée sur cette décomposition.

La *galvanoplastie* a pour but de déposer sur un objet

(1) Voir plus loin la Chimie.

quelconque en plâtre une couche de cuivre de manière à lui donner l'aspect métallique. On arrive aussi par la galvanoplastie à reproduire des médailles, des statuettes ou tout autre objet d'art.

Veut-on, pour prendre l'exemple le plus simple, recouvrir une médaille en plâtre d'une couche de cuivre ; on suspend cette médaille dans une cuve rectangulaire (fig. 119) remplie d'une dissolution de sulfate de cuivre. Dans la cuve se trouvent deux barres métalliques qui la traversent parallèlement et dans toute sa longueur ; l'une de ces barres est en communication avec le pôle positif, l'autre avec le pôle négatif d'un élément à courant assez faible : on plonge la médaille dans la cuve en l'accrochant à la barre qui communique avec le pôle négatif, tandis qu'on fixe à l'autre barre un fragment de cuivre. La décomposition se produit comme nous l'avons indiquée plus haut ; *le cuivre se portant au pôle négatif* trouve la médaille et s'y dépose, l'anhydride sulfurique et l'oxygène se rendant au pôle positif y trouvent le fragment de cuivre avec lequel ils se combinent pour former du sulfate de cuivre qui vient rendre au bain du sulfate de cuivre et l'empêche de s'appauvrir. Il est nécessaire d'enduire au préalable la médaille de plombagine (mine de plomb), car le plâtre étant mauvais conducteur, le dépôt métallique se ferait mal sans cette précaution.

Enfin veut-on reproduire une médaille ou une statuette, il suffit de fabriquer un moule creux : ce moule, suspendu dans le bain dans les mêmes conditions que la médaille se remplit de métal qui prend exactement la forme du moule creux.

Dorure et argenture. — L'étude de la galvanoplastie se complète par celle de la dorure et de l'argenture. Autrefois, lorsqu'on voulait appliquer une couche d'or sur un métal moins précieux tel que le cuivre, on employait le mercure. Ce métal a, nous le savons, la propriété de dissoudre l'or. On dissolvait de l'or dans du mercure, on appliquait cet amalgame sur l'objet à dorer et on chauffait, la chaleur faisait évaporer le mercure et l'or se déposait. Les vapeurs mercurielles étant dangereuses, cette industrie avait le grave inconvénient de nuire à la santé des ouvriers et le remplacement de ce procédé par la dorure à l'électricité absolument inoffensive est une preuve du rôle bienfaisant joué par la science. Aujourd'hui grâce à l'électricité la dorure se fait sans danger pour l'ouvrier.

On emploie pour dorer le **cyanure d'or**, substance formée de cyanogène, gaz particulier, et d'or. L'objet que l'on veut dorer est suspendu au pôle négatif dans une cuve analogue à celle déjà décrite pour la galvanoplastie. Au pôle positif, on place une plaque en or. L'électricité décompose le cyanure, l'or se porte au pôle négatif et se dépose sur l'objet, le cyanogène va au pôle positif, trouve la plaque en or avec laquelle il reforme le cyanure d'or qui se dissout de nouveau.

Pour argenter, on emploie le **cyanure d'argent**. La théorie est exactement la même que pour la dorure. C'est par l'argenture électrique que Ruolz a obtenu des couverts argentés qui portent son nom et dont l'usage est si répandu à notre époque.

Unités électriques. — Les applications de l'électricité (éclairage, chauffage, moteurs) s'étant vulgarisées très rapidement, nous croyons utile d'expliquer certaines locutions très usitées et de donner quelques notions sur la mesure du travail des machines électriques.

La *force électro-motrice* d'une pile est la différence des niveaux électriques des deux pôles. L'unité de force électro-motrice est le *volt*[1], force d'un élément *Daniell*.

Le courant éprouve dans le circuit, de la part des fils conducteurs et de la pile, une certaine *résistance*. L'unité de résistance est l'*ohm*[2], résistance d'un fil de cuivre de 48 mètres de long sur 1 millimètre carré de section.

L'*intensité* d'un courant (quantité d'électricité) est proportionnelle à la force électro-motrice et inversement proportionnelle à la résistance du circuit. L'unité d'intensité est l'*ampère*[3]; c'est l'intensité d'un courant de *un volt* passant au travers une résistance de *un ohm*.

L'*énergie* (puissance, travail) d'un courant est proportionnelle à la quantité d'électricité débitée par la pile en une seconde (nombre d'ampères) et à la force électromotrice de la pile (nombre de volts), de même que la puissance d'une chute d'eau dépend du poids de l'eau qu'elle débite en une seconde, et de la hauteur de la chute. L'unité d'énergie est le *watt*[4],; c'est le travail fourni en une *seconde* par un courant d'un *ampère*.

Le watt vaut environ $\frac{1}{10}$ de kilogrammètre, c'est-à-dire $\frac{1}{750}$ de cheval-vapeur.

Applications. — Dans l'éclairage électrique par incandescence (voir plus haut) la lampe la plus généralement usitée est celle dite de 16 *bougies* dont le fonctionnement nécessite un courant d'une *intensité* de $\frac{4}{5}$ d'*ampère* pour une *force électro-motrice* de 100 *volts*.

Quelle énergie faut-il produire pour faire fonctionner cette lampe ?

(1) Volta, savant italien.
(2) Ohm, savant allemand.
(3) Ampère, savant français.
(4) Watt, savant anglais.

L'énergie est proportionnelle au nombre d'ampères et au nombre de volts ; elle s'exprime en *watts*. Nous pouvons donc écrire :

$$\text{Énergie} = \frac{4}{5} \text{ ampères} \times 100 \text{ volts} = 80 \text{ watts.}$$

Le fonctionnement de cette lampe de 16 bougies nécessite donc une puissance de 80 watts, et pour une bougie $\frac{80}{16} = 5$ wats.

Or, le watt équivaut environ à $\frac{1}{10}$ de kilogrammètre.

Le fonctionnement d'une lampe de 16 bougies nécessite donc $\frac{80}{10} = 8$ kilogrammètres et le fonctionnement d'une bougie $\frac{8}{16} = \frac{1}{2}$ kilogrammètre.

Le fonctionnement de 150 lampes de 16 bougies, dans les mêmes conditions nécessiterait donc une puissance

$$\text{de 5 watts par bougie} \times 16 \times 150 = 12.000 \text{ watts}$$

$$\text{ou de } \frac{1}{2} \text{ kgm par bougie} \times 16 \times 150 = 1.200 \text{ kgm}$$

$$\text{ou } \frac{1200}{75} = 16 \text{ } \textit{chevaux-vapeur.}$$

$$\left(\frac{4}{5} \text{ amp.} \times 100 \text{ volts} \times \frac{1}{10 \text{ kgm}} \times \frac{1^{chv}}{75} \times 150 = 16^{chv} \right)$$

Devoirs. — Principe de la formation du courant dans une pile. Dessiner les coupes des piles à tasse, Bunsen, Daniell.

Exprimer : 1° en watts, 2° en chevaux-vapeur, la puissance qui peut produire l'électricité nécessaire au fonctionnement de 250 lampes à incandescence, chacune d'elles exigeant un courant d'une intensité de 0,7 ampère et une force électro-motrice de 90 volts.

RÉSUMÉ SYNOPTIQUE DU CHAPITRE XV.

L'ÉLECTRICITÉ (II). — Piles électriques.

Principe.

- **Production du courant.** — Action chimique qui différencie les niveaux électriques de deux corps (zinc et cuivre dans eau acidulée par l'acide sulfurique)............. *Pile à tasse ; montrer l'existence du courant au moyen de la sonnerie électrique.*
- **Circulation** — du corps le moins attaqué (pôle positif, +)...... / vers le corps le plus attaqué (pôle négatif, —)... *Faire trouver les deux pôles, le sens du courant.*

Diverses piles.

- **Types.** — Piles à tasse — de Volta : eau acidulée, zinc, cuivre.
- **Modifications.**
  - *Principe.* : Absorption de l'hydrogène produit par la réaction.
  - *Pile de Bunsen.* : Eau acidulée, zinc............. / Acide azotique, charbon........ *Pile de Bunsen.*
  - *Pile de Daniell.* : Eau acidulée, zinc.............. / Sulfate de cuivre, cuivre........ *Pile de Daniell.* } *Les monter et faire fonctionner devant les élèves.*

Leurs effets.

- **Physiologiques.** Contractions musculaires faibles avec peu d'éléments. | *Contractions musculaires.*
- **Lumineux.** Arc voltaïque. / Lampes à incandescence.
- **Chimiques.** Décomposition de l'eau....................... / Décomposition des sels...................... *Voltamètre. Analyse de l'eau. Décomposition du sulfate de cuivre. Galvanoplastie, dorure, argenture.*

Unités électriques.

- **Volt.** Unité de *force* électromotrice (différence des niveaux des deux pôles.
- **Ohm.** Unité de *résistance* de la pile et des conducteurs au passage du courant.
- **Ampère.** Unité d'*intensité* (quantité d'électricité).
- **Watt.** Unité d'*énergie* (puissance, travail). Équivaut à $1/10^e$ de kgmètre.

LE MAGNÉTISME

CHAPITRE XVI

Aimant et boussole. — Électro-aimant. Idée du télégraphe électrique. — Idée du téléphone.

Aimant et boussole. — Il n'est aucun de nous qui ne se soit amusé à attirer des plumes avec un **aimant**. Cette propriété de l'aimant porte le nom de **magnétisme**.

On trouve dans la nature un minerai de fer dit **pierre d'aimant** qui est un *oxyde de fer* spécial et qui a la propriété d'attirer le fer. Cette propriété peut être aussi

Fig. 120. — **Aimant plongé dans la limaille de fer.**

acquise par l'*acier* dans certaines conditions, d'où deux sortes d'aimants : *l'aimant naturel* et *l'aimant artificiel*.

Nous allons étudier les principales propriétés des aimants, propriétés qui sont les mêmes, du reste, que l'aimant soit naturel ou artificiel.

Si nous plongeons un barreau aimanté droit ou bien un de ces petits aimants en fer à cheval si répandus dans le commerce dans de la *limaille de fer*, on voit les grains de fer adhérer aux **deux extrémités** de l'aimant (fig. 120), tandis que, vers la partie moyenne, aucun grain de fer n'adhère. Il se produit là un fait analogue à ce que nous avons vu en électricité. De même que les fluides électriques se portent aux deux extrémités d'un cylindre laissant vers le milieu une ligne neutre, de même les deux extrémités de . imant attirent fortement le fer, tandis que le centre du barreau est sans action sur lui. On donne aux aimants la forme d'un *fer à cheval* pour que les forces attractives des deux pôles s'additionnent.

Aux deux extrémités de l'aimant, on donne le nom de pôles : l'un de ces pôles est dit *nord* ou *austral*, l'autre *sud* ou *boréal*; nous allons voir pourquoi ces désignations leur ont été données.

On donne souvent aux aimants une forme spéciale destinée à les rendre mobiles. La figure 121 nous montre une aiguille aimantée, ayant la forme d'un losange présentant une dépression dans sa partie moyenne. Dans cette dépression pénètre la partie effilée d'une tige

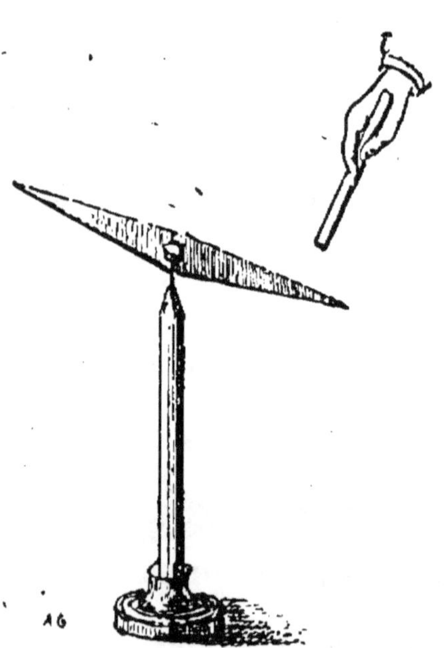

Fig. 121. — **Aiguille aimantée.**

portée sur un pied. De cette façon l'aiguille est mobile et peut tourner sur elle-même.

Lorsqu'on abandonne à elle-même une aiguille aimantée pouvant tourner librement sur son axe, on la voit se mouvoir à droite, à gauche, puis finalement prendre une position qui est toujours invariable pour le lieu où se fait l'expérience. La direction prise par l'aiguille est sensiblement la direction nord-sud, et on constate que c'est toujours la même partie de l'aiguille qui se dirige vers le nord, l'autre se dirigeant toujours vers le sud.

La terre a donc une action directrice sur l'aiguille aimantée, nous verrons plus loin pourquoi. On comprend maintenant les dénominations *d'austral* et de *boréal* données aux pôles de l'aiguille. Le pôle austral de l'aiguille est celui qui se dirige vers le pôle boréal de la terre ou vers le nord. Inversement, le pôle boréal est celui qui se dirige vers le sud.

Fig. 122. — **Boussole**.

Attractions et répulsions magnétiques. — Lorsque l'aiguille est immobile, si nous approchons d'une de ses extrémités A le pôle austral d'un autre aimant, nous constaterons qu'il y a attraction ou répulsion.

Si nous présentons l'autre pôle de l'aimant, nous verrons que les phénomènes se produiront en sens inverse, c'est-à-dire que la partie A de l'aiguille qui était attirée par un pôle du barreau aimanté, sera repoussée par l'autre pôle, tandis que la partie B est attirée par ce dernier pôle et repoussée par le premier.

L'expérience démontre que les parties qui s'attirent sont les *pôles contraires*, celles qui se repoussent sont les *pôles du même nom*. En un mot, présentez le pôle austral du barreau au pôle boréal de l'aiguille, il y a attraction, mais présentez le pôle austral du barreau au pôle austral de l'aiguille, il y a répulsion. Ici, comme en électricité, nous pouvons dire: *les fluides de même nom se repoussent, ceux de nom contraire s'attirent.* Si le pôle austral de l'aiguille aimantée se dirige toujours vers le nord, c'est qu'on admet que la terre agit comme un vaste aimant.

La **boussole des marins** (fig. 122) est une application directe de l'action de la terre sur l'aiguille aimantée.

La boussole paraît avoir été connue des Chinois bien avant d'avoir fait son apparition en Europe. Elle se compose d'une boîte en cuivre portant en son milieu une aiguille aimantée qui tourne librement sur un pivot. Le cercle autour duquel se meut l'aiguille est divisé en degrés. La direction de celle-ci n'indique pas seulement la position nord-sud, elle permet encore à l'aide de calculs particuliers de déterminer le point de l'horizon. La boussole est encore d'une grande utilité en topographie pour les levés de plans.

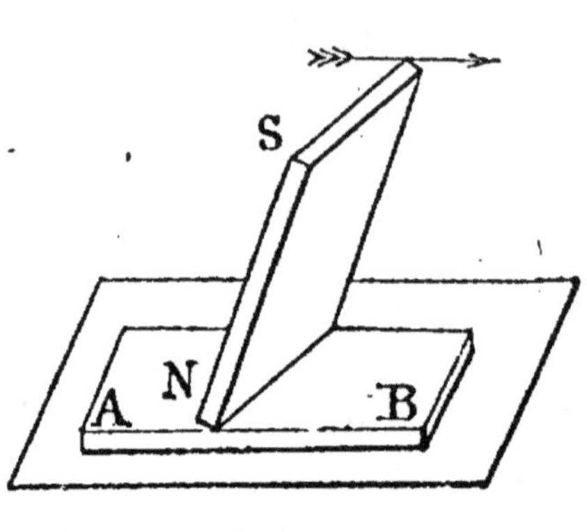

Fig. 123.

Aimantation par simple touche.

Aimantation de l'acier. — Lorsqu'on veut faire d'un morceau d'acier un **aimant artificiel**, on peut employer divers procédés. Tous consistent à faire avec un aimant naturel ou avec un aimant artificiel des frictions spéciales sur le barreau à aimanter.

Nous n'entrerons pas dans les détails de ces procédés et nous nous contenterons d'indiquer celui des procédés d'aimantation que l'on désigne sous le nom d'aimantation par **simple touche** (fig. 123). Le barreau à aimanter étant placé sur une table, on saisit un barreau aimanté qu'on met en contact par un de ses pôles avec une extrémité du barreau d'acier, puis on frotte en faisant marcher l'aimant dans le même sens, de A en B par exemple, en supposant qu'on ait commencé par A.

Arrivé en B on enlève l'aimant, qu'on réapplique en A et ainsi de suite. Peu à peu l'acier devient aimant.

Électro-aimant. — Le fer peut s'aimanter, *sous l'influence de l'électricité*, nouvelle preuve de l'assimilation à établir entre les fluides magnétique et électrique. Cette aimantation, sous l'influence de l'électricité, peut être obtenue facilement de la façon suivante. On prend un morceau de **fer pur** qu'il est préférable de tordre en fer à cheval, et dont les deux extrémités pénètrent dans l'axe de deux bobines creuses. Autour des bobines se trouvent enroulés des fils de cuivre enveloppés de soie dont les deux extrémités libres peuvent être mises en rapport avec les pôles d'une pile.

Au moment où l'on établit la communication, le courant circule dans les fils et **instantanément le fer devient**

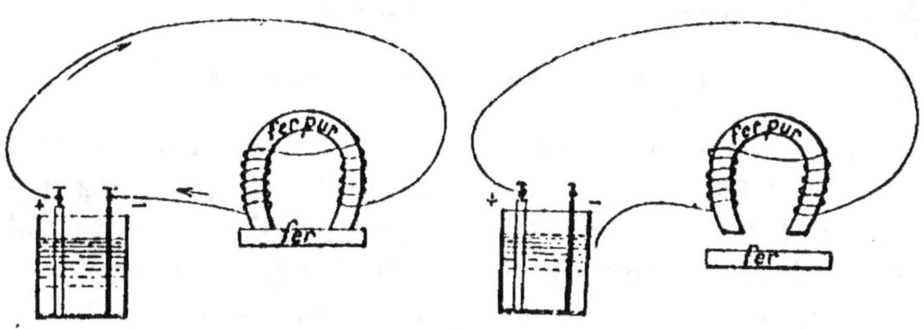

Fig. 124 et 124 *bis*. — **Électro-aimant.**
(Le courant passe).   (Le courant ne passe plus).

aimant. Tant que le courant passera, l'aimantation persistera, mais si l'on vient à interrompre la communication avec la pile, **instantanément le fer perdra son aimantation** (fig. 124). Un électro-aimant a donc la double propriété de s'aimanter et de se désaimanter instantanément ; c'est sur ce principe que sont basés le **télégraphe électrique**, la **sonnerie électrique**, etc.

Idée du télégraphe électrique. — Il existe un très grand nombre d'appareils ; nous donnerons simplement ici une idée sommaire du télégraphe employé le plus ordinairement en France, le **télégraphe de Morse**.

L'appareil comprend (fig. 125) une *pile P* qui n'a pas besoin d'être bien forte et qui est en contact par un de ses fils F avec un appareil destiné à envoyer la dépêche ou **manipulateur M**, par l'autre F' avec un second appareil placé dans l'autre ville et destiné à recevoir la dépêche, le **récepteur R**. Enfin un fil relie directement le manipulateur au récepteur F''.

Rien à dire de spécial sur les fils que chacun a pu voir sur les routes, fixés à des poteaux et isolés par des godets

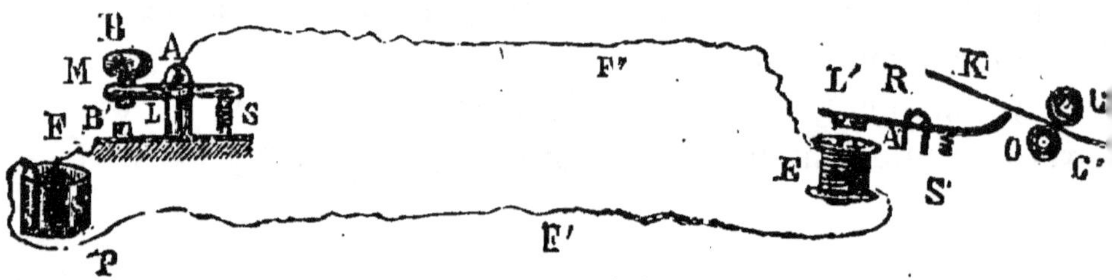

Fig. 125. — Figure théorique du Télégraphe de Morse.

en porcelaine si ce n'est qu'on tend à mettre ces fils à l'abri des accidents en les établissant sous terre. Entourés de gutta-percha, ils sont immergés dans les mers et servent aux communications entre les continents.

Le *Manipulateur* se compose essentiellement d'un levier L de cuivre, mobile autour d'une articulation A, ce levier porte un bouton B sur lequel il suffit d'appuyer le doigt pour le mettre en communication avec une borne B' à à laquelle vient aboutir le fil F de la pile. Si au contraire on cesse d'appuyer le doigt sur B, un ressort en spirale S tirant sur le levier le ramène à l'état horizontal.

Lorsque le doigt est appliqué sur le bouton B, le courant de la pile passe dans le levier L et se précipite dans le fil F'' pour gagner le récepteur. Au contraire, lorsque le doigt n'appuie pas sur B, le levier reste horizontal et le courant est interrompu.

Le *Récepteur* se compose essentiellement d'un électro-aimant E, constitué par une bobine dans l'axe de laquelle se trouve un morceau de fer doux ; le fil F'' y aboutit : un levier L' mobile autour d'une articulation A' et maintenu horizontal par un ressort en spirale S' est placé au-dessus de l'électro-aimant de manière à lui présenter une de ses extrémités ; l'extrémité opposée porte un crayon O. Enfin une bande de papier K se déroule entre deux cylindres CC' qui tournent en sens inverse mus par un mécanisme d'horlogerie.

Lorsque le courant ne passe pas, le levier L' est horizontal et la pointe du crayon ne touche pas la bande de papier, mais si le courant arrive dans l'électro-aimant, au moment où l'employé du bureau correspondant appuie sur le manipulateur, immédiatement l'électro-aimant devient un aimant, le levier L' est attiré et l'extrémité qui porte le crayon se relève ; celui-ci vient en contact avec la bande et trace des points et des lignes.

Il n'y a plus qu'à convenir d'un alphabet, c'est ainsi qu'un point et une ligne (. —) représente un *a*, une ligne et deux points (— . .) un *d*, etc. Pour envoyer la lettre *a*, l'employé appuyera sur le bouton du récepteur d'abord rapidement pour le point, puis un peu plus longtemps pour la ligne. Le crayon du manipulateur se relevant tracera d'abord le point sur la bande et ensuite le trait horizontal. L'employé du récepteur traduit en langage courant le langage conventionnel qu'il lit sur la bande.

Induction. Principe. — Un *aimant* plongé rapidement dans un circuit formé d'un fil enroulé en *bobine*, ou enlevé brusquement hors de cette bobine, détermine dans le fil des courants appelés *courants induits*. L'aimant est dit *inducteur* (fig. 126).

Les courants induits sont d'autant plus intenses que les déplacements de l'aimant sont plus rapides.

L'aimant restant fixe, si l'on déplace la bobine de fil, on obtient les mêmes résultats.

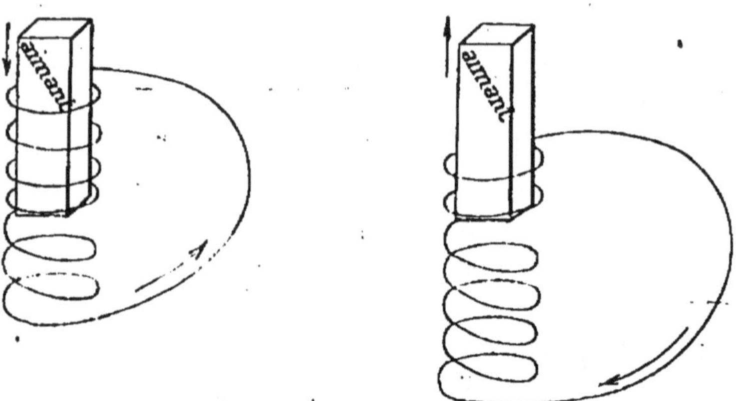

FIG. 126. — **Principe de l'induction.**

Machines d'induction. — C'est d'après ce principe que sont construites les *machines d'induction* appelées *magnéto-électriques* ou de Gramme (fig. 127) si l'inducteur est un aimant, et *dynamo-électriques* ou simplement *dynamos* (fig. 128) si l'inducteur est un électro-aimant.

Dans ces machines le circuit induit est formé d'un grand nombre de bobines de fil *b* disposées sur un anneau *a* tournant à grande vitesse entre les deux branches d'un aimant A, ou d'un électro-aimant EA inducteur. Deux balais métalliques B (pôles de la machine), recueillent le courant et le transmettent à des fils conducteurs.

Les *machines de Gramme*, pour une vitesse de 600 à 800 tours d'anneau par seconde, peuvent fournir un courant d'une force électro-motrice de 15 volts (voir plus haut): cette force augmente avec la vitesse de rotation, et peut être utilisée pour l'éclairage électrique.

Les *dynamos* sont plus puissantes; elles ont en outre un très grand avantage : elles sont *réversibles*. Une dynamo, actionnée par une machine à vapeur produit un courant ayant une force électro-motrice de 100 volts, par exemple. Arrêtons le mouvement de cette dynamo; envoyons dans ses bobines un courant d'une force électromotrice de 100 volts provenant d'une autre dynamo, nous verrons l'anneau de la première se mettre à tourner et nous pourrons utiliser son mouvement à un travail mécanique quelconque.

Ce principe de réversibilité permet le *transport de l'énergie* à distance, par des fils conducteurs. C'est grâce

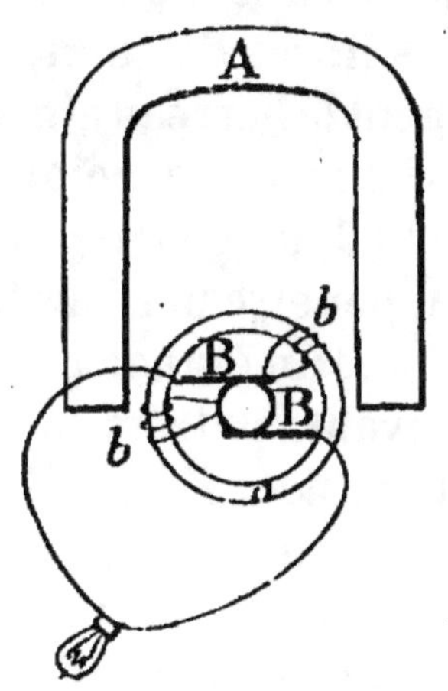

Fig. 127. — Machine de Gramme.

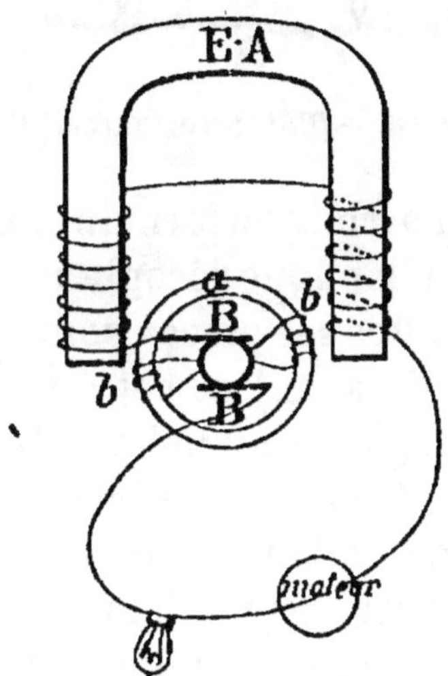

Fig. 128. — Dynamo.

à lui que de puissantes usines électriques tirant leur énergie de machines à vapeur, de chutes d'eau, etc., peuvent actionner dans les villes, à distance, un grand nombre de moteurs et y faire circuler des trains et tramways électriques (à trolley, à plots).

Téléphone. — Dans cet appareil, l'électricité est le véhicule du son.

Le téléphone de Bell se compose : 1° d'un transmetteur; 2° d'un récepteur; 3° d'un fil qui relie les deux premiers.

Le transmetteur et le récepteur des anciens téléphones étaient construits identiquement, de sorte qu'il nous suffira de faire la description de l'un pour connaître l'autre.

Le téléphone (fig. 129) se compose d'un barreau d'acier aimanté dont une extrémité, A, pénètre dans une bobine sur laquelle est enroulé un long fil de cuivre enveloppé de soie, comme celui qui entoure l'électro-aimant : les deux extrémités libres de ce fil, MN, longent le barreau aimanté et viennent se rejoindre

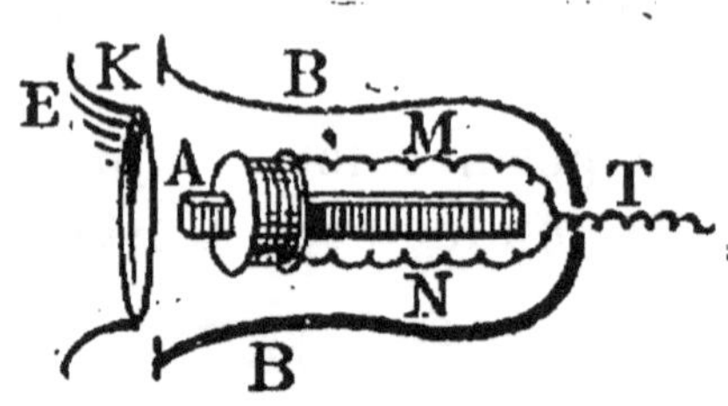

Fig. 129. — **Téléphone** (figure théorique).

à l'arrière en formant torsade, T ; ce fil double va rejoindre le téléphone récepteur dans lequel il pénètre par l'arrière. Toutes ces pièces sont renfermées dans un étui en bois, B.

En avant de cet étui se trouve devant l'extrémité A du barreau aimanté un disque de tôle mince, K. Ce disque est très près du barreau, mais ne le touche pas. Enfin, une embouchure E permet à la personne qui parle de placer commodément sa bouche devant l'appareil.

Si on parle devant l'embouchure, on fait vibrer la plaque qui, en se rapprochant et en s'éloignant du barreau aimanté, tantôt s'aimante, tantôt perd son aimantation. Cette plaque prenant et perdant des propriétés magnétiques et s'agitant rapidement tout près de la bobine, détermine dans le fil de cette bobine des *courants induits;* ces courants, transmis au téléphone récepteur, font vibrer la plaque de ce téléphone placé à l'oreille du correspondant, de la même façon que celle de l'appareil dans lequel on parle : d'où reproduction des paroles.

M. Ader a perfectionné le téléphone de Bell et l'a rendu très pratique.

Le **microphone** est un crayon de charbon taillé en pointes à ses extrémités et s'appuyant *légèrement* par

RÉSUMÉ SYNOPTIQUE DU CHAPITRE XVI.

			EXPÉRIENCES
Aimant.	A. naturel.	Oxyde de fer magnétique. Attire le fer.........	*Usages des aimants naturels, artificiels.*
	A. artificiel.	Barre d'acier frottée avec un aimant naturel....	
	Pôles.	Extrémités des barreaux aimantés...............	*Limaille de fer projetée sur une feuille de papier étalée au-dessus d'un aimant.*
		Centres de forces attractives...................	
	Lois.	Deux pôles de noms *contraires s'attirent*........	*Attraction et répulsion de pôles de barreaux suspendus ou d'aiguilles.*
		Deux pôles de *même* nom se *repoussent*..........	
		Un aimant bien suspendu s'oriente sensiblement dans la direction N.-S. (boussole).............	*Observations sur la boussole.*
Électro-aimant.	**Principe.**	Un barreau de fer est aimanté momentanément par un courant électrique circulant autour de lui......	*Électro-aimant. Interruption et rétablissement du courant.*
	Applications	Sonnerie électrique...........................	*Fonctionnement de la sonnerie et du télégraphe.*
		Télégraphe électrique.........................	
Induction.	**Principe.**	Un aimant (*inducteur*) se déplaçant dans le voisinage d'un circuit enroulé en bobine, détermine dans ce circuit des courants *induits*.....	*Principe de l'induction. Galvanomètre (pour la constatation des courants).*
	Applications	Machines d'induction (magnéto et dynamo-électriques)...............................	*Fonctionnement d'un modèle réduit de machine Gramme. Constatation du courant au moyen d'une petite lampe à incandescence.*
		Téléphone..............	
		Rayons X....................................	
		Télégraphie sans fil...........................	*Téléphone.*

ces pointes sur deux plaques de charbons reliées l'une au pôle + l'autre au pôle — de la pile. Ce crayon logé sous la plaque en bois du parleur *frémit* lorsqu'on parle : les contacts variant, l'intensité du courant est modifiée à chaque vibration.

Le récepteur ne diffère de celui de Bell que par la forme en *anneau ouvert* de l'électro-aimant. Les deux pôles rapprochés agissent simultanément sur la plaque de tôle.

Autres applications de l'induction. — Parmi les applications des principes de l'*induction*, nous devons citer encore les récentes découvertes des *rayons X* (rayons invisibles, traversant la plupart des substances, permettant la photographie de corps cachés (comme le squelette humain), et de la *télégraphie sans fil.*

Ces admirables inventions, déjà fécondes en résultats surprenants, montrent que le domaine de la science est infini.

Devoirs. — Principe du télégraphe.
Principe du téléphone.
Transport de l'énergie à distance.

CHAPITRE XVII

Électricité atmosphérique. — Foudre. Paratonnerre.

Électricité atmosphérique. — L'étude de la météorologie a pour complément nécessaire celle des phénomènes électriques dont l'atmosphère est le théâtre.

Dès que les phénomènes électriques furent connus, les

savants de la fin du dix-huitième siècle soupçonnèrent l'identité qui existe entre l'électricité et la foudre. Parmi ceux qui en firent la démonstration, il faut citer les noms de **Nollet** et de **Dalibard** en France, de **Franklin** en Amérique. A Marly, Dalibard ayant placé une longue tige métallique terminée par une pointe sur un toit, put tirer par la partie inférieure des étincelles, lorsqu'un nuage orageux passait à proximité de la barre métallique.

Franklin fit l'expérience d'une manière un peu différente pour la forme, mais qui au fond revenait au même. Il lança par un temps d'orage un cerf-volant muni d'une pointe, et put tirer des étincelles de la corde du cerf-volant lorsque cette corde était conductrice.

Dans ces deux expériences, le nuage orageux jouant le rôle d'une machine électrique décomposait par influence le *fluide neutre* des tiges métalliques, attirait le fluide de nom contraire qui s'écoulait par la pointe et refoulait l'électricité de même nom vers le sol : c'est cette électricité qui donnait des étincelles.

Nuages électrisés. — Quelle est la cause de l'électrisation des nuages ? Une ancienne expérience due à Pouillet semble l'expliquer : ce physicien chauffant de l'eau salée vit que la vapeur qui s'élevait était chargée d'électricité positive, tandis que le sel, qui restait dans le creuset, était chargé de négative.

Cette expérience explique aussi pourquoi il y a surtout de l'électricité positive dans les nuages. Certains nuages sont électrisés négativement; on admet dans ce cas que leur électrisation est due à l'influence d'un nuage positif; il ne reste sur le nuage influencé que de la négative, la positive ayant pu s'écouler, au contact d'une montagne, par exemple, dont il n'est pas rare de voir des nuages toucher les flancs (fig. 130).

Éclairs. Tonnerre. — Ces deux phénomènes caractérisent l'**électricité atmosphérique**. Ils accompagnent la *foudre*, *décharge électrique* se produisant entre un nuage et le sol ou entre deux nuages de niveaux électriques différents. L'éclair se traduit par une vive lumière dont la durée est très variable, et dont la forme est en zigzag. Ce n'est autre chose qu'une grande étincelle électrique qui éclate entre le nuage orageux et

Fig. 130. — **Électrisation négative d'un nuage.**

des objets placés au voisinage. un arbre, une maison, un autre nuage, etc.

Le **tonnerre** est le bruit que produit la foudre. Entre le moment où nous voyons l'éclair et celui où nous entendons le tonnerre, il s'écoule un certain nombre de secondes. Cette différence tient, comme on le verra plus loin, à la propriété que possède la lumière de se propager avec une énorme vitesse (77 000 lieues par seconde environ), tandis que le son va bien moins vite (340 mètres par seconde environ). On voit donc l'éclair avant d'entendre le bruit et plus les deux phénomènes sont rapprochés, plus on se trouve près du nuage orageux.

Le bruit du tonnerre a été comparé, toutes proportions gardées bien entendu, au bruit sec que produit l'étincelle d'une machine, lorsqu'on la fait éclater; ce bruit est renforcé par les échos, d'où le roulement spécial que l'on observe fréquemment.

La foudre se conduit absolument comme le fluide électrique, déterminant la fusion des métaux, le déplacement d'objets très lourds, amenant la combinaison de l'oxygène et de l'azote de l'air pour former de l'acide azotique, etc.

L'action de la foudre sur l'homme est particulièrement intéressante, aussi en dirons-nous quelques mots. On a beaucoup exagéré les dangers causés par les orages. Arago, voulant montrer la rareté de ces accidents, disait qu'on a moins de chance d'être frappé par la foudre que de recevoir sur la tête un pot de fleur en passant dans une rue.

Cependant il n'y a pas d'années où il n'y ait quelques victimes de la foudre. Celle-ci peut déterminer la mort, ou bien encore un évanouissement passager, suivi d'un réveil, après lequel l'homme frappé ne se souvient de rien. On a vu la foudre amener des paralysies et causer des brûlures plus ou moins étendues.

A la campagne, on devra éviter en temps d'orage de rester isolé dans une plaine.

On évitera aussi de se mettre à l'abri sous de grands arbres, ceux-ci étant des points élevés sur lesquels le fluide électrique peut éclater. Pour la même raison, l'usage ridicule de sonner les cloches pour chasser l'orage doit être abandonné, le sonneur étant particulièrement exposé.

Paratonnerre. — L'idée du **paratonnerre** appartient à **Franklin**; cet instrument (fig. 131) a pour but de préserver les édifices de l'action de la foudre. Le paratonnerre est une tige métallique terminée par un cône de cuivre ou de platine et placée sur le toit de l'édifice. Un conducteur métallique relie la partie inférieure de la tige à un puits dans lequel se trouve de l'eau ou de la braise de boulanger, substance bonne conductrice.

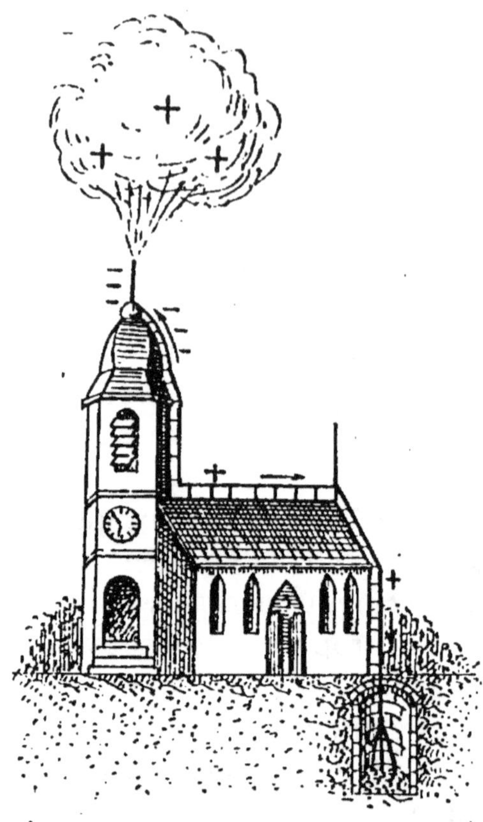

Fig. 131. — **Paratonnerre**.

La théorie du paratonnerre est expliquée par les expériences de Franklin et de Dalibard.

Supposons un nuage électrisé positivement passant à proximité du monument ; son électricité va décomposer par influence le fluide neutre du conducteur, attirer l'électricité négative qui s'*échappera par la pointe* et ira neutraliser le fluide positif du nuage, enfin repoussera le fluide positif qui s'écoulera dans le sol par l'intermédiaire de l'eau, bonne conductrice, renfermée dans le puits.

Devoirs. — Représenter par le dessin un nuage électrisé *négativement* passant au-dessus d'un édifice muni d'un paratonnerre.

A quelle distance se trouve-t-on de l'endroit où « est tombée » la *foudre*, si l'on entend le tonnerre 3 secondes 1/4 après l'apparition de l'éclair.

Devoir de revision. — Énumérer brièvement les expériences faites au cours des leçons sur l'*électricité*.

RÉSUMÉ SYNOPTIQUE DU CHAPITRE XVII.

EXPÉRIENCES

ÉLECTRICITÉ (IV). — L'électricité atmosphérique.

Historique.	Études de	Nollet......................................
		Dalibard..................................
		Franklin..................................
Nuages.		Niveau électrique très élevé. (Expérience de *Pouillet*).......
		Différences de niveaux électriques (Influence)................
Foudre.	Décharge électrique	entre deux nuages de niveaux électriques différents...............................
		entre un nuage et le sol....................
	Phénomènes.	*Eclair.* Phénomène lumineux, perçu instantanément............................
		Tonnerre. Phénomène acoustique, perçu plus tard..................................
	Effets.	La foudre produit en grand les *mêmes effets* que la décharge électrique d'une machine (Précautions). ....
Paratonnerre.	Principe.	Électrisation par influence................
		Conductibilité...........................
		Pouvoir des pointes.....................
	Usages.	Préserve de la foudre les édifices élevés......

Revoir en cette leçon les expériences établissant les lois des phénomènes d'influence, de conductibilité, d'écoulement par les pointes.

TABLEAU SYNOPTIQUE DE REVISION.

		LOIS. — PRINCIPES	APPLICATIONS
ÉLECTRICITÉ ET MAGNÉTISME.	Électricité.	Électricité, force d'*attraction*	*Électrophore.*
		Le frottement *électrise* les corps	*Machines électriques.*
		Les corps s'électrisent à des *niveaux différents* (fluide positif, fluide négatif)	*Courant électrique.*
		Deux fluides de noms *contraires s'attirent*, de *même* nom se *repoussent*	*Décharge électrique, étincelle, foudre.*
		Les corps *conduisent* plus ou moins bien l'électricité	*Fils conducteurs. Corps isolants.*
		L'électricité se porte à la surface des corps et s'écoule par les *pointes*	*Machines électriques. Paratonnerre.*
		Un corps électrisé en électrise d'autres *par influence*	*Machines électriques. Paratonnerre.*
		Deux corps séparés par un corps isolant peuvent *condenser* l'électricité	*Condensateurs. Bouteille de Leyde. Batteries.*
		Une *action chimique* s'exerçant différemment sur deux corps reliés par des fils, met ces corps à des *niveaux* électriques *différents*, et détermine dans les fils un *courant électrique*	*Piles. Courants. Leurs effets physiologiques. Leurs effets mécaniques. Éclairage.* *Voltamètre. Galvanoplastie. Dorure.*
		La force électromotrice d'une pile, l'intensité d'un courant circulant dans un circuit, la résistance de ce circuit, et l'énergie (travail) de ce courant, sont des *grandeurs mesurables*	*Mesure du travail des machines électriques.*
	Magnétisme.	Magnétisme, force d'*attraction*	
		L'aimant *attire* le fer	*Aimants artificiels.*
		L'acier s'aimante *par frottement* avec un aimant naturel	*Aimants en fer à cheval.*
		Les deux *pôles* d'un aimant sont des centres d'attraction magnétique	
		L'aimant libre *s'oriente* du N. au S.	
		Deux pôles de noms *contraires s'attirent*, de *même* nom se *repoussent*	*Boussole.*
	Électro-magnétisme.	Un courant électrique aimante *momentanément* le fer pur	*Électro-aimant. Sonnerie. Télégraphe.*
	Induction.	Un aimant se déplaçant près d'un circuit fermé enroulé en bobine y détermine des courants *induits*	*Machines d'induction. Éclairage. Chauffage. Transport de la force à distance. Téléphone. Rayons X. Télégraphie sans fil.*

CHAPITRE XVIII

OPTIQUE

Corps lumineux. — Ombre et Pénombre. — Réflexion de la lumière. — Direction suivant laquelle un point lumineux est visible. — Images dans les miroirs plans. — Notions sur les miroirs concaves. — Réfraction de la lumière. — Prisme. — Décomposition de la lumière.

Propagation de la lumière. — Sous le nom de lumière, on désigne un agent physique dont l'action s'exerce sur notre cerveau par l'intermédiaire de l'œil.

Tout corps qui fait naître la sensation de la clarté se nomme une **source de lumière** ou un **corps lumineux.** Il existe un certain nombre de corps lumineux, les principaux sont : le *soleil*, les *étoiles*. La **chaleur** est souvent apte à nous donner la sensation lumineuse, tel est le cas du coke, de certains métaux, tels que le fer, portés à une haute température. Certaines *combinaisons chimiques* sont aussi des sources de lumière. Une bougie qui brûle en est un exemple très simple : le charbon, l'hydrogène qui entrent dans la composition de la bougie se combinent avec l'oxygène de l'air et le résultat de ces combinaisons est la lumière. Les *animaux*, les *plantes* peuvent, dans certaines circonstances, produire de la lumière, tel est le cas du *ver luisant*, des *noctiluques*, etc. Le *bois pourri* donne fréquemment des lueurs phosphorescentes, etc. On sait aussi que l'*électricité* est une source de lumière.

La **vitesse** avec laquelle la lumière se propage est considérable, et des observations et d's calculs faits, il résulte que cette vitesse peut être évaluée à 77000 lieues par seconde environ.

La lumière se propage en ligne droite. — Si, dans une pièce obscure, fermée par des volets pleins, on profite du moment où la lumière du soleil vient frapper les volets pour y pratiquer une petite ouverture, on voit toutes les poussières rendues visibles sur le trajet du

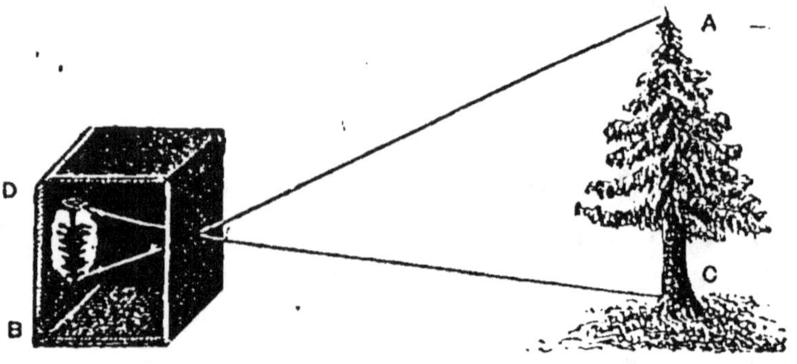

Fig. 132. — **Image renversée d'un objet.**

rayon lumineux, parce qu'elles sont éclairées par ce rayon. Or cette trace est une ligne droite. Une autre vérification de la propagation de la lumière en ligne droite nous est fournie par le renversement de l'image des objets dans certaines circonstances. Supposons devant une boîte percée d'un trou (fig. 132) un arbre, on aura sur le fond, écran de verre dépoli, une image renversée de cet arbre. Ce résultat est dû, comme le montre la figure, à la direction des rayons lumineux AB, CD. L'image du point A se peint en B, celle de C en D.

Lorsqu'on fait arriver un rayon lumineux sur un corps, il peut se faire qu'il traverse le corps et on dit alors que celui-ci est **transparent**; c'est le cas du verre. Lorsque, au contraire, le rayon lumineux ne peut traverser le corps, celui-ci est dit **opaque**. Un morceau de bois, et généralement presque tous les corps pris sous une certaine épaisseur sont opaques.

Ombre et pénombre. — Si nous plaçons devant un corps opaque (fig. 133) une source de lumière A, les rayons lumineux sont arrêtés par le corps et il y aura derrière celui-ci une zone sombre, c'est **l'ombre**. Mais entre

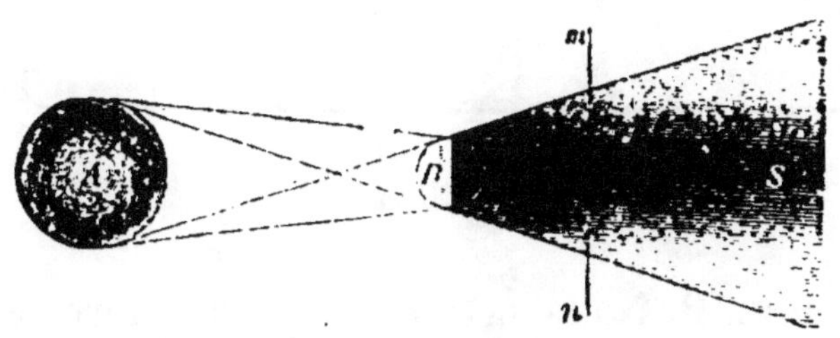

Fig. 133. — **Ombre et pénombre.**

l'ombre et la zone lumineuse il y a une région spéciale indécise à laquelle on donne le nom de **pénombre** (*presque ombre*). Cette région s'observe assez facilement lorsqu'on examine l'ombre d'une personne qui se détache sur un mur. Cette ombre semble entourée d'une zone d'une couleur indécise qui est la pénombre.

RÉFLEXION DE LA LUMIÈRE

Lorsqu'un rayon de lumière frappe une surface polie (glace, métal, etc.), le rayon lumineux **rebondit** à sa surface ; c'est à ce phénomène qu'on donne le nom de **réflexion**. La figure 134 nous montre un rayon FC tombant sur un miroir AB, c'est le rayon incident. Arrivé sur le miroir, il se réfléchit suivant CD.

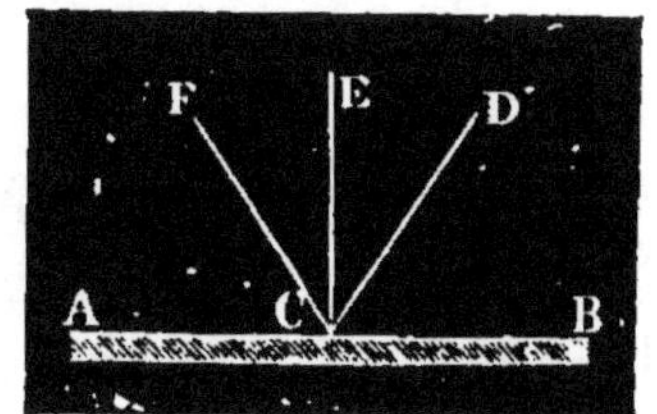

Fig. 134. — **Réflexion de la lumière.**

Ce rayon CD prendra le nom de **rayon réfléchi**. Si nous

traçons au point C une ligne EC, perpendiculaire au miroir, l'expérience démontre que les angles FCE (*angle d'incidence*) et ECD (*angle de réflexion*) sont égaux et dans le même plan. Cette proposition a des applications nombreuses en physique.

Direction suivant laquelle un point lumineux est visible. — Soit un point lumineux A (fig. 135) et

Fig. 135.

l'œil placé en B. Nous savons que la lumière se propage en ligne droite, par conséquent le point lumineux sera vu suivant AB et l'œil le verra dans sa véritable position.

Mais supposons maintenant (fig. 136) que, par une cause quelconque, le rayon soit brisé en C, l'expérience démontre que l'œil ne verra pas le point A, où il est

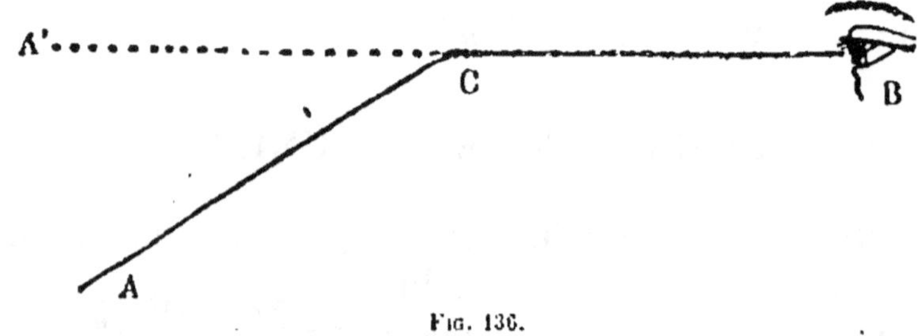

Fig. 136.

réellement, mais en A', c'est-à-dire sur le *prolongement* **de la partie BC** du rayon ACB, qui arrive en ligne droite dans l'œil. En un mot, si l'on peut s'exprimer ainsi, l'œil ne peut avoir sensation que de points lumineux qui viennent l'impressionner d'après un rayon droit : si le rayon est brisé, le point est vu dans une position qui n'est pas exactement la sienne.

Images des points lumineux dans un miroir plan. — Soient un miroir plan M, un point lumineux P et deux rayons PA, PB partis de ce point (fig. 137).

Ces rayons, tombant sur le miroir, se réfléchissent en formant avec la perpendiculaire au miroir des angles de réflexion égaux chacun à l'angle d'incidence correspondant.

Ces rayons réfléchis pénètrent dans l'œil. Cet or-

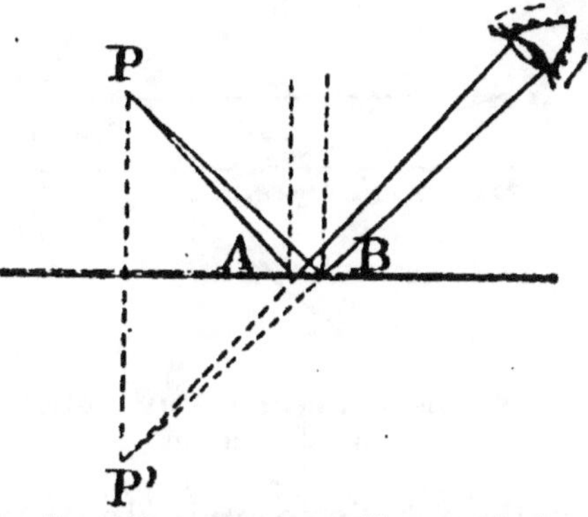

Fig. 137. — **Image d'un point** (miroir plan).

gane attribue la lumière qu'il reçoit à un point lumineux situé à l'intersection du prolongement en *ligne droite* des rayons réfléchis.

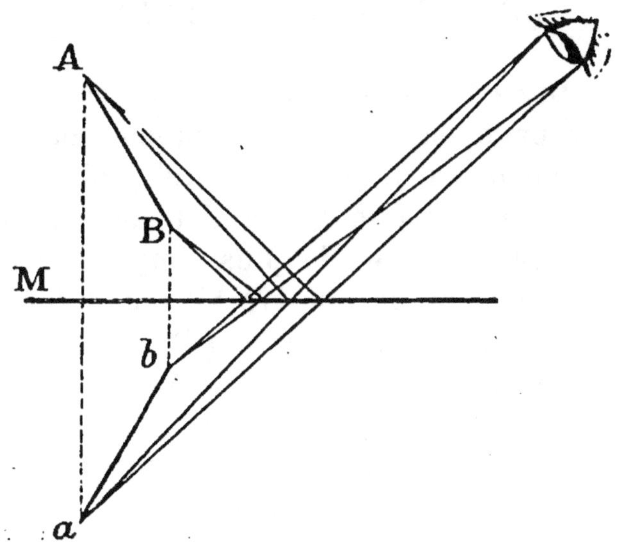

Fig. 138. — **Image d'une droite** (miroir plan).

Ce point P', *symétrique* de P, est l'image de P.

Pour construire l'image d'une droite, il suffit de trouver l'image de deux de ses points. (Voir fig. 138.)

Miroirs courbes. — Outre les miroirs plans, il existe encore des **miroirs courbes** (*concaves ou convexes*)

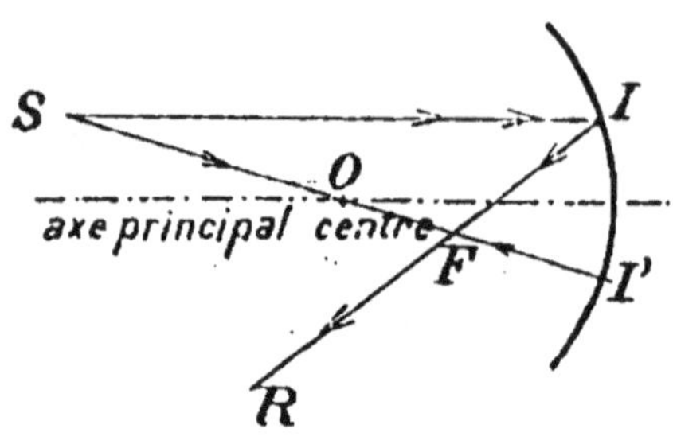

Fig. 139. — **Image d'un point** (miroir concave).

qui donnent des objets des images déformées (plus petites ou plus grandes que les objets). Pour construire l'image d'un objet placé devant un des miroirs, il faut savoir (fig. 139) :

1° Que tout rayon parallèle à l'axe principal se réfléchit en passant par le foyer ;

2° Que tout rayon passant par le centre de courbure se réfléchit en revenant sur lui-même.

RÉFRACTION DE LA LUMIÈRE

Jusqu'à présent, nous avons étudié le rayon lumineux qui se propage dans le même milieu, dans l'air par exemple. Voyons maintenant ce qu'il adviendra si un rayon de lumière passe d'un milieu dans un autre, et, pour prendre l'exemple le plus simple, de l'air dans l'eau. Soit un rayon de lumière AB (fig. 140) qui tombe **perpendiculairement** à la surface d'un vase d'eau représentée par MN, le rayon AB continuera sa marche en ligne droite suivant BC; mais si, au lieu de tomber perpendiculairement, il arrive **obliquement** (fig. 140 *bis*), on constate un fait nouveau : le rayon AB **se brise** et continue sa marche suivant BC, et ici il est facile de voir que BC n'est pas en ligne droite avec AB. A ce curieux phénomène on a donné le nom de **réfraction**. Élevons au point B une perpendiculaire ou **normale** RS à la surface du liquide, dans le cas actuel, le rayon lumineux AB, pénétrant de l'air dans l'eau, s'est brisé en se *rappro-chant de la normale*, fait que les physiciens expriment en disant que l'eau est **plus réfringente** que l'air. On

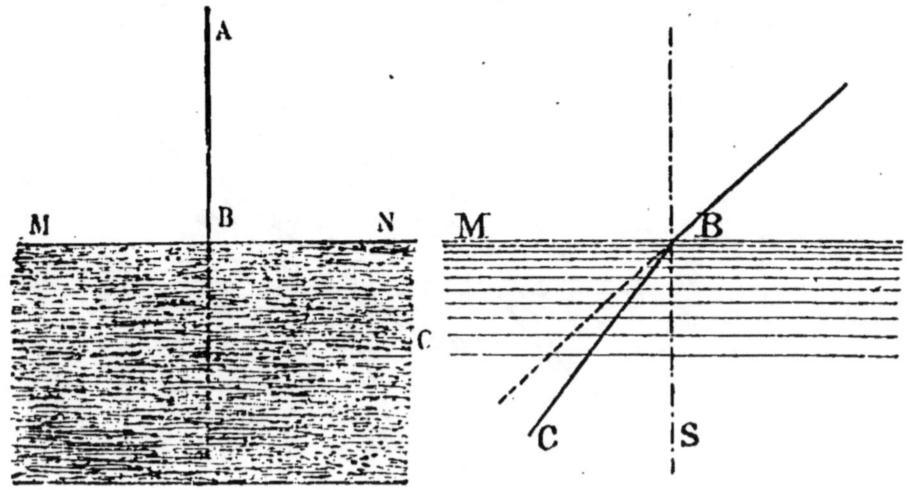

Fig. 140 et 140 *bis*. — **Réfraction de la lumière.**

dit donc qu'un corps est plus réfringent qu'un autre lorsqu'un rayon lumineux, passant du second dans le premier, se brise en se rapprochant de la normale. Inversement, lorsqu'un rayon lumineux passe d'un milieu plus réfringent dans un milieu moins réfringent, il se brise en *s'éloignant de la normale*, c'est ce qui arrive lorsqu'un rayon de lumière sort de l'eau pour arriver dans l'air.

Lorsqu'on regarde des objets placés au fond de l'eau (fig. 141), ils *paraissent* plus rapprochés de la surface qu'ils ne le sont en réalité, et la réfraction nous explique pourquoi il en est ainsi.

Soit un objet AB placé au fond de l'eau. Le point A envoie des rayons lumineux; observons-en deux, les rayons AC et AD. A la surface de l'eau, ils se réfractent en s'écartant de la normale. L'œil, qui reçoit les rayons réfractés issus du même point, attribue leur lumière à

un point lumineux *a*, situé à l'intersection du *prolonge-
menten* ligne droite des rayons réfractés.

Le point *a* est plus élevé que A. Il en est de même
pour *b*, plus élevé que B.

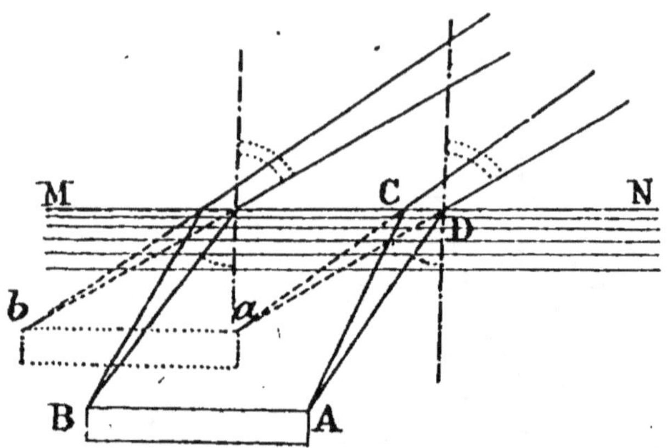

Fig. 141. — **Illusion due à la réfraction.**

Lorsqu'on regarde, à marée basse, dans les rochers,
des pierres placées au fond d'un trou rempli d'eau, il
semble que ces pierres sont à portée de la main, et lorsqu'on enfonce le bras pour les saisir, on n'y arrive pas.
De mauvais nageurs, trompés en voyant le fond de sable
et croyant avoir pied, peuvent se noyer, car le sable
paraît relevé par le phénomène de la réfraction.

Prisme. — Cet instrument nous permet d'étudier la
réfraction dans le verre. Les physiciens font fréquemment usage, pour étudier cette réfraction, de **prismes
triangulaires** (dont la coupe a la forme d'un triangle).
Ces prismes sont montés sur des pieds métalliques et
peuvent être manœuvrés dans tous les sens (fig. 142). Les
prismes ont d'abord la propriété de donner des objets
des images relevées; ils ont ensuite une seconde propriété, celle de *décomposer* la lumière *blanche* qui nous
éclaire en sept rayons colorés.

Étudions rapidement ces deux propriétés. Soit un

prisme (fig. 143) placé la base en bas, et A un point lumineux ; le rayon lumineux arrivant en B à la face du prisme
pénètre de l'air dans le verre, milieu
plus réfringent, et se brise en se rapprochant de la normale MN. Dans le
verre, il continue sa marche en ligne

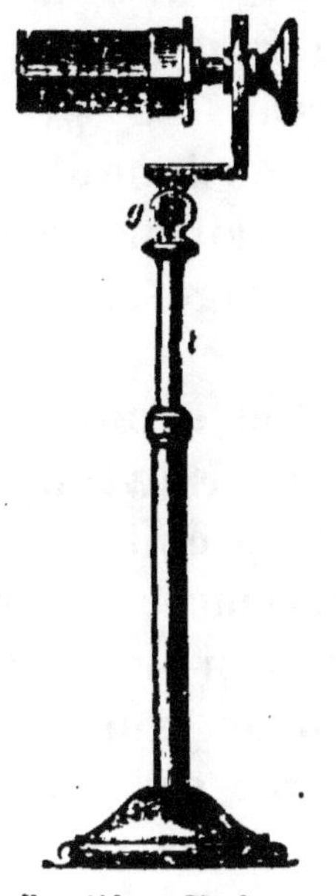

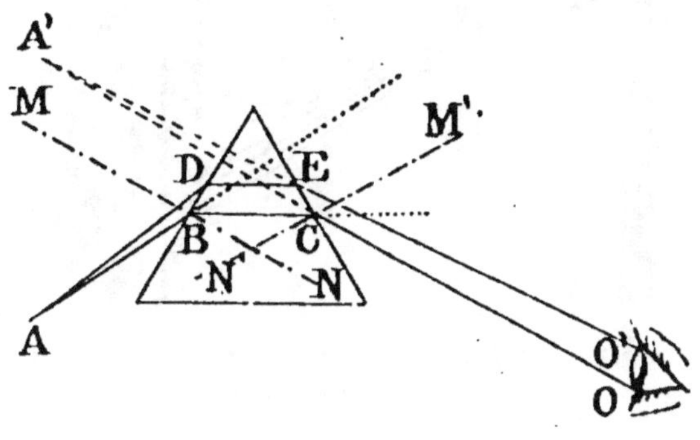

Fig. 143. — **Image d'un point lumineux
vu au travers d'un prisme.**

Fig. 142. — **Prisme.**

droite BC, mais, arrivé en C, il rentre dans l'air, milieu
moins réfringent, et se brise en s'éloignant de la normale M'N'. Il en est de même pour un autre rayon ADE.
Si l'on suppose l'œil d'un observateur en OO', toujours
en vertu du même principe, il verra A en A', c'est-à-dire
sur le prolongement et à l'intersection de OC et O'E.
Les prismes ont donc la propriété de *relever* les objets,
lorsqu'on a soin de faire l'expérience dans les conditions
indiquées.

Décomposition de la lumière. — Enfin le prisme
a la propriété de *décomposer* la lumière blanche. Pour
faire l'expérience, il suffit, dans une chambre obscure,
de faire pénétrer par une ouverture un rayon de soleil
qui tombe sur un prisme P (fig. 144) ; plaçant un écran
derrière le prisme, on voit se former sur cet écran une
image I composée de sept couleurs, l'inférieure est le

violet, au-dessus vient l'*indigo*, puis le *bleu*, le *vert*, le *jaune*, l'*orangé* et le *rouge*, cette dernière tout à fait en haut. Dans la figure 144, si le prisme était enlevé, le faisceau se propageant en ligne droite, donnerait sur l'écran une image ronde du soleil.

L'illustre physicien anglais **Newton**, qui fit le premier cette expérience, l'expliqua ainsi : la lumière blanche qui nous éclaire est formée

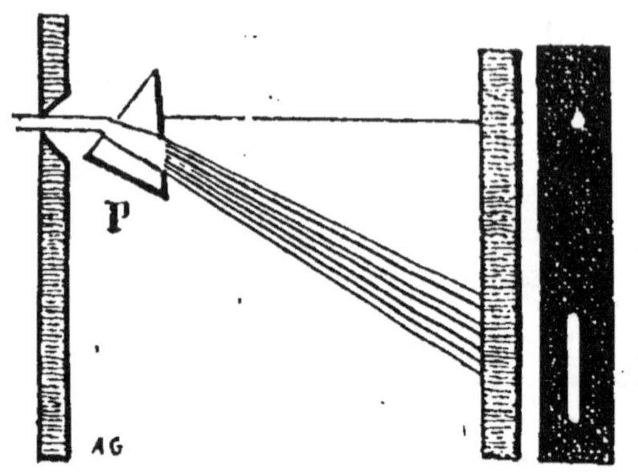

Fig. 144. — **Décomposition de la lumière par le prisme.**

par le mélange de ces sept couleurs qui ne sont pas toutes également déviées en traversant le prisme. La plus déviée est le violet, la moins déviée est le rouge, les autres couleurs sont intermédiaires. On dit que le violet est la couleur **la plus réfrangible** et que le rouge est **la moins réfrangible**. A cette belle expérience de Newton, on donne le nom de **décomposition de la lumière**.

Un des plus beaux phénomènes naturels, l'**arc-en-ciel**, s'explique par la décomposition des rayons du soleil à travers les gouttelettes de pluie qui décomposent la lumière et la renvoient par réflexion à l'observateur. On sait, en effet, que l'arc-en-ciel apparaît lorsque le soleil se trouve en présence d'un ciel encore couvert.

Recomposition de la lumière blanche. — On peut recomposer la lumière blanche au moyen de ses éléments. Voici le procédé le plus pratique : Un disque (*disque de Newton*) est partagé en un grand nombre de secteurs sur lesquels on colle des papiers portant les

couleurs de l'arc-en-ciel, dans leur ordre. On fait tourner
rapidement ce disque qui paraît alors gris clair, presque
blanc (fig. 145).

Couleurs des corps. — Parmi les couleurs que
donne le prisme (*spectre solaire*), il en est trois, le
bleu, le jaune, le rouge, qui sont appelées *fondamentales;* par leur superposition, elles redonnent la couleur
blanche. Deux couleurs sont *complémentaires* quand, par
leur superposition, leur mélange,
elles donnent la couleur blanche.
Exemples :

> Bleu et orangé ;
> Jaune et violet ;
> Rouge et vert.

La *coloration des corps* est due
à ce qu'ils renvoient inégalement
les diverses couleurs de la lumière
blanche.

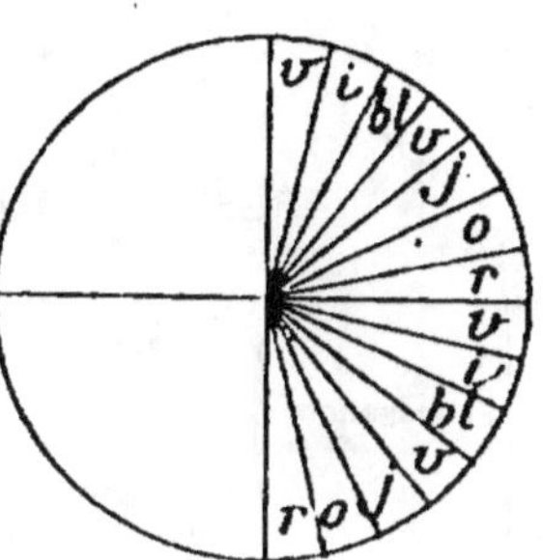

Fig. 145. — **Disque
de Newton.**

Un corps jaune nous paraît ainsi parce qu'il diffuse
(renvoie en tous sens) la lumière jaune et absorbe les
autres ; un corps nous paraît rouge s'il diffuse la lumière
rouge et absorbe les autres lumières ; un corps nous
paraît blanc s'il diffuse toutes les couleurs ; noir s'il les
absorbe toutes.

Devoirs. — Tracer le trajet d'un rayon lumineux vertical tombant sur un miroir incliné de 60° sur le plan H.

Tracer l'image d'une droite verticale de 3 centimètres de long,
placée devant un miroir incliné à 45° (le représenter par une
ligne).

Tracer le chemin d'un rayon lumineux incliné à 45° qui traverse
une glace transparente horizontale et de 2 centim. d'épaisseur.

RÉSUMÉ SYNOPTIQUE DU CHAPITRE XVIII.

OPTIQUE (I).
La Lumière.

Propagation.

La lumière se *propage*...
- en ligne droite.....................................
- avec une vitesse de 300 000 kilom. à la seconde.

Les corps peuvent être
- lumineux par eux-mêmes (soleil).............
- éclairés (terre). Ombre, pénombre...........
- transparents (verre à vitres)................
- translucides (verre brouillé)................
- opaques (fer)...............................

Réflexion.

Un rayon lumineux tombant sur une surface polie, y rebondit, se *réfléchit* en formant avec la perpendiculaire à cette surface un angle de réflexion égal à l'angle d'incidence....

Miroirs
- *plans :* image symétrique de l'objet............
- *courbes :* image déformée...................

Réfraction.

Un rayon lumineux passant d'un milieu dans un autre se *réfracte*
- s'éloigne de la perpendiculaire à leur surface de séparation...................
- ou se rapproche de la perpendiculaire à leur surface de séparation................

s'il n'est pas perpendiculaire à cette surface.............

Prismes
- donnent des objets des images relevées......
- décomposent la lumière blanche.............

Lentilles. (Voir chapitre suivant).

Couleurs.

Les corps paraisssent diversement *colorés* suivant...
- qu'ils *absorbent* les différentes couleurs du prisme..........
- qu'ils *les diffusent*...........

Les couleurs sont.......
- *fondamentales :* bleu, rouge, jaune.
- *complémentaires :* bleu et orangé, rouge et vert, jaune et violet.

CHAPITRE XIX

LENTILLES

Lentilles. — Instruments d'optique. Photographie.

Définition. — On désigne sous le nom de *lentilles* des masses de verre limitées par deux surfaces sphériques. Les principales lentilles employées en optique sont *biconvexes* (fig. 146) ou biconcaves (fig. 147).

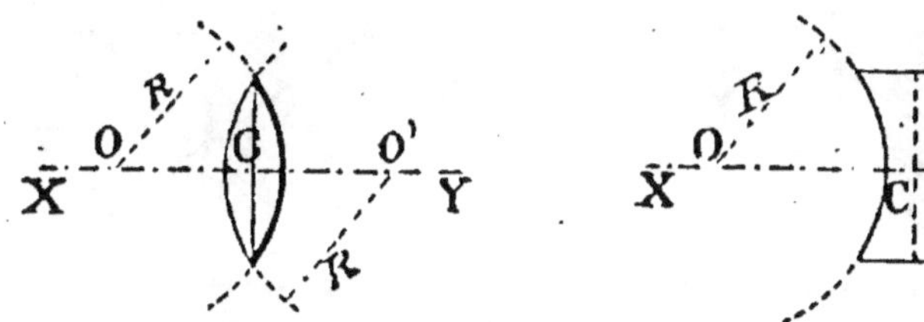

FIG. 146. — **Lentille biconvexe.**   FIG. 147. — **Lentille biconcave.**

On appelle *axe principal* d'une lentille la ligne XY qui joint les deux centres O et O′ des deux faces sphériques.

Le point C est appelé *centre optique* de la lentille.

Principes. — 1. Les *rayons lumineux* (> fig. 148) *paral-*

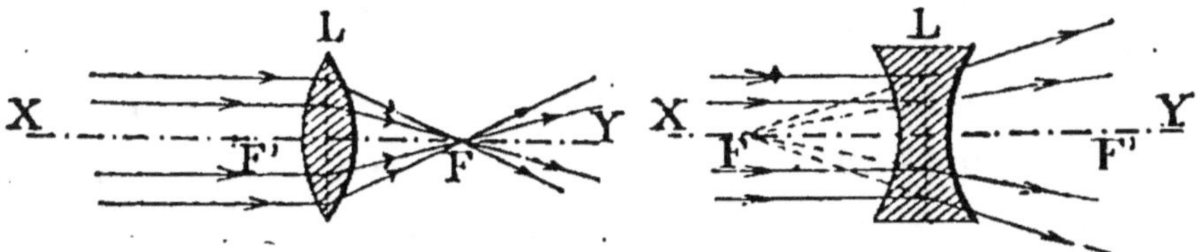

FIG. 148. — **Lentille biconvexe**
(Rayons parallèles à l'axe principal).

FIG. 149. — **Lentille biconcave**
(Rayons parallèles à l'axe principal).

lèles à l'axe principal, traversant une lentille **biconvexe** *L subissent les lois de la réfraction et viennent converger en un point F appelé foyer principal. Un* morceau d'ama-

dou, placé au point F, s'enflamme très aisément si l'on
expose la lentille aux rayons du soleil. D'où le nom de
foyer donné au point F. Il existe un autre foyer F',
symétrique du premier.

Les rayons (> fig. 149) parallèles à l'axe principal, traversant une lentille **biconcave**, subissent les lois de la
réfraction et **divergent** de façon à ce que leurs prolongements se rencontrent en un point F appelé *foyer principal virtuel;* tous les rayons réfractés semblent partir de
ce point.

2. Les *rayons lumineux* (> fig. 150 et 151) *passant par le*

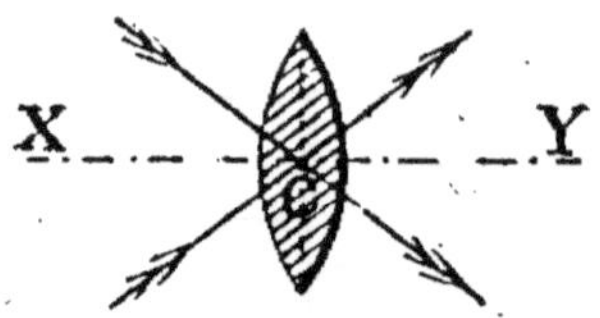

Fig. 150. — **Lentille biconvexe**
(Rayons passant par le centre optique).

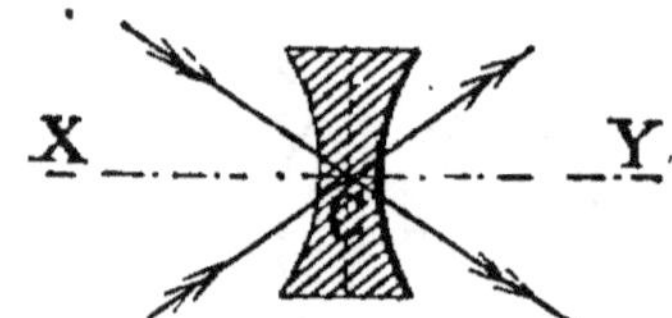

Fig. 151. — **Lentille biconcave**
(Rayons passant par le centre optique).

*centre optique d'une lentille la traversent sans subir de
réfraction:*

Ces deux principes permettent de trouver facilement
l'image d'un point, d'une ligne, d'un corps quelconque.

Image d'un point. Lentilles biconvexes (1). —
1. *Image réelle* (fig. 152). Le point S placé au delà du
foyer F' émet des
rayons lumineux.
Choisissons - en
deux : l'un > pa-
rallèle à l'axe
principal qui se
réfracte en pas-
sant par le foyer

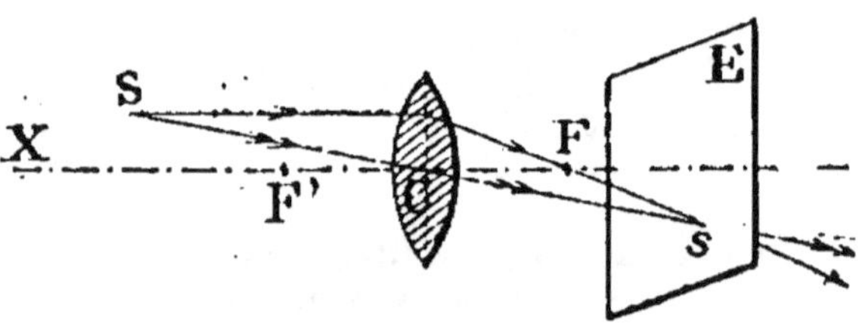

Fig. 152. — **Lentille biconvexe** (Image réelle
d'un point).

(1) Nous dirons seulement des *lentilles biconcaves* qu'elles donnent toujours
des images *virtuelles, droites,* plus petites que les objets.

F, l'autre ≫ qui, passant par le centre optique C, ne subit pas de réfraction.

Ces deux rayons réfractés se rencontrent en un point s, qui est l'*image réelle* du point lumineux S ; cette image peut être reçue sur un *écran* E.

2. *Image virtuelle* (fig. 153). Si le point S est placé entre le foyer F' et la lentille, on voit que les deux rayons réfractés se rencontrent du même côté de

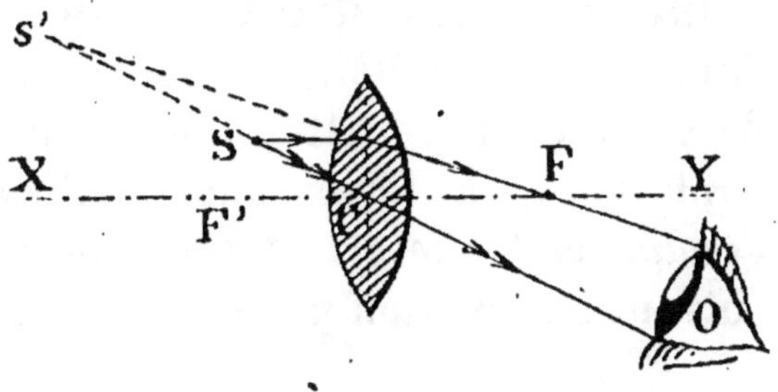

Fig. 153. — **Lentille biconvexe**
(Image virtuelle d'un point).

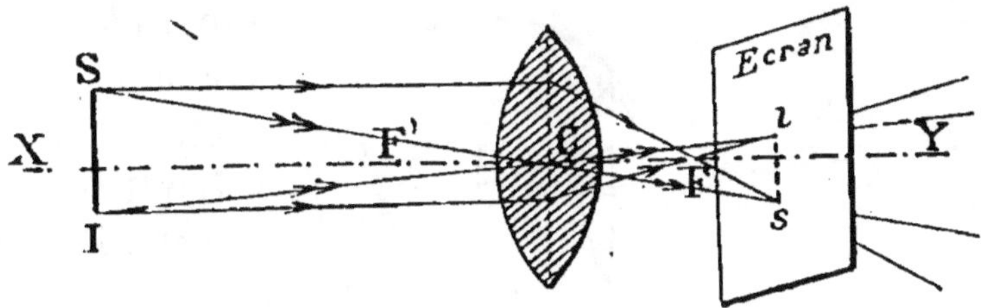

Fig. 154. — **Image réelle d'un objet**
(Cas de la photographie).

la lentille en un point s', qui est une *image virtuelle* du

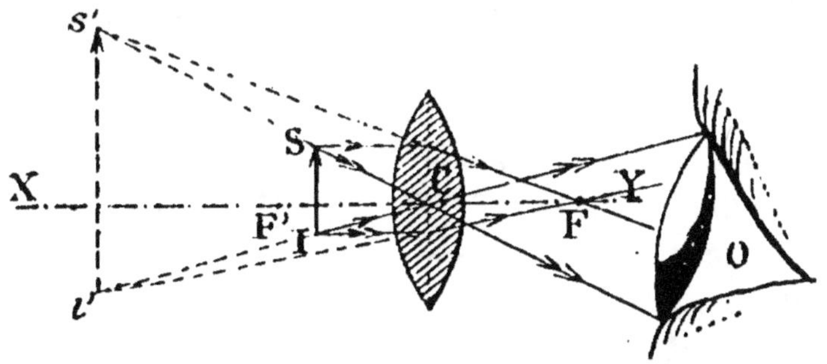

Fig. 155. — **Image virtuelle d'un objet**
(Cas de la loupe).

point lumineux S. L'œil O, placé en arrière de la lentille,

reçoit les rayons réfractés qui, *par suite de la notion de la propagation rectiligne de la lumière*, semblent émaner du point s'.

Image d'une droite, d'un objet. — Sans entrer dans plus de détails, nous laissons au lecteur le soin d'examiner avec attention les figures 154 et 155 qui expliquent la formation de l'*image réelle* s i et de l'*image virtuelle* s' i' d'une droite lumineuse S I (objet), suivant sa position par rapport au foyer F'.

INSTRUMENTS D'OPTIQUE

Vision. Lunettes. (Voir nos *Éléments de sciences naturelles*. L'ŒIL).— Tous les yeux ne voient pas distinctement à la distance normale (15 à 33 centimètres).

L'œil *myope* (fig. 156 et 157) au cristallin Cr *trop bombé*, ne voit pas les objets éloignés ; car leur

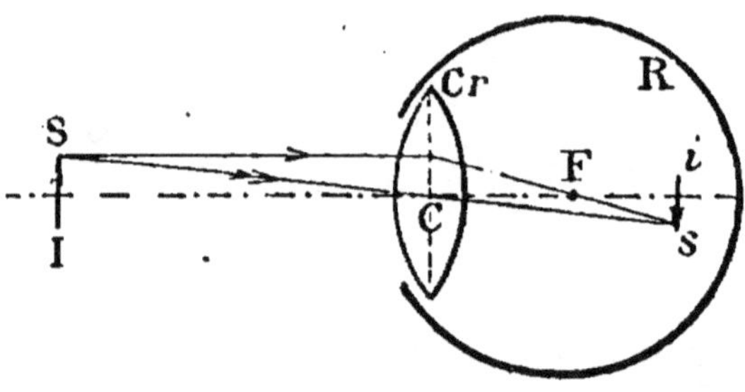

Fig. 156. -- Œil myope.

image se forme en avant de la rétine R. Pour remédier à la myopie, on porte des lunettes à verres *biconcaves*, qui font diverger les rayons lumineux avant leur entrée dans le cristallin et par conséquent *reculent* les images.

L'œil *presbyte* (fig. 158 et 159), au cristallin *aplati* (vieillards), ne voit pas les objets rapprochés, car leur image

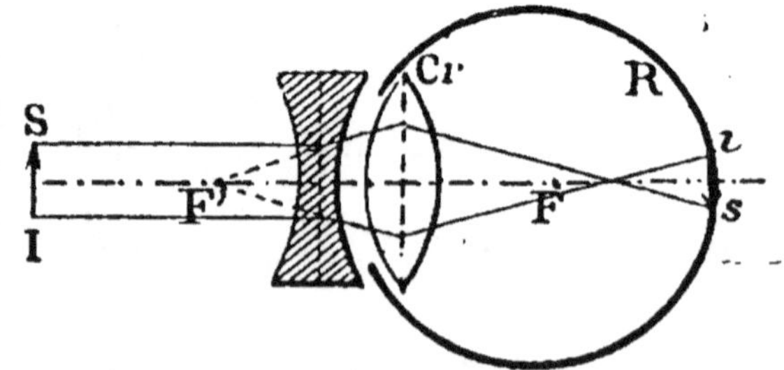

Fig. 157. — Correction de la myopie.

se forme en arrière de la rétine R. Pour remédier à la

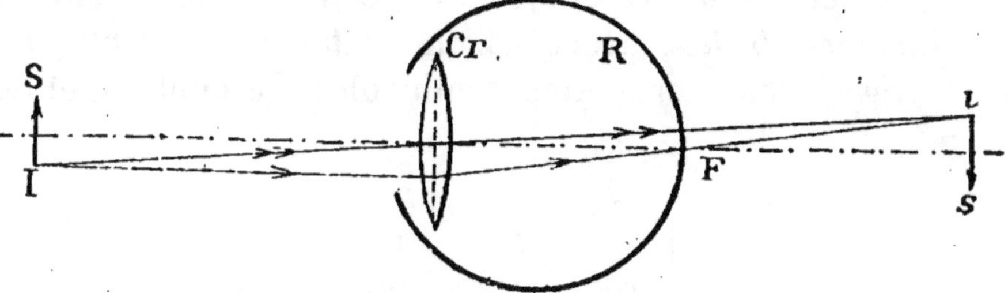

Fig. 158. — Œil presbyte.

presbytie, on porte des lunettes à verres *biconvexes*, qui font converger les rayons lumineux avant leur entrée dans le cristallin et par conséquent *avancent* les images.

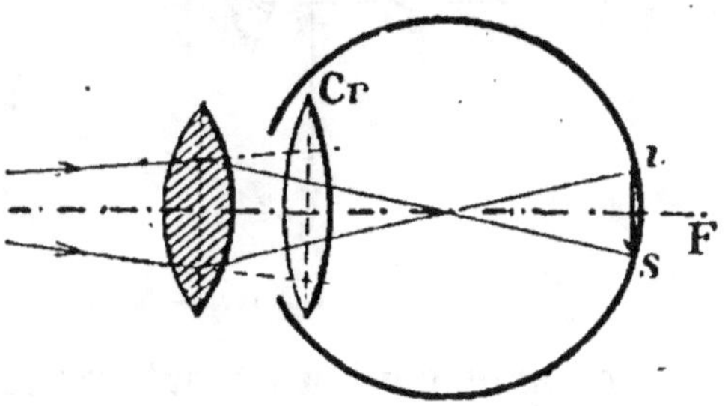

Fig. 159. — Correction de la presbytie.

Loupe. — C'est une lentille *biconvexe* qui donne des *images virtuelles* plus grandes que les objets. (Voir fig. 155).

Microscope. — Cet instrument donne des images considérablement agrandies. Il permet de voir de tout petits objets. Il se compose essentiellement (fig. 160) de deux lentilles biconvexes : l'*objectif* ob (tourné vers l'objet) et l'*oculaire* oc devant lequel on place l'œil. L'objectif donne une image réelle **plus grande** que l'objet ; l'oculaire (loupe) donne de cette image une image virtuelle encore considérablement agrandie.

La lunette astronomique, destinée à l'observation des objets infiniment éloignés, se compose d'un objectif très large donnant une *image réelle renversée* dont l'oculaire (loupe épaisse, mais peu large) donne une image très agrandie, mais plus petite que l'objet.

La lorgnette, ou *lunette de Galilée*, est destinée à l'observation des objets terrestres. Elle donne des *images droites*, grâce à son oculaire divergent (*biconcave*). Deux lorgnettes semblables, accouplées, et dont

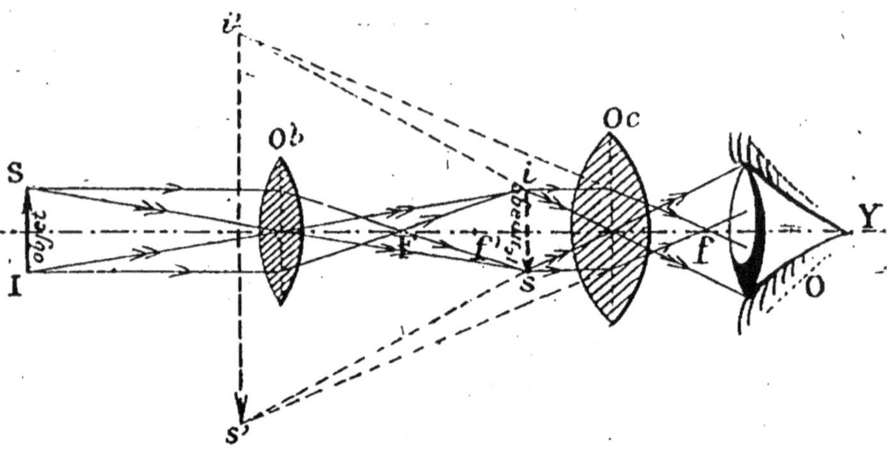

Fig. 160. — **Théorie du microscope.**

les axes sont à l'écartement des yeux, forment des instruments bien connus, appelés **jumelles.**

Il existe encore d'autres instruments d'optique ; les plus connus : *télescope, appareil à projections,* etc., ne peuvent être expliqués ici.

Principe de la photographie. — La photographie consiste à fixer sur certains sels d'argent les images réelles et renversées que donne, des objets extérieurs, un instrument très simple, la *chambre noire.*

La *chambre noire* du photographe est munie d'une lentille biconvexe (*l'objectif*). Si l'on place un objet quelconque devant la chambre noire, il résulte de ce que nous avons déjà expliqué plus haut (fig. 154), qu'il se formera sur le fond de la chambre noire (*écran en verre dépoli*) une image *renversée et plus petite que l'objet.* Si l'on place ensuite sur la face postérieure de la chambre noire des substances capables de fixer l'image, on obtiendra une reproduction très exacte de l'objet, et en plus petit.

On arrive à ce résultat en mettant sur une plaque de verre (*plaque sensible*) un *sel d'argent* (chlorure, bromure ou iodure), que l'on fait adhérer à la plaque à l'aide de gélatine par exemple. Lorsqu'on expose ces sels d'argent à la lumière, ils noircissent parce que la lumière solaire les décompose, met en liberté l'argent qui se dépose en poudre noire. Placez une plaque sensible dans le fond de la chambre noire, les parties éclairées de l'image (visage, mains, etc.), se reproduiront en noir sur le sel d'argent, tandis que les parties foncées (vêtements, etc.), se reproduiront en blanc.

On obtient une première épreuve, dite **négative**, en faisant subir à la plaque impressionnée les opérations suivantes. On la plonge : 1° dans un bain d'une substance avide d'oxygène (*révélateur*) qui fait *apparaître* nettement l'image ; 2° dans un bain d'*hyposulfite de soude* qui dissout les sels d'argent non décomposés et *fixe* l'image.

Pour reproduire des portraits sur papier (**épreuve positive**), on prend des papiers imprégnés de chlorure d'argent, on les met en contact avec la plaque négative et on expose le tout au soleil. Le sel d'argent se décompose comme dans l'épreuve sur verre, mais ici les parties noires de l'épreuve négative se reproduisent en blanc sur le papier, les parties blanches en noir. Or, nous avons vu que, sur le verre, le visage et les mains étaient noirs, les vêtements blancs. Dans l'épreuve sur papier, nous obtiendrons le contraire, les objets seront reproduits tels qu'ils sont en réalité.

Devoir. — Une lentille biconvexe reçoit des rayons lumineux partis de ses deux foyers principaux. Dessiner le trajet de ces rayons.

RÉSUMÉ SYNOPTIQUE DU CHAPITRE XIX.

EXPÉRIENCES

OPTIQUE (II). Lentilles.

Masses de verre au travers desquelles les rayons lumineux subissent les lois de la réfraction.

Marche des rayons.

Les rayons passant par le *centre optique* de la lentille ne subissent pas de réfraction...............

Dans les **lentilles convexes**, les rayons parallèles *convergent* vers des points appelés *foyers réels*...............

Dans les **lentilles concaves**, les rayons parallèles *divergent*; leurs prolongements convergent vers des points appelés *foyers virtuels*...............

Images.

Une *image réelle* d'un objet peut être reçue sur un écran (photographie)...............

Une *image virtuelle* d'un objet ne peut être reçue sur un écran (loupe)...............

Instruments d'optique.

Lunettes à verres — concaves remédient à la *myopie*........... / convexes remédient à la *presbytie*...........

Loupe........ Microscope... donnent des objets, des images plus ou moins agrandies...............

Lorgnette..... Télescope..... donnent des objets, des images plus ou moins rapprochées...............

Photographie.

Appareils à projections, lanterne magique...............

L'**objectif** donne sur un écran (*plaque sensible*) une *image réelle* de l'objet...............

Le **développement** rend visible l'*image négative* de l'objet....

L'**exposition** à la **lumière** de l'image négative donne sur du *papier sensible* un nombre infini d'*images positives* de l'objet.

Chambre noire. Expériences sur des faisceaux de rayons avec des lentilles des 2 sortes. Si l'on n'a pas de chambre noire, fermer les persiennes et les rideaux de la salle, et rendre visibles les rayons du soleil en secouant dans leur direction un chiffon empli de poussière de craie.

Recevoir sur un écran translucide l'image d'une bougie allumée. Chambre noire de l'appareil photographique.

Observations à la loupe.

Observations individuelles avec lentilles diverses.

Observations microscopiques. Photographie. Mise au point. Manipulations.

Trouver, par le dessin, l'image à la loupe d'une droite de 2 centimètres de long, oblique à 45° sur l'axe principal qui la coupe en son milieu. (Rayon des faces de la lentille : 10 centimètres; foyers à 5 centimètres du centre optique, milieu de la droite à 4 centimètres du centre optique. Échelle 1/2.)

CHAPITRE XX

ACOUSTIQUE

**Du son. — Sa vitesse. — Écho.
Qualités du son. — Principaux instruments
de musique.**

Du son. — Le son se traduit par une sensation particulière exercée sur l'organe de l'ouïe.

La première condition pour qu'un corps produise un son, c'est qu'*il vibre*, c'est-à-dire qu'il exécute des mouvements de va-et-vient auxquels on a donné le nom de **vibrations.** Quelques expériences démontrent l'existence de ces mouvements.

Si l'on place sur une plaque métallique adaptée à un support des grains de sable et qu'on la fasse vibrer avec un archet, on entend un son et pendant toute la durée de ce son on voit les grains de sable sauter à la surface de la plaque. Si, au lieu de prendre une plaque, nous prenons une corde à violon (fig. 161), que nous la fixions fortement par ses deux extrémités, en l'écartant, avec le doigt, de sa position d'équilibre, elle produit un son et pendant tout le temps qu'elle produit ce son, on voit qu'elle est agitée d'un mouvement de va-et-vient.

La seconde condition pour qu'il y ait son, c'est que les corps vibrent dans un **milieu matériel**. L'air au milieu duquel nous vivons, les gaz sont des milieux matériels ; aussi transmettent-ils les sons. Il en sera de même des corps solides ; si l'on place son oreille à l'extrémité d'une poutre dont une personne gratte légèrement l'autre

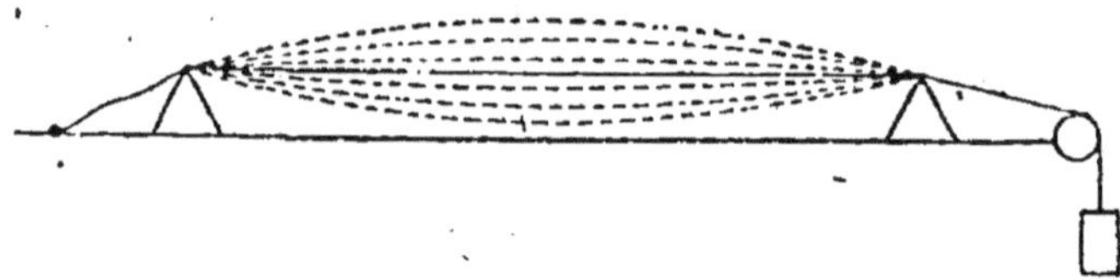

Fig. 161. — **Vibrations d'une corde.**

extrémité, on perçoit très nettement le son. Les liquides transmettent également le son, et c'est pour cette raison que les plongeurs entendent facilement les bruits qui se produisent sur le rivage.

En revanche, dans le **vide**, le son ne se transmet pas. Les aéronautes constatent qu'à une certaine altitude un coup de fusil produit un bruit très faible. Cela tient à la raréfaction de l'air à ces hauteurs considérables. En plaçant sous la cloche de la machine pneumatique un ballon muni d'une sonnette et en enlevant l'air on peut agiter la sonnette sans qu'aucun son arrive à l'oreille ; mais dès qu'on laisse pénétrer l'air dans l'appareil, on perçoit nettement le son.

Vitesse du son. — Le son est loin d'avoir une vitesse aussi considérable que la lumière. Le calcul de cette vitesse étant très simple à établir, nous allons indiquer le procédé qui a été employé pour la déterminer.

Les observateurs se postèrent les uns sur les hauteurs

de Villejuif, les autres à Montlhéry, stations toutes deux élevées et distantes l'une de l'autre de 18 kilomètres 500 mètres environ. Si on tire un coup de canon à Villejuif, la propagation de la lumière pouvant être regardée comme instantanée, vu la faible distance qui sépare les deux stations, on peut dire qu'on voit de Montlhéry la lumière du canon de Villejuif au moment de l'explosion. En notant exactement l'heure de l'apparition de l'éclair, on constate que le bruit du canon arrive à l'oreille des observateurs 54 secondes environ après l'éclair. Le son met donc 54 secondes à parcourir 18 kilomètres 500 mètres, soit en nombres ronds **340 mètres** par seconde. Ajoutons que, dans l'eau, cette vitesse est plus grande, de 1435 mètres environ, plus grande encore dans les solides ; c'est ainsi qu'elle atteint 6 000 mètres environ dans le sapin.

Écho. — Comme la chaleur et comme la lumière, le son *se réfléchit*. On appelle *écho* la redite des sons par suite de cette réflexion. Ce phénomène se produit lorsqu'un obstacle est en face du corps qui émet le son. C'est qu'en effet les rayons sonores rencontrant l'obstacle reviennent sur eux-mêmes et viennent impressionner l'organe de l'ouïe.

La *résonance* est le phénomène qui se produit lorsque des sons sont émis devant un obstacle rapproché (moins de 17 mètres). Ils se réfléchissent, mais dans un espace de temps très court, et les sons réfléchis viennent impressionner l'oreille en même temps que les sons initiaux. Ceux-ci sont donc renforcés.

Lorsque les obstacles sont multiples, l'écho peut également être multiple. Le fameux écho de Simonetta, en Italie, est un exemple frappant d'échos multiples ; lorsqu'on y tire un coup de fusil, il semble qu'un nombre considérable de tireurs répondent de tous côtés.

Qualités du son. — Le son possède trois qualités qui sont : 1° l'*intensité*; 2° la *hauteur*; 3° le *timbre*.

1° L'intensité du son ou sa *force*, pour employer une expression vulgaire, est due à la plus ou moins grande **amplitude** des vibrations. Si nous prenons une corde tendue par ses deux bouts et qu'avec le doigt nous l'écartions légèrement de sa position d'équilibre, la corde rendra une note ; venons-nous maintenant à écarter plus fortement la corde, la note rendue sera la même, mais nous l'entendrons mieux, ce que nous traduisons en disant que l'intensité du son est *plus grande*. De même, dans un instrument à vent, l'artiste, suivant qu'il souffle plus ou moins vigoureusement dans son instrument, détermine un ébranlement plus ou moins grand de la colonne d'air, d'où une plus ou moins grande intensité.

En dehors de sa cause, l'intensité du son varie avec certaines circonstances ; elle diminue, par exemple, à mesure que l'on s'éloigne du corps sonore : elle est ou non favorisée par la direction du vent qui porte ou éloigne le son dans une direction déterminée, etc.

2° **La hauteur** du son dépend du **nombre** de vibrations. Plus un son est élevé, plus le nombre de vibrations qui le produit est considérable. C'est parce que le nombre de vibrations est plus considérable que les voix de femme et d'enfant sont en général plus élevées que celles de l'homme.

Le *la* du *diapason normal* correspond à 435 vibrations doubles à la seconde.

Le *do grave* est produit par 261 vibrations.

Le *do aigu* est produit par un nombre double de vibrations ou 522.

Lorsque deux sons sont produits par le même nombre de vibrations, ils sont dits à l'*unisson*.

3° On appelle **timbre** la façon dont le son est rendu. On distingue les personnes sans les voir au timbre de leur voix. On reconnaît également sans les voir des instruments de musique jouant le même air à leur timbre particulier.

Instruments de musique. — On les divise en instruments à corde et instruments à vent.

Parmi les premiers nous citerons la *harpe*, la *mandoline*, dans lesquelles les cordes sont mises en vibration avec les doigts ; le *violon*, le *violoncelle* où la vibration est obtenue avec l'archet ; le *piano* dans lequel les cordes sont frappées par un marteau, mis en action par les doigts qui frappent les touches. Plus les cordes de ces instruments sont longues, plus les sons produits par leurs vibrations sont graves ; plus les cordes sont courtes, plus ils sont aigus. La caisse des instruments à cordes sert à renforcer le son, d'où les effets bien plus considérables produits par les pianos à queue que par les pianos droits, ces derniers ayant une caisse moins grande.

Dans les *instruments à vent*, le son est produit par les vibrations de la colonne d'air placée dans l'instrument qui entre en vibration, à la condition que cette colonne éprouve des alternatives de mouvement et de repos. On arrive à ce résultat à l'aide de pièces placées dans l'instrument ; ce sont les *instruments à anche* tels que la *clarinette*, le *hautbois ;* dans certains autres, l'artiste y supplée par l'action de ses lèvres ou de sa langue, tels sont le *cornet à piston*, la *trompette.*

Devoir. — Que remarque-t-on en observant à distance un ouvrier qui frappe sur une enclume, sur un tonneau, — ou des soldats marchant au pas ?

A quelle distance est-on d'un mur, si l'on entend l'écho des paroles 1/2 seconde après qu'on les a prononcées ?

RÉSUMÉ SYNOPTIQUE DU CHAPITRE XX.

ACOUSTIQUE.

Production du son. — Le son est produit par les *vibrations* des corps dans un *milieu matériel*..........................
Vibration de lames élastiques, d'un verre, du diapason.

Propagation.
Dans l'air, avec une vitesse de 340ᵐ à la seconde.............
Dans l'eau, avec une vitesse plus grande.......................
Dans les **solides**, avec une vitesse encore plus grande.........
Observations avec une montre à secondes.

Réflexion.
Le son *se réfléchit* comme la chaleur et la lumière.............
L'*écho* est produit par la *réflexion* du son.....................
Le *résonance* est produite par la réflexion du son sur un *obstacle* trop rapproché..........................
Observations individuelles.

Qualités.
L'*intensité* (force) dépend de l'*amplitude* des vibrations..........
Nuances dans le chant, le jeu d'un instrument.

La *hauteur* (sons graves, sons aigus) dépend du *nombre* de vibrations en une seconde..........................
Chants à l'unisson, à plusieurs voix, gammes.

Le *timbre* est l'*impression* particulière que reçoit l'ouïe de chaque corps vibrant ou instrument.......................
Reconnaissance des instruments à leur timbre, des personnes au timbre de leur voix.

Instruments de musique.
Les instruments de musique rendent des sons grâce aux **vibrations** :
1. de leurs *cordes*..........................
2. de leur *colonne d'air*. Instrument à anche.........
Instrument sans anche...
Sons graves produits par longues cordes ou grandes colonnes d'air..........................
Sons aigus produits par courtes cordes ou petites colonnes d'air..
Observations individuelles journalières.

TABLEAU SYNOPTIQUE DE REVISION.

LOIS. — PRINCIPES	APPLICATIONS
Optique.	
La lumière se propage en *ligne droite*.................................	*Formation des images* : *miroirs, lentilles, prismes, œil.*
Un rayon lumineux tombant sur une surface polie *se réfléchit* en formant avec la normale à cette surface un angle de réflexion égal à l'angle d'incidence....................	*Miroirs* : *plans, courbes.*
Un rayon lumineux passant d'un milieu dans un autre *se réfracte*, en s'approchant ou s'écartant de la normale à la surface de séparation des milieux....................	*Prismes. Lentilles.*
Les *lentilles* ou combinaisons de lentilles donnent des objets des images *réelles* ou *virtuelles*, diminuées ou agrandies, éloignées ou rapprochées....................	*Instruments d'optique. Photographie.*
Les *prismes* décomposent la lumière solaire en *sept couleurs* : violet, indigo, bleu, vert, jaune, orangé, rouge....................	*Couleurs des corps.*
Acoustique.	
Les sons sont produits par les *vibrations* des corps dans un milieu matériel....................	*Bruits, sons musicaux, voix.*
La vitesse de propagation du son dans l'air est de 340ᵐ par seconde....	*Évaluation des distances.*
Les sons se différencient par leur *intensité*, leur *hauteur*, leur *timbre*..	*Instruments de musique à cordes, à vent.*

Devoir de revision. — Rappeler très brièvement les expériences faites au cours des leçons d'optique et d'acoustique.

DEUXIÈME PARTIE

CHIMIE

CHAPITRE PREMIER

Différence entre la physique et la chimie. — Corps simples et corps composés. — Analyse et synthèse. — Combinaisons et mélanges. — Affinité. — Atomes et molécules. — Valence des corps. — Poids atomiques. — Symboles. — Formules. — Principes de nomenclature chimique. — Méthode à suivre pour étudier les corps.

L'étude de la physique, qui forme la première partie de ce travail, nous a fait voir que, dans toute expérience de physique, les corps mis en expérience ne changeaient pas de nature. Lorsque nous fondons du soufre, celui-ci ne change pas de constitution, et si nous le laissons refroidir de nouveau, il reprendra l'état solide, état qu'il avait au début de l'expérience.

Il n'en est pas de même si nous chauffons du *soufre* avec du *cuivre*; après quelques moments, les deux corps disparaîtront : le cuivre aura perdu son éclat métallique, le soufre ne se retrouvera plus et, à leur place, nous obtiendrons un corps nouveau, noir. Donc, dans cette expérience, *nous ne retrouvons plus* les corps que nous avions au commencement de l'opération ; ils ont disparu pour former un **nouveau corps** ; c'est ce qui caractérise une expérience de **chimie**.

Nous pouvons donc dire que la **physique** est la science qui étudie les phénomènes dont les corps sont les acteurs, à la condition que ces corps n'éprouvent *aucune modification dans leur constitution ;* la **chimie**, au contraire, étudie les phénomènes qui *modifient essentiellement* cette constitution.

Corps simples. — Corps composés. — Certains corps sont formés d'une seule substance, on les nomme **corps simples** ; c'est ainsi que sont constitués les métaux. Il est impossible de retirer *du fer*, *de l'or*, lorsqu'ils sont à l'état de pureté, autre chose que du fer ou de l'or.

Les corps simples sont divisés en **métaux** et en **métalloïdes**. Les premiers sont doués d'un éclat particulier dit *métallique* et bons conducteurs de la chaleur et de l'électricité, exemple : *or*, *argent*, *plomb*.

Les seconds sont généralement ternes et mauvais conducteurs, tels sont : le *soufre*, le *phosphore*, l'*oxygène*, l'*azote*.

Nous avons vu en physique que l'électricité avait la propriété de décomposer l'eau en deux gaz : l'*oxygène* et l'*hydrogène ;* l'eau est un **corps composé**, puisqu'elle est constituée par deux corps qu'on peut en retirer. Certains corps composés peuvent être formés de plus de deux corps simples.

On connaît un assez grand nombre de corps simples. Nous les indiquerons à mesure que nous aurons à les étudier dans le courant de ce travail.

Analyse. — Synthèse. — Les chimistes arrivent à la détermination de la constitution des corps, d'abord par l'analyse. *Analyser un corps consiste à en séparer, par* *des méthodes particulières, les corps simples qui le consti-tuent.* Nous avons vu un exemple d'analyse par l'électri-cité dans la décomposition de l'eau.

Lorsque l'analyse est faite, on peut en faire la preuve, comme on dirait en arithmétique. On prend les corps simples et on les met en présence de manière à refaire le corps composé. C'est ce que l'on nomme faire une **synthèse.** Si après avoir fait l'analyse de l'eau, je re-prends l'*oxygène* et l'*hydrogène* obtenus, je les renferme dans une cloche en verre (fig. 170) et je fais passer une étincelle électrique, les deux gaz se combineront et reformeront de l'eau.

Mélange. — Combinaison. — Si nous nous repor-tons à la première expérience par laquelle nous avons commencé l'étude de la chimie, nous avons vu qu'en mettant en contact *à froid* du cuivre et du soufre, cha-cun de ces corps a gardé les propriétés qui lui étaient spéciales, le cuivre son éclat, le soufre sa couleur jaune ; mais nous avons vu aussi qu'en chauffant les deux corps, ils disparaissaient pour former un corps noir nouveau. Dans le premier cas, nous avons fait un **mélange,** dans le second une **combinaison.**

Les corps ont une tendance plus ou moins grande à se combiner entre eux. Exposons au soleil un demi-volume de gaz chlore et un demi-volume de gaz hydrogène ; ins-tantanément ces gaz se combineront avec une violente explosion. Au contraire, mettons de l'azote en présence de l'hydrogène, on aura de grandes difficultés pour arriver à les combiner. On dit dans le premier cas que le chlore et l'hydrogène ont beaucoup d'**affinité** l'un pour l'autre, dans le second on dira que l'azote et l'hy-drogène ont **peu d'affinité.** Nous considérerons *l'affinité* comme la tendance qu'ont les corps à se combiner entre eux.

Le mélange est d'ordre essentiellement physique, la combinaison est au contraire un phénomène essentiellement chimique. Il est d'absolue nécessité de ne jamais confondre ces deux expressions.

Atomes et molécules. — Prenons un morceau de charbon, cassons-le en deux parties égales, puis continuons à casser chacune de ces parties en deux parties plus petites et ainsi de suite : il semble que cette division pourra se poursuivre indéfiniment et que nous ne serons arrêtés que par l'imperfection de nos instruments et de nos sens.

En supposant que nous disposions d'instruments très parfaits, nous pourrions pousser très loin cette division, et cependant nous sommes forcés d'admettre qu'il existe une parcelle de charbon si petite qu'elle ne pourra être coupée : nous devons donc considérer le morceau de charbon comme constitué par une réunion d'un nombre considérable de ces petites parcelles auxquelles on donne le nom d'*atomes* (mot qui signifie *qui ne peut être coupé*).

Nous devons donc considérer tous les corps comme formés par la *réunion d'une multitude de ces parcelles infiniment petites*.

Dans un corps simple, tel que le carbone, tous ces atomes sont semblables entre eux ; il en sera de même de tous les atomes du soufre, de tous les atomes de mercure, de tous les atomes d'oxygène, de tous les atomes de chlore, etc.

La force qui maintient réunis ces atomes entre eux ou **cohésion** n'est pas toujours la même : la physique nous apprend que c'est à la différence de cette force attractive des atomes entre eux que sont dus les différents états physiques (solide, liquide, gazeux).

Les corps composés tels que l'*eau* contiennent des

atomes différents, les uns d'*hydrogène*, les autres d'*oxygène*; mais ces atomes sont intimement combinés entre eux. Si nous supprimons la cohésion en réduisant l'eau en vapeur, nous n'aurons pas séparé l'atome d'hydrogène de l'atome d'oxygène, mais notre masse de vapeur d'eau sera constituée par un ensemble de petites parcelles d'eau qui chacune renfermeront des atomes d'hydrogène et d'oxygène : on a appelé ces petites parcelles constituées d'atomes, des **molécules**.

Nous pouvons comparer, comme aimait à le faire Wurtz, les *molécules à des maisons dont les atomes sont les pierres.*

D'où les deux propositions suivantes qui ont été formulées :

1° **L'atome** *d'un corps simple est la plus petite quantité de ce corps susceptible d'entrer en combinaison avec un autre corps;*

2° **La molécule** *est la plus petite quantité d'un corps simple ou composé susceptible d'exister à l'état libre.*

Considérons par exemple la *molécule* d'eau : c'est la **plus petite quantité** d'eau susceptible d'exister à l'état libre ; cependant cette molécule d'eau pourra être détruite par le courant électrique qui en dégagera 1 *atome* d'oxygène et 2 *atomes* d'hydrogène.

Valence des corps. — L'expérience démontre que 1 atome *d'hydrogène* se combine avec 1 atome *de chlore* pour donner une molécule d'*acide chlorhydrique;* le brome, l'iode se conduisent de même et se combinent avec l'hydrogène, atome à atome, pour donner une molécule d'*acide bromhydrique* ou d'*acide iodhydrique.*

Le chlore, le brome, l'iode sont pour cette raison dits **monovalents.**

Si nous prenons au contraire un autre corps, l'oxygène, on voit que 1 atome *d'oxygène* exige 2 atomes d'*hydrogène* pour former une combinaison, l'*eau* : le soufre demande également **2** atomes d'hydrogène pour former l'hydrogène sulfuré. Ces deux corps sont dits : **bivalents**, etc.

Poids atomique (poids de l'atome). — Les *gaz* sont à peu près *également compressibles et dilatables*. Il faut donc admettre qu'à *volume égal* **tous les corps gazeux renferment un même nombre de molécules**.

Les chimistes considèrent, en général, la *molécule d'un corps simple* comme formée de *deux atomes*. Il faut donc admettre qu'à *volume égal* les **corps simples** sont constitués par le **même nombre d'atomes**.

Les poids de volumes égaux étant proportionnels aux densités, les *poids atomiques* le sont aussi ; et, si l'on prend comme *unité* (**1**) le poids de l'*atome de l'hydrogène*, le poids atomique de l'*azote* est **14**, car la densité de ce gaz (*0,9703*) vaut *14* fois celle de l'hydrogène (*0,0693*) ; le poids atomique de l'*oxygène* est **16**, car la densité de ce gaz (*1,1056*) vaut *16* fois celle de l'hydrogène ; etc...

Symboles. — Pour faciliter l'étude des réactions chimiques, on fait usage des symboles et des formules.

Les symboles consistent généralement en une lettre ou deux lettres, formant le commencement du nom du corps simple : ainsi l'oxygène a pour symbole O, l'hydrogène H, l'azote *Az*, le chlore *Cl*.

Chacun de ces symboles a une double signification : il rappelle le **nom** du corps et donne la **valeur** de l'atome.

Ainsi un atome d'hydrogène étant représenté par **H = 1**, un atome d'oxygène est représenté par **O = 16**, etc., parce que l'oxygène pèse 16 fois plus que l'hydrogène.

Dans les livres de chimie plus développés, on trouve

la liste des corps simples ; chaque nom est suivi de son symbole et de son poids atomique[1].

Dans certains cas, au lieu de prendre pour symbole la première lettre du nom français du corps simple, on emploie celui du nom latin. Ainsi le *potassium* est représenté par K, du nom latin *kalium*. Le *sodium* est représenté par Na, premières lettres du nom latin *natrium*, etc.

Formules. — Ces notions très simples sur les symboles vont nous conduire à comprendre la constitution des formules des corps composés.

L'*eau* étant composée, nous le savons, de 2 atomes d'hydrogène pour 1 atome d'oxygène, sa formule sera H^2O (l'exposant 2 n'ayant ici que la valeur d'un multiplicateur et non la puissance comme en arithmétique).

Le *gaz acide carbonique* est formé de deux atomes d'oxygène pour 1 atome de carbone ; il s'écrira : CO^2.

Des formules des corps on passe facilement aux réactions chimiques. Lorsqu'on verse de l'eau sur de la *chaux vive*, elle se transforme en *chaux éteinte*. A l'aide de la formule suivante, on se rend facilement compte de la réaction :

$$\underbrace{CaO}_{\text{Chaux vive.}} + \underbrace{H^2O}_{\text{Eau.}} = \underbrace{CaO^2H^2}_{\text{Chaux éteinte.}}$$

Principes de la nomenclature chimique. — On trouve dans le commerce, et principalement chez les marchands de couleur, une substance d'un beau bleu à laquelle on donne le nom vulgaire de **vitriol bleu** : les chimistes la nomment **sulfate de cuivre**. On pourrait se demander pour quelle raison les chimistes donnent aux

(1) Voir *Cours élémentaire de Chimie* à l'usage des aspirants au Brevet supérieur, par les docteurs G. Van Gelder et A. Chassevant (Nathan, éditeur).

corps un nom différent du nom vulgaire ; cette dénomination est très importante, les mots *sulfate de cuivre* faisant connaître immédiatement que le corps en question est formé de cuivre, d'oxygène et de soufre.

La nomenclature chimique est une série de règles adoptées par la dénomination des corps, et cette dénomination donne du même coup le nom des corps simples qui entrent dans la constitution du composé.

Le besoin d'une nomenclature se fit sentir dès que la chimie devint une science, c'est-à-dire à la fin du dix-huitième siècle. Nous allons en exposer les principales règles, en faisant observer que la connaissance de cette partie de la chimie est capitale pour comprendre les leçons suivantes.

Les corps simples ne nous arrêteront pas; leur nomenclature n'est soumise à aucune règle précise; autrefois on leur donnait un nom généralement grec tiré d'une de leurs propriétés, exemple : **chlore** (du grec *chloros*, qui signifie jaune verdâtre), ce gaz ayant en effet cette couleur. Aujourd'hui on donne aux corps simples que l'on découvre des noms courts et sonores, faciles à retenir.

La nomenclature des corps composés est au contraire d'une grande importance. Nous les diviserons en quatre groupes :

A. *Les composés binaires oxygénés.*

B. *Les composés binaires non oxygénés.*

C. *Les acides hydratés et hydrates métalliques.*

D. *Les sels.*

A. **Composés binaires oxygénés** (oxydes et anhydrides). — Les composés binaires sont formés de l'union de deux corps simples : ici l'oxygène est un des deux corps.

Lorsque l'oxygène est combiné avec un *métal*, on dit

qu'il s'est formé un *oxyde* du métal correspondant.
Exemple : *Oxyde de fer* = combinaison d'oxygène et
de fer. *Oxyde de cuivre* = combinaison d'oxygène et de
cuivre.

Lorsque l'oxygène est combiné avec un *métalloïde*, il
donne des *oxydes* et des acides anhydres ou *anhydrides*.
Pour former le nom des anhydrides, on écrit le mot anhydride suivi du nom du métalloïde qu'on termine par *ique*.

Exemple : l'azote se combine avec l'oxygène pour
donner l'*anhydride azotique*. Inversement, si nous lisons
anhydride sulfurique, cela signifie que ce corps renferme
de l'oxygène et du soufre.

Il arrive fréquemment que le même poids d'un métalloïde se combine avec un poids moins fort d'oxygène;
on obtient encore un anhydride, mais il va falloir donner
un autre nom à ce composé pour ne pas le confondre
avec l'anhydride terminé en *ique*. On suit alors la règle
suivante : on écrit le mot anhydride suivi du nom du
métalloïde qu'on termine par **eux**, ce qui donnera, s'il
s'agit de l'azote, *anhydrique azoteux ;* la différence entre
ces anhydrides consiste en ce qu'il y a moins d'oxygène
dans le second pour la même quantité d'azote. L'*anhydride azotique* est, en résumé, plus oxygéné que l'autre.

Nous avons vu que rien n'était plus simple que la dénomination des oxydes.

Mais ici encore le même poids de métal se combine
avec le double, le triple, etc., de la quantité primitive
d'oxygène, on donne à ces combinaisons les noms de
bioxyde, *trioxyde*, etc. Exemple : deux atomes d'oxygène
pour un de plomb donneront du *bioxyde de plomb*.

B. **Composés binaires non oxygénés.** — Il s'agit
généralement ici de combinaisons de métalloïdes avec
des métaux.

La règle est la suivante : Écrire le nom du métalloïde

suivie de la terminaison *ure* de la particule *de* et du nom du métal. Exemple : *chlore* et *argent* donneront *chlorure d'argent ; soufre* et *fer* donneront *sulfure de fer.* Inversement, on voit que le sel marin ou *chlorure de sodium* est composé d'un métalloïde, le *chlore,* et d'un métal, le *sodium.*

L'observation que nous avons faite au sujet des oxydes subsiste pour les composés dont nous venons de parler. *Un atome de soufre* combiné avec *un atome de fer* donnera du *protosulfure de fer.*

D'autre part, *un atome de fer* peut s'unir avec 2 *atomes de soufre* pour former du *bisulfure de fer*, etc.

Ajoutons que certains métalloïdes se combinant avec l'hydrogène donnent des *acides* composés d'un goût aigre rougissant la teinture bleue de tournesol. Ces acides étant formés par l'hydrogène on leur donne le nom d'*hydracides* qui rappelle leur origine. Le type de ces acides est l'*acide chorhydrique* qui est formé par la combinaison de 1 atome d'hydrogène et de 1 atome de chlore. L'*acide iodhydrique* est inversement l'acide formé d'iode et d'hydrogène.

C. **Acides hydratés et hydrates métalliques.** — Ces corps sont dits *ternaires*, car il entre dans leur composition trois corps simples.

L'anhydride sulfurique mis en contact avec l'eau se combine avec ce liquide en donnant naissance à de l'*acide sulfurique* qui est bien un corps ternaire formé de soufre, d'hydrogène et d'oxygène.

Les *acides hydratés* sont donc le résultat de la fixation de l'eau sur les anhydrides.

Inversement nous dirons : l'acide azotique est formé d'eau et d'anhydride azotique, c'est-à-dire d'azote, d'oxygène et d'hydrogène. — Les acides rougissent la teinture bleue de tournesol.

Ce qui arrive aux anhydrides, lorsque ces corps sont traités par l'eau, s'observe également pour les oxydes métalliques. La *chaux vive*, oxyde d'un métal nommé *calcium*, traitée par l'eau, dégage une forte chaleur ; l'eau et la chaux vive se combinent pour donner la *chaux éteinte* ou *hydrate de calcium*.

Certains hydrates métalliques, ceux de potassium, de sodium, de calcium par exemple, ramènent au bleu la teinture de tournesol rougie par un acide. On les appelle *bases*.

D. Sels. — On désigne, sous ce nom, les composés formés par l'action des acides sur les oxydes ou sur les hydrates métalliques.

Sur de l'*oxyde de plomb*, versons de l'*acide sulfurique ;* laissons les deux corps en contact un certain temps et on obtient un composé nouveau, le *sulfate de plomb*. Ce corps est un sel. Ainsi, pour former le nom de ce sel, on a, dans le mot sulfurique, remplacé la terminaison *ique* par *ate* suivi de la particule *de* et du nom du métal.

Dans l'exemple ci-dessus, nous ferons observer qu'on devrait dire *sulfurate*, mais l'usage a admis la contraction et on dit *sulfate*.

Inversement, l'*azotate de zinc* sera formé d'*acide azotique* et de zinc.

Les *acides* agissant sur les *hydrates métalliques* donnent aussi des *sels*, soit l'*hydrate de sodium* sur lequel nous faisons agir de l'*acide azotique*, nous aurons de l'*azotate de sodium* qui est un sel.

Les acides moins oxygénés, dont le nom se termine par *eux*, forment le nom de leurs sels en substituant *ite* à la terminaison *eux*. L'acide sulfureux donne des *sulfites*. L'acide chloreux donne des *chlorites*, etc.

Ces préliminaires étant posés, nous allons entrer dans

l'étude particulière des principaux corps simples et composés.

Nous ne saurions assez insister sur la nécessité d'entreprendre cette étude avec ordre et méthode. D'abord nous donnerons un aperçu de l'*historique* du corps : nous passerons ensuite à ses *propriétés physiques* (état, odeur, couleur, saveur, densité, fusion, etc., etc.). Viendront ensuite les *propriétés chimiques* qui forment la partie capitale de l'histoire du corps. L'*état naturel* constitue, pour ainsi dire, l'*histoire naturelle* du corps en nous disant sous quelle forme on le trouve dans la nature. Enfin la *préparation* (moyens dont on se procure le corps) et les *usages* en termineront l'étude.

Nous aurons soin de suivre cet ordre dans les leçons qui vont suivre.

Devoir. — Donnez un exemple d'analyse, — de synthèse.

Donnez deux exemples probants de la différence entre « mélange et combinaison ».

Décomposez rationnellement en leurs éléments l'azotate de zinc, le sulfate de calcium.

RÉSUMÉ SYNOPTIQUE DU CHAPITRE I.

CHIMIE. — Notions générales.

		EXPÉRIENCES
La chimie étudie les phénomènes qui modifient essentiellement la constitution des corps........		*Fusion du soufre. Combustion du soufre. Combinaison du soufre et du cuivre (en tournure).*
Les corps....	*simples* (métaux, métalloïdes).... sont formés de *molécules* qui sont la réunion d'*atomes identiques*.... *composés* (oxydes, acides, sels).... sont formés de *molécules* qui sont la combinaison d'*atomes différents*.....	*Montrer des métaux, des métalloïdes, des oxydes, des acides, des sels.*
L'analyse décompose un corps en ses éléments........		*Analyse de l'eau par le voltamètre.*
La synthèse reconstitue un corps avec ses éléments........		*Synthèse de l'eau par l'eudiomètre.*
Le mélange est un phénomène physique........ **La combinaison** est un phénomène chimique........		*Soufre et limaille de fer.*
Nomenclature (corps composés).....	**binaires** — **oxygénés**.... oxydes (*métal et oxygène*)........; anhydrides (*métalloïde et oxygène*), en « ique », en « eux ».......... **binaires** — **non oxygénés** sel (*métalloïde et métal*), en « ure ». hydracides (*métalloïde et hydrogène*).......... **acides hydratés** (*anhydride et eau*), en « ique », en « eux »... **hydrates métalliques** (*oxyde et eau*)........ **sels** (*acide et oxyde*), en « ate », en « ite »........	*Montrer des corps composés. Les acides rougissent la teinture bleue de tournesol. Les bases ramènent au bleu la teinture de tournesol rougie par un acide.*
Plan pour l'étude d'un corps......	Historique. — Propriétés (physiques, chimiques). — État naturel. — Préparation. — Usages.	

CHAPITRE II

Oxygène.

Historique. — L'oxygène a été découvert, en 1774, par Priestley en Angleterre et par Scheele en Suède. Lavoisier a fait connaître plus tard ses propriétés.

Propriétés physiques. — Gaz incolore, inodore, insipide ou sans saveur; densité = 1,1056. Peu soluble dans l'eau, un litre d'oxygène exige 24 litres d'eau pour le dissoudre. L'oxygène a été liquéfié, en 1877, par M. Cailletet et par M. Pictet.

Propriétés chimiques. — L'oxygène est par excellence le gaz propre à la combustion; une allumette, présentant quelques points rouges, brûle dans ce gaz avec un vif éclat. On dit pour cette raison que l'oxygène est un **gaz comburant.** Le mot *comburant* signifie : qui *fait brûler.* On donne, par opposition, le nom de gaz combustible à celui qui au contraire brûle. Un grand nombre d'expériences démontrent les propriétés comburantes de l'oxygène.

Si, dans un flacon d'oxygène, on plonge un morceau de *charbon* allumé qu'on a placé dans une coupelle maintenue par un fil de fer, on voit le charbon brûler avec un vif éclat, en lançant des étincelles; il se forme dans cette expérience de l'**anhydride carbonique.** Si l'on plonge dans ces mêmes conditions du *soufre* enflammé, celui-ci brûle avec une flamme bleue en donnant naissance à un gaz suffocant l'**anhydride sulfureux.** Le *phosphore* brûle dans l'oxygène avec un éclat éblouissant en donnant naissance à de l'**anhydride phosphorique.**

Les métaux eux-mêmes brûlent dans l'oxygène : pour

le démontrer (fig. 162), il suffit de prendre un fil *de fer* fin, de l'enrouler autour d'un crayon de manière à former une spirale, on attache à l'extrémité un morceau d'amadou qu'on enflamme et qu'on plonge dans l'oxygène; on voit la spirale brûler peu à peu en lançant des étincelles et en donnant naissance à de l'**oxyde de fer** qui se dépose sur les parois du flacon sous forme d'une poudre rougeâtre. A ces combustions qui se font avec dégagement de chaleur et de lumière, et que l'on nomme **combustions vives**, on peut en rattacher d'autres qui tout en produisant les mêmes résultats ne s'accompagnent pas de lumière et portent pour cette

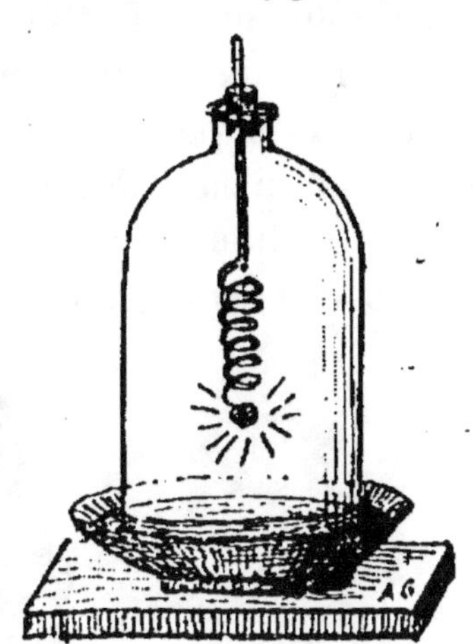

Fig. 162.

raison le nom de **combustions lentes**; tel est le cas du fer lorsqu'il est abandonné à l'air humide, l'oxygène agissant sur lui l'oxyde mais lentement.

La respiration a été également comparée par Lavoisier à une combustion. Les aliments que nous introduisons dans notre organisme contiennent du charbon et de l'hydrogène, corps éminemment combustibles, qui, au contact de l'oxygène de l'air que nous introduisons par les poumons, brûlent lentement en donnant naissance à de l'acide carbonique et à de la vapeur d'eau (voir nos *Éléments de Sciences naturelles*).

État naturel. — L'oxygène est un des corps les plus répandus dans la nature; qu'il nous suffise de rappeler qu'il entre dans la composition de l'air et de l'eau.

Préparation. — Dans les laboratoires, on prépare facilement l'oxygène en chauffant un sel blanc, le **chlorate de potassium.** L'appareil qui sert à cette préparation peut être tout simplement composé d'un ballon de verre, dans lequel on met le chlorate de potassium, on le bouche avec un bouchon de liège ou de caoutchouc percé d'un trou en son milieu. Dans ce trou on fait passer un tube de verre, deux fois recourbé à angle droit, qui se termine par une partie arrondie venant s'ouvrir dans une cuve pleine d'eau (fig. 163).

On chauffe le chlorate de potassium, celui-ci se décompose et, comme nous allons le voir, cette décomposition

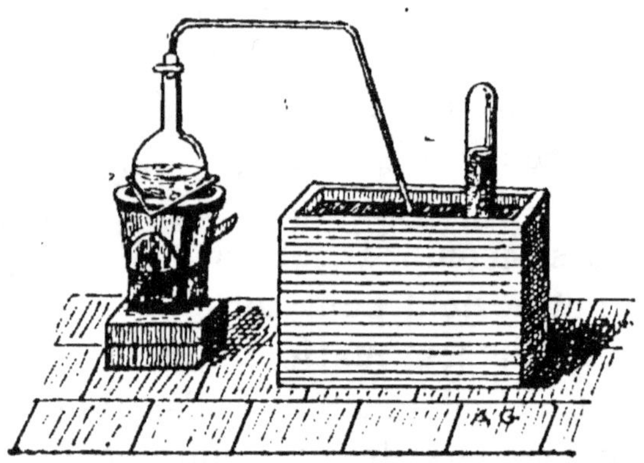

Fig. 163. — **Appareil pour la préparation des gaz à chaud.**

amène la formation d'une grande quantité d'oxygène qui passe par le tube à dégagement et vient déboucher dans la cuve sous forme de bulles. Pour recueillir le gaz, il suffit de faire arriver l'extrémité du tube à dégagement sous une petite cloche remplie d'eau et qu'on a renversée droite dans la cuve ; à mesure que le gaz se produit, il monte dans la cloche, car il est plus léger que l'eau et, arrivé en haut, il chasse un volume d'eau égal au sien ; lorsque la cloche est entièrement vide d'eau, c'est qu'elle est pleine de gaz, il suffit alors de glisser une soucoupe sous l'ouverture de la cloche pour isoler le gaz recueilli.

La décomposition du chlorate de potassium est facile à expliquer par la formule développée ci-dessous et qui montre en s'appuyant sur les principes de la nomenclature ce qui reste après l'opération :

Chlorate de potassium. { Acide chlorique. { Chlore............ } Oxygène.... ↑ } .... Chlorure de potassium. Potassium............

$$2ClO^3K^{(1)} = 2KCl + O^6$$

Chlorate de potassium. — Chlorure de potassium. — Oxygène.

L'oxygène se dégage ainsi que le fait voir la flèche, le chlore se porte sur le potassium pour former du *chlorure de potassium* qui reste au fond du ballon.

Usages. — L'oxygène étant l'agent de la combustion, on comprend que l'insufflation d'une grande quantité d'oxygène dans un foyer doit déterminer une *élévation considérable de température ;* par conséquent si l'oxygène pouvait s'obtenir à très bas prix, il rendrait des services considérables dans l'industrie. Malheureusement, il n'en est pas encore ainsi. On emploie également l'oxygène en médecine pour ranimer les asphyxiés, et on a obtenu de bons résultats d'inhalation de ce gaz dans le traitement des maladies du cœur.

Devoir. — Expliquer la décomposition du chlorate de potassium.
Citer deux exemples de combustions lentes.
Pourquoi Lavoisier a-t-il comparé la respiration à une combustion ?

1. La formule du chlorate de potassium est ClO^3K : ici on prend 2 fois ClO^3K, c'est-à-dire 2 molécules de chlorate de potassium ; le coefficient **2** multipliera donc tous les corps renfermés dans ClO^3K.

RÉSUMÉ SYNOPTIQUE DU CHAPITRE II.

EXPÉRIENCES

L'OXYGÈNE.

Historique. — Découvert en Angleterre, au 18ᵉ siècle. / Étudié par Lavoisier.

Propriétés physiques — incolore............ / plus lourd que l'air............ / peu soluble dans l'eau............
Éprouvettes d'oxygène. / *Éprouvette non bouchée.*

Propriétés chimiques — comburant { entretient / active.... } la combustion { lente.... / vive..... }
Rallumer une allumette présentant un point en ignition.
Combustion du charbon. Eau de chaux.
Combustion du soufre, du phosphore, du fer. Tournesol rougi.

État naturel — très répandu { en mélange dans l'*air*. / en combinaison dans l'*eau*. }

Préparation. — Chauffer le *chlorate de potassium*............ / Résidu : chlorure de potassium............
Préparation. Mélanger au chlorate de potassium un poids égal de bioxyde de manganèse.

Usages. — Combustion (activée : soufflet, chalumeau)............ / Respiration (vie)............ / Médecine............
Souffler de l'air sur un feu de charbon de bois.

CHAPITRE III

Hydrogène.

Historique. — L'hydrogène a été découvert en 1777 par l'anglais Cavendish.

Propriétés physiques. — Gaz incolore, inodore et insipide lorsqu'il est pur. Il a été liquéfié dans ces derniers temps par MM. Cailletet et Pictet. L'hydrogène est *bon conducteur* de la chaleur et de l'électricité, ce qui indique que c'est plutôt un métal qu'un métalloïde.

C'est le *plus léger* de tous les gaz, il pèse 14 fois 1/2 moins que l'air et sa densité peut être représentée par les chiffres 0,0692. On démontre sa grande légèreté au moyen de quelques expériences. La plus simple consiste à prendre deux éprouvettes de même volume, l'une contenant de l'hydrogène et l'autre de l'air (fig. 164). On les abouche de manière à mettre celle qui contient l'hydrogène en haut et celle à air en bas, puis on

Fig. 164.

retourne; et comme l'hydrogène est plus léger, il passe dans l'éprouvette supérieure, ce que l'on peut constater facilement, car l'hydrogène est combustible et brûle. On peut faire des bulles de savon avec l'hydrogène; ces bulles montent avec une grande rapidité dans l'atmosphère. Enfin nous savons que l'hydrogène sert à gonfler les ballons

L'hydrogène traverse très facilement les membranes

animales et végétales, les terres poreuses, etc.; en plaçant de l'hydrogène dans une vessie ou dans un vase en terre, il passera peu à peu à l'extérieur et finalement disparaîtra.

Propriétés chimiques. — L'hydrogène *brûle* au contact de l'air avec une flamme à peine visible lorsqu'il est pur. *Le produit de sa combustion est de l'eau*. On se rend facilement compte de ce phénomène en couvrant d'un verre la flamme de l'hydrogène se dégageant de l'appareil (fig. 165). Les parois de ce verre se couvrent de vapeur d'eau qui se condense en gouttelettes. L'hydrogène que nous obtenons dans les laboratoires est généralement impur et brûle avec une flamme assez éclairante; mais l'hydrogène n'entretient pas la combustion comme l'oxygène, et si une allumette plongée dans le gaz enflamme celui-ci, elle-même s'éteint.

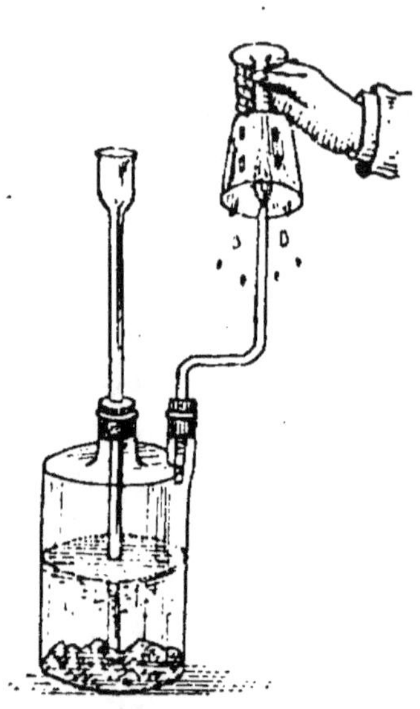

Fig. 165. — **L'hydrogène brûle en produisant de l'eau.**

En mélangeant l'hydrogène avec l'air, ou avec l'oxygène, et en approchant une allumette, il se produit une explosion avec formation de vapeur d'eau. On peut obtenir un bec de gaz hydrogène; c'est l'expérience de la **lampe philosophique** (fig. 166). Cette expérience consiste à placer à la tubulure du flacon qui sert à préparer l'hydrogène un tube en verre effilé à son extrémité. On attend quelques instants, afin que tout l'air renfermé dans le flacon ait bien disparu, et on enflamme à l'aide d'une allumette. Il faut avoir soin d'attendre comme nous l'avons dit, car sans cette précaution on risquerait d'enflammer un mélange d'air et d'hydrogène et d'amener une explosion.

Avec la lampe philosophique, on peut faire une autre expérience, celle de l'**harmonica chimique** (fig. 167). On entoure le bec d'hydrogène d'un tube de verre de quel-

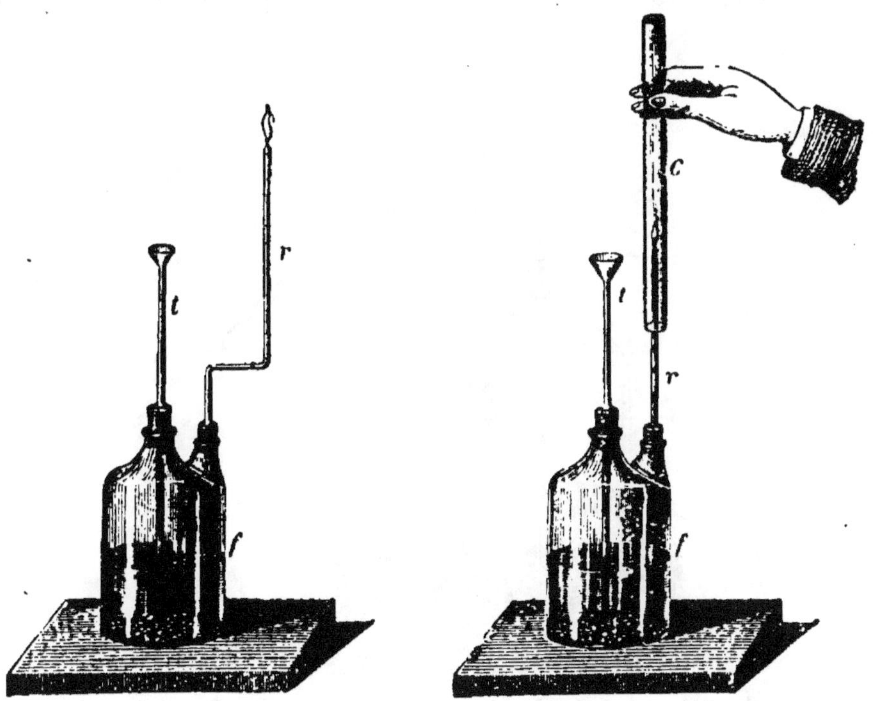

Fig. 166. — **Lampe philosophique.**   Fig. 167. — **Harmonica chimique.**

ques centimètres de diamètre, et on entend un son continu qui paraît dû à une série de petites explosions produites par l'hydrogène et l'air renfermés dans le tube.

En brûlant, l'hydrogène dégage une grande quantité de chaleur.

État naturel. — L'hydrogène est *très répandu* dans la nature; il suffit de se rappeler qu'il entre dans la constitution de l'eau et de penser à l'énorme quantité d'eau qui existe à la surface du globe.

Préparation de l'hydrogène (fig. 168). — L'appareil employé pour la préparation à froid des gaz en général et de l'hydrogène en particulier est un flacon à deux tubulures *f*. A la tubulure centrale, on place un bouchon dans lequel pénètre un tube dit *à entonnoir t*. A la tubulure latérale se trouve également un bouchon

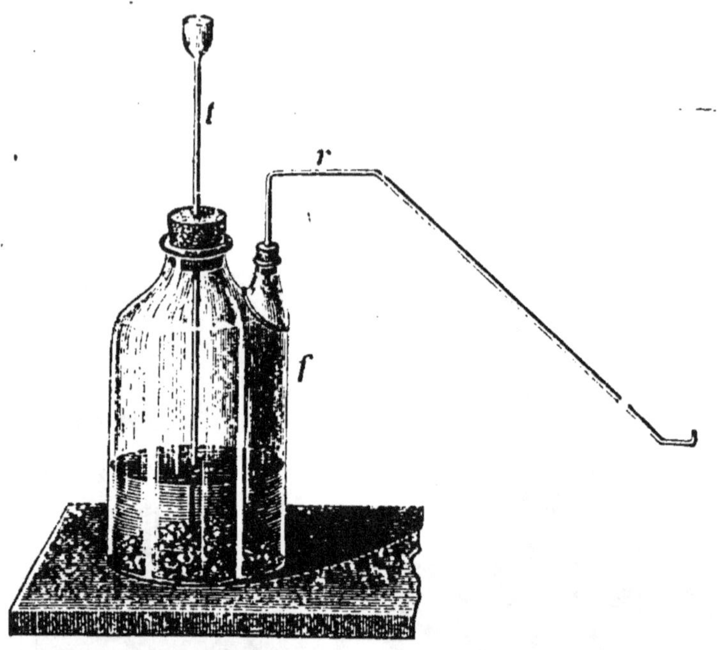

Fig. 168. — **Appareil pour la préparation des gaz à froid.**

dans lequel pénètre un tube *à dégagement r*. On met dans le flacon les substances destinées à former le gaz. Dans le cas présent, c'est du **zinc** et de l'eau. On a soin de faire plonger le tube à entonnoir dans l'eau, car, sans cela, une partie du gaz s'échapperait par ce tube, puis on verse de *l'acide sulfurique* par l'entonnoir. Le gaz se produit et vient s'échapper par le tube à dégagement.

La réaction peut être expliquée de la façon suivante : le zinc se combine avec l'oxygène que renferme l'eau contenue dans l'acide sulfurique, il se forme de l'oxyde de zinc qui se combine à son tour avec l'acide sulfurique pour former du *sulfate de zinc*, l'hydrogène est mis alors en liberté.

Zinc... Sulfate de zinc.

Acide sulfurique................... renfermant hydrogène.

$$Zn + SO^4H^2 = SO^4Zn + H^2$$

Zinc.　　Acide sulfurique.　　Sulfate de zinc.　　Hydrogène.

Usages. — L'hydrogène mélangé avec l'oxygène constitue le **gaz oxhydrogène** dont la flamme a une température si élevée qu'elle sert à fondre le platine, métal qui exige 2000° environ pour devenir liquide. L'hydrogène sert à gonfler les ballons.

Devoir. — Que savez-vous de la combustion de l'hydrogène ?

Montrez par deux exemples la différence entre « comburant » et « combustible ».

Quelle expérience montre le mieux l'affinité entre l'hydrogène et l'oxygène ?

RÉSUMÉ SYNOPTIQUE DU CHAPITRE III.

EXPÉRIENCES

L'HYDROGÈNE.

Historique — Découvert à la fin du 18ᵉ siècle par l'Anglais Cavendish.

Propriétés physiques.
- Incolore, inodore
- *Bon conducteur* de la chaleur et de l'électricité
- Le plus *léger* des gaz ($d = 0,07$) de la densité de l'air
- Traverse les corps poreux

Renverser une éprouvette contenant de l'hydrogène sous une autre contenant de l'air. Gonfler d'hydrogène un petit ballon léger. Bulles de savon.

Propriétés chimiques.
- *Brûle* : avec une flamme très chaude — en produisant de l'*eau*
- Grande *affinité* pour l'*oxygène*

Enflammer l'hydrogène d'une éprouvette ; — de l'appareil. Production d'eau. Lampe philosophique.

État naturel. — Très répandu : *eau* — hydracides

Harmonica chimique. Mélange détonant (2 volumes d'H pour 1 volume d'O).

Préparation.
- *Eau acidulée* par l'acide sulfurique, et *zinc*
- Résidu : sulfate de zinc

Eau, zinc et acide sulfurique ou acide chlorhydrique.

Usages.
- Gonflement des *ballons*
- *Chalumeau* oxhydrique

Usage du chalumeau.

CHAPITRE IV

L'Eau.

L'eau est le produit de la combinaison de l'oxygène et de l'hydrogène.

Propriétés physiques. — L'eau est un liquide incolore en petite quantité, inodore et insipide quand elle est pure.

Cependant l'eau en grande masse est bleue, ainsi qu'on peut s'en apercevoir lorsqu'on regarde une vaste étendue d'eau comme la mer.

L'eau a été prise comme point de comparaison pour les densités des solides et des liquides. Un centimètre cube d'**eau distillée pure** pèse 1 gramme.

L'eau se présente sous trois formes. Généralement elle est liquide. Mais lorsque la température s'abaisse au-dessous de zéro, elle devient solide, enfin on la trouve également à l'état de vapeur. Nous verrons plus loin que l'air atmosphérique contient toujours des quantités plus ou moins considérables de vapeur d'eau. La solidification de l'eau se fait avec augmentation de volume (voir *Physique*, page 107).

Si on chauffe de l'eau, on constate que de zéro à 4 degrés, elle **diminue** de volume, mais à partir de 4 degrés, elle suit les lois ordinaires et se **dilate** ; il en résulte donc que c'est à 4° que l'eau a le plus grand poids sous le plus petit volume possible, ce que l'on exprime en disant que l'eau a son maximum de densité à 4°, considération importante pour la détermination du gramme. A 100°, l'eau pure et à la pression normale bout.

Propriétés chimiques. — L'eau est décomposée par la chaleur et l'électricité. Le *platine chauffé à blanc*, plongé dans l'eau détermine sa décomposition en oxygène et en hydrogène, sous forme de petites bulles qui éclatent. Enfin, en faisant passer dans l'eau un courant électrique, l'eau est décomposée en ses éléments (voir *Physique*).

Les métaux à peu d'exception près décomposent l'eau dans des conditions du reste très variables, pour s'emparer de son oxygène en mettant l'hydrogène en liberté.

Certains métalloïdes se conduisent d'une manière analogues ; le charbon chauffé au rouge et plongé dans de l'eau la décompose ; l'oxygène se combine avec le charbon pour former un gaz dangereux, l'oxyde de

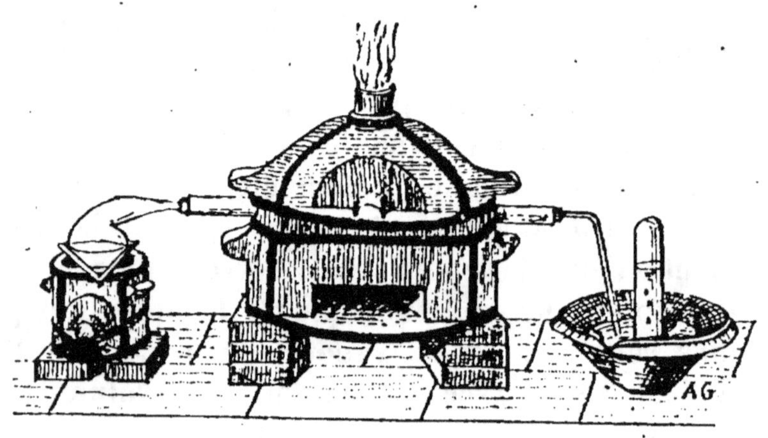

Fig. 169. — **Décomposition de l'eau.**

carbone. Aussi, doit-on éviter, dans les cuisines mal aérées, d'éteindre les fourneaux avec de l'eau.

Composition de l'eau. — Elle a été établie par analyse et par synthèse :

1° Analyse de l'eau. Elle peut être faite *en volume ou en poids.* Pour analyser l'eau **en volume**, nous n'avons qu'à nous reporter à la décomposition de l'eau sous l'influence de la pile (voir *Physique*, fig. 118).

Rappelons qu'il résulte de cette analyse, qu'en volume, l'eau est formée de 2 d'hydrogène pour 1 d'oxygène.

Si on veut connaître la *composition de l'eau en poids*, on emploie le procédé suivant :

Dans un tube en porcelaine (fig. 169), on place des copeaux de fer, on chauffe fortement le tube et on y fait arriver un courant de vapeur d'eau, on a eu soin de peser l'eau ainsi que le tube avant l'expérience. Or, l'oxygène se combine avec le fer pour former de l'*oxyde de fer*. Après l'expérience le tube pèse plus et le surplus du poids sera celui de l'oxygène. Retranchant le poids de l'oxygène de celui de l'eau, on a le poids de l'hydrogène, ce qui nous permet de constater qu'il y a 8 grammes d'oxygène et 1 gramme d'hydrogène pour 9 grammes d'eau.

On pourrait être surpris de voir que la composition de l'eau en poids ou en volume diffère tellement, qu'en volume l'hydrogène domine tandis qu'en poids c'est l'oxygène qui est en quantité beaucoup plus considérable ; cela s'explique par les *différences de densité*, l'hydrogène étant beaucoup plus léger que l'oxygène, il est bien évident qu'il faudra un bien plus grand volume d'hydrogène, pour correspondre à un poids peu considérable d'hydrogène.

Synthèse de l'eau. — 1° *Synthèse en poids.* — Sur de l'*oxyde de fer*, on fait passer un courant d'hydrogène pur et sec; on chauffe l'oxyde de fer, l'hydrogène s'empare de l'oxygène pour former de l'eau ; cette eau peut être recueillie et après l'expérience il ne reste plus que du fer, on pèse l'oxyde de fer avant l'expérience et on le pèse après; ce qu'il pèse *en moins* représente le poids de l'oxygène qui s'est combiné avec l'hydrogène pour former l'eau; retranchons ce poids du poids de l'eau formée, on obtient le poids de l'hydrogène.

2° *Synthèse en volume*. — La synthèse en volume se fait dans l'eudiomètre à mercure; cet appareil consiste en une éprouvette graduée en verre à parois très épaisses portant à sa partie supérieure une pièce en cuivre faisant saillie dans l'intérieur du tube; dans l'appareil se trouve une spirale métallique terminée par une boule, de telle sorte que ces pièces sont en regard l'une de l'autre,

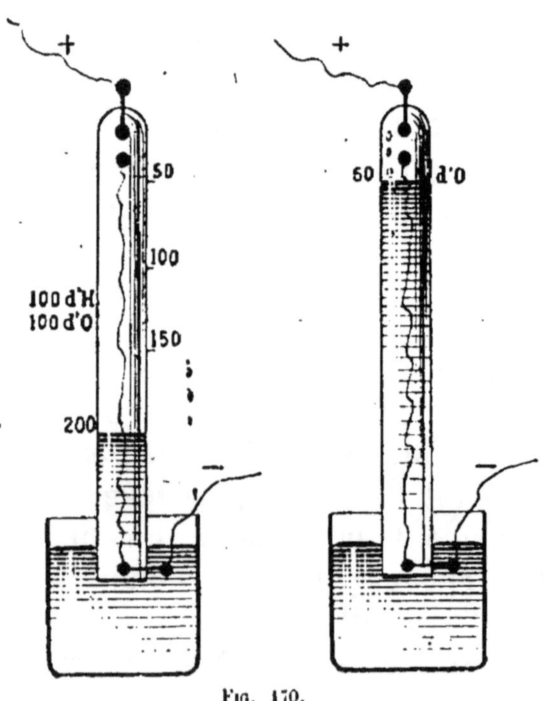

Fig. 170.

disposition qui a pour but de faire jaillir une étincelle électrique entre les deux (fig. 170).

Pour se servir de cet appareil, on le remplit de mercure, puis on y introduit 100 volumes d'hydrogène et 100 d'oxygène, en tout 200 volumes de gaz, on fait jaillir l'étincelle électrique, il se produit une détonation sourde et il se forme des goutelettes d'eau ; après l'expérience, on voit qu'il ne reste plus que 50 volumes de gaz, et que ce gaz est de l'oxygène ; donc, les 100 volumes d'hydrogène introduits se sont combinés avec 50 volumes d'oxygène ; l'eau est donc formée de 100 volumes d'hydrogène pour 50 d'oxygène ou, en simplifiant, de 2 volumes d'hydrogène pour 1 d'oxygène.

Eau naturelle. — L'eau dont nous venons de faire l'analyse et la synthèse est de l'eau *chimiquement pure*; celle dont nous nous servons chaque jour, qui est utilisée pour les usages domestiques, pour la boisson, contient beaucoup de substances en *dissolution*, parce que l'eau provenant des sources coule sur le sol et dissout sur son passage un très grand nombre de corps. Parmi les substances que l'on trouve dans les eaux naturelles, il faut distinguer : le *sulfate de chaux* ou *plâtre;* lorsque les eaux contiennent une trop grande quantité de ce sulfate, elles sont impropres aux usages domestiques ; on les appelle **eaux crues** ou **séléniteuses** et on les reconnaît facilement parce qu'elles ne cuisent pas les légumes et ne dissolvent pas le savon.

Les eaux séléniteuses peuvent occasionner des troubles assez graves de l'appareil digestif, telles sont les eaux des puits de Paris, d'où l'impossibilité de les utiliser ; on conçoit du reste qu'il en doit être ainsi, Paris étant construit sur un sol très riche en sulfate de chaux.

Les eaux contiennent également du *carbonate de chaux* ou *calcaire* en petite quantité dans les eaux de source, mais quelquefois ce sel est très abondant. Tel est le cas de l'eau de Sainte-Allyre à Clermont où la quantité de calcaire est si grande que des objets placés dans cette eau ne tardent pas à se recouvrir d'une couche de sel; ces eaux sont dites **pétrifiantes.**

On trouve encore dans les eaux de source une petite

quantité de *sel marin* ou *chlorure de sodium*. Du reste, la présence des sels de chaux, du sel marin en petite quantité est nécessaire à la santé de l'homme.

On sait que le squelette doit sa solidité à la présence des sels de chaux, il est donc nécessaire que les eaux destinées à la boisson en renferment quelque peu.

Les **eaux potables**, légèrement calcaires, doivent aussi être *aérées*, leur saveur est alors fraîche et agréable.

L'eau chimiquement pure est l'eau **distillée** que l'on obtient en réduisant l'eau en vapeur et en ramenant cette vapeur à l'état de liquide par le refroidissement (voir *Physique*, page 114) ; l'eau distillée est fade ; elle est privée d'air, il est facile de s'en convaincre en y plaçant un poisson qui n'y peut vivre ; c'est en raison de sa pureté qu'on l'emploie toujours pour les préparations de pharmacie.

Ajoutons enfin, que les eaux peuvent renfermer toutes sortes de substances en dissolution, tel est le cas des **eaux minérales** dans lesquelles on trouve des substances très variées.

Devoirs. — Par les résultats de l'analyse de l'eau en poids et en volume, trouver le rapport des densités de l'hydrogène et de l'oxygène ?

Rappeler le principe de la distillation de l'eau.

EXPÉRIENCES

L'EAU.

Propriétés physiques.
- Incolore, inodore...
- Prise comme *unité pour la densité* des solides et des liquides.......................................
- Atteint son *maximum de densité* à 4°...............
- Peut prendre les 3 états : *Ébullition* : point 100 du thermomètre...
- *Solidification* : point 0 du thermomètre...........

Observation de liquides colorés, odorants, plus lourds que l'eau, plus légers que l'eau.
Ébullition d'une petite quantité d'eau.

Propriétés chimiques.
- **Décomposée**
  - par la chaleur...........................
  - par l'électricité...........................
  - par la plupart des métalloïdes.....
  - par la plupart des métaux, sauf les métaux précieux..................

Platine chauffé à blanc.
Voltamètre (analyse de l'eau).
Action du charbon au rouge.
— du fer au rouge.
— du potassium à froid.

Composition.
- En *volume* : 2 v. d'H pour 1 v. d'O..............
- En *poids* : 1 g. d'H pour 8 g. d'O.....................

Analyse en volume, en poids.
Synthèse — —

Diverses eaux.
- Distillée (alambic). Chimiquement pure............

Distillation. Résidus.

- **Potable**
  - fraîche, limpide...........................
  - aérée..................................
  - sels de chaux en petite quantité (pas de plâtre)..................................
  - chlorure de sodium........................
  - pas de matières organiques..............
- **Eaux pétrifiantes.** Craie en excès.................
- **Eaux séléniteuses.** Plâtre en excès.................
- **Eaux contaminées.** Microbes, matières organiques..

Filtrage d'une eau non potable.
Ébullition pour montrer le dépôt de l'excès de matières salines préalablement dissoutes.

CHAPITRE V

Azote et air atmosphérique.

AZOTE

Historique. — L'azote fut découvert par Rutherford à la fin du dix-huitième siècle.

Propriétés physiques. — Gaz incolore, inodore et sans saveur; on pourrait donc confondre l'azote avec l'hydrogène et l'oxygène à simple inspection. Nous allons voir qu'il est facile de les distinguer. L'azote a été liquéfié et solidifié par M. Cailletet. Ce gaz est peu soluble dans l'eau, on peut donc le préparer sur l'eau.

Propriétés chimiques. — L'azote n'est ni comburant ni combustible; une bougie allumée plongée dans ce gaz s'y éteint et le gaz ne prend pas feu. Par conséquent, il sera très facile de distinguer une éprouvette d'azote de deux autres contenant de l'oxygène et de l'hydrogène aux caractères suivants :

L'oxygène rallume une bougie présentant quelques points rouges; l'hydrogène brûle, mais éteint la bougie; dans l'azote, la bougie s'éteint et le gaz ne prend pas feu. Du reste, l'étude de l'azote est peu intéressante, ce gaz ayant des affinités très peu énergiques. L'azote n'entretient pas la respiration. Un animal plongé dans le gaz y meurt, non parce que l'azote est un poison, mais parce que l'animal est privé d'oxygène.

État naturel. — L'azote est très répandu dans la nature. Il fait partie de l'air dont il occupe les 79/100; on le trouve également en forte proportion dans les matières organiques, surtout dans les tissus des animaux.

Préparation. — On retire l'azote de l'air qui en contient une grande quantité. L'expérience consiste à s'emparer de l'oxygène ; on y arrive au moyen de plusieurs substances et parmi elles le phosphore, qui a une grande affinité pour l'oxygène. La préparation de l'azote par le phosphore peut être faite à chaud ou à froid. Pour préparer l'azote à chaud, on prend la cuve à eau sur laquelle on place un flotteur en liège; sur ce flotteur se trouve une coupelle, et dans la coupelle on introduit un morceau de phosphore qu'on enflamme; on recouvre le tout avec une cloche. Le phosphore brûle au contact de l'oxygène de l'air sec, forme avec lui de *l'anhydride*

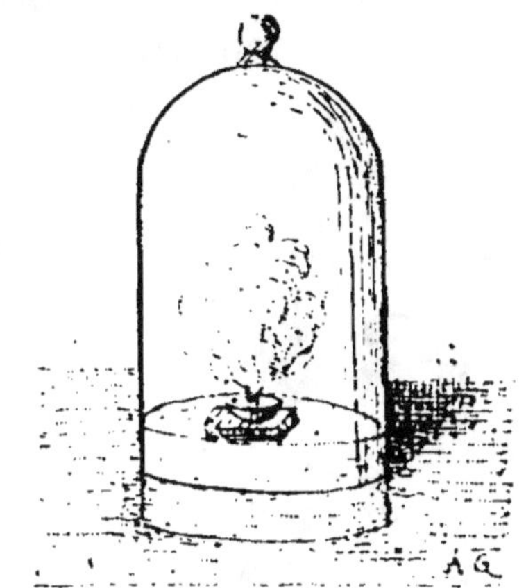

Fig. 171. — **Préparation de l'azote à chaud.**

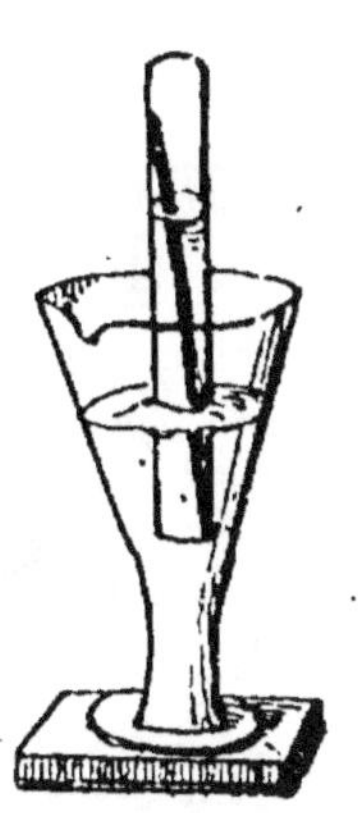

Fig. 172. — **Préparation de l'azote à froid.**

phosphorique qui apparaît sous forme de fumées blanches se dissolvant peu à peu dans l'eau. Lentement, celle-ci monte dans la cloche à 1/5 environ pour prendre la place de l'oxygène, et les quatre autres cinquièmes supérieurs sont constitués par l'azote (fig. 171).

La préparation de l'azote peut se faire par le **phosphore à froid**, mais elle exige plusieurs heures (fig. 172). Il suffit de placer dans l'éprouvette un bâton de phosphore et de mettre le tout dans un verre contenant un peu d'eau, peu à peu on voit l'eau monter de 1/5 environ. En effet, le phosphore s'est combiné lentement avec l'oxygène pour former de l'acide phosphoreux qui s'est dissous peu à peu dans l'eau, l'eau a pris la place de l'oxygène et les 4/5 supérieurs sont occupés par l'azote.

Usages. — L'azote joue dans l'air un rôle très important, il tempère les propriétés trop énergiques de l'oxygène. Les aliments les plus réparateurs sont les plus azotés (voir nos *Éléments de sciences naturelles*).

AIR ATMOSPHÉRIQUE

L'air est un gaz provenant du mélange de l'oxygène et de l'azote que nous avons précédemment étudiés.

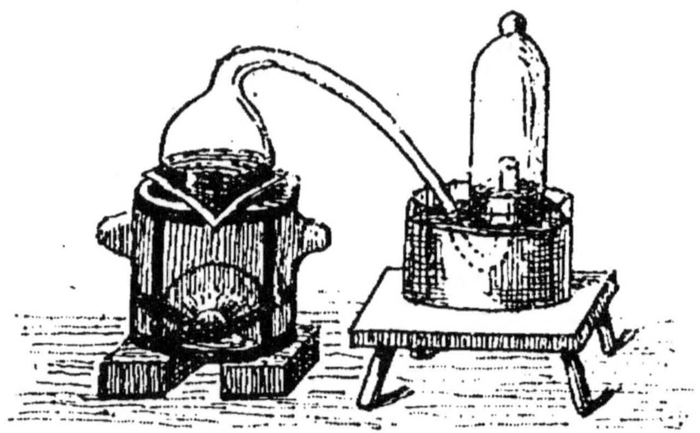

Fig. 173. — **Analyse de l'air par Lavoisier.**

Incolore lorsqu'il est en petite quantité, il a un aspect bleu en grande masse ; ce sont des grandes masses d'air que nous désignons sous le nom de *ciel*.

L'air est inodore et sans saveur.

Les anciens croyaient que l'air était un élément ; c'est Lavoisier qui a démontré le premier, en 1774, que l'air n'est pas un corps simple. Cette expérience mémorable a ouvert à la chimie des voies nouvelles, car c'était là la première fois qu'il était fait une analyse complète. Lavoisier prit ce qu'on appelait à cette époque un *vaisseau de verre* (fig. 173), c'est-à-dire un ballon portant à son extrémité un tube à dégagement qui faisait corps avec lui et qui était recourbé à son extrémité libre ; celle-ci venait se rendre dans une cuve à mercure sur laquelle on avait placé une cloche graduée contenant de l'air. Dans le vaisseau on avait également introduit du mercure que l'on chauffa sur un fourneau. Lavoisier observa les faits suivants : quelques heures après le début de l'opération, il vit à la surface du mercure du ballon de petits grains rouges qui se formaient. Ces grains continuèrent à augmenter pendant quelques jours, en même temps le mercure de la cuve montait dans la cloche et s'arrêtait à 1/5 environ. Lavoisier, ayant constaté que rien de nouveau ne se produisait, arrêta l'expérience. Il examina d'abord le gaz qui se trouvait dans les 4/5 de la cloche et constata que c'était de l'azote. L'air était donc formé de 4/5 d'azote et de 1/5 d'un autre gaz qui avait disparu et qui avait été remplacé par le mercure de la cuve ; il pensa que ce gaz s'était combiné avec une partie du mercure du ballon pour former les grains rouges ; il recueillit ces grains, les chauffa et vit qu'ils se décomposaient en deux corps, du mercure et un gaz qu'il recueillit et qu'il reconnut être de l'oxygène. En effet, lorsqu'on chauffe du mercure à l'air, il absorbe de l'oxygène pour se transformer en **oxyde rouge de mercure**, lequel oxyde de mercure est à son tour facile à décomposer en mercure et en oxygène.

Aujourd'hui on n'emploie pas, pour analyser l'air, autant de temps qu'à l'époque de Lavoisier : chacune des préparations de l'azote correspond à une analyse de l'air ; il nous suffit de renvoyer aux procédés de préparation de l'azote par le phosphore à chaud et à froid ; ce sont, en effet, de véritables analyses rapidement faites dans lesquelles l'eau monte à 21/100 pour prendre la place de l'oxygène absorbé laisssant 79/100 d'azote.

Vapeur d'eau et anhydride carbonique renfermés dans l'air. — L'air renferme, outre l'oxygène et l'azote, des quantités faibles d'anhydride carbonique (3 dix-millièmes) et des quantités variables de **vapeur d'eau.** L'origine du gaz carbonique de l'atmosphère est facile à établir : à la surface du globe, il se produit de nombreuses combustions, par conséquent beaucoup d'anhydride carbonique. La respiration des animaux et des plantes constitue également une cause incessante de production de ce gaz. L'eau de chaux d'un verre se recouvre au bout de quelques jours d'une croûte blanchâtre de *carbonate de calcium* (*craie*), résultant de la combinaison de l'*hydrate de calcium* (chaux) et de l'*anhydride carbonique* contenu dans l'air. Quant à la vapeur d'eau, elle est en quantité variable et est due à l'évaporation continue, sous l'influence de la chaleur du soleil, des mers, des lacs, des rivières, etc.

L'air est un mélange et non une combinaison. — On peut le démontrer de plusieurs façons : 1° lorsqu'on met en présence 79 volumes d'azote et 21 volumes d'oxygène, de manière à former de l'air artificiel, on ne constate pas de dégagement de chaleur comme cela arrive lorsque les corps se combinent ; 2° un des caractères essentiels d'une combinaison, c'est la fixité dans le poids ou le volume des éléments ; ainsi l'eau est une combinaison qui est toujours formée de 8 grammes d'oxygène et de 1 gramme d'hydrogène, tandis que l'air peut varier de composition ; c'est ainsi que l'air dissous dans l'eau est formé de 33 d'oxygène pour 67 d'azote ; or, puisque sa composition varie, *l'air n'est pas une combinaison.*

Devoirs. — Rôle de l'oxygène et de l'azote dans la respiration, la vie.

Comment reconnaître, parmi plusieurs éprouvettes, celles qui contiennent de l'oxygène, de l'hydrogène, de l'azote, de l'air ?

RÉSUMÉ SYNOPTIQUE DU CHAPITRE V.

L'AIR.

L'Azote.

			EXPÉRIENCES
Historique.	Découvert au XVIIIe siècle.		
Propriétés physiques.	Incolore, inodore, sans saveur.		
Propriétés chimiques.	Ni combustible.......................... Ni comburant (*inerte*).................. N'entretient pas la respiration, la vie......		*Éprouvettes d'azote ni combustible. — ni comburant.* *Asphyxie d'un petit animal plongé dans l'azote.*
État naturel.	Très répandu { dans l'*air* (79 pour 100). { dans les *matières organiques*.		
Préparation.	Retiré de l'air par le *phosphore* { à froid.... { à chaud..		*Analyse de l'air par le phosphore à froid, — à chaud.*
Usages.	*Tempère* l'action de l'oxygène de l'air.		

L'Air.

			EXPÉRIENCES
Analyse	(faite par Lavoisier).		
Mélange	(et non combinaison) { de 21 parties d'*oxygène*. { pour 79 parties d'*azote*.		
L'air atmosphérique	renferme { de faibles quantités d'*anhydride carbonique.*/.................... { et des quantités variables de *vapeur d'eau*..........................		*Croûte de carbonate de calcium sur eau de chaux exposée à l'air.* *Buée sur bouteilles froides. Hygromètre.*

CHAPITRE VI

CARBONE

Carbone ou charbon. — Le carbone est un corps qui se présente à nous sous un nombre considérable de variétés ; qu'il nous suffise de dire que le charbon de bois, le charbon de terre, le diamant, la plombagine qui forme nos crayons sont des variétés d'un seul et même corps, le **charbon**.

Tous les charbons ont deux propriétés communes : 1° *l'infusibilité* ; 2° *l'insolubilité*.

Le charbon n'a pu être que ramolli sous l'influence de la chaleur produite par un nombre considérable de piles électriques. De même, le charbon est *insoluble* et il n'y a guère que la fonte de fer qui puisse en dissoudre de petites quantités. Ajoutons enfin que toutes les variétés de charbon combinées avec l'oxygène donnent ou de *l'anhydride carbonique*, gaz dont les propriétés seront étudiées plus tard, ou, lorsqu'il y a moins d'oxygène en présence, de l'*oxyde de carbone*, qui a des propriétés très vénéneuses.

Pour prouver que le charbon produit, en brûlant, de l'anhydride carbonique, il suffit d'enflammer une baguette de fusain, de la plonger dans une éprouvette. L'anhydride carbonique formé, plus lourd que l'air, tombe au fond de l'éprouvette. On le reconnaît en versant dans cette éprouvette de l'eau de chaux liquide qui se trouble, blanchit par suite de la formation d'une certaine quantité de carbonate de calcium (craie).

Variétés du carbone. — On peut diviser les

charbons en **charbons naturels**, qui se trouvent dans la nature, et en **charbons artificiels**, fabriqués par l'homme.

CHARBONS NATURELS

Parmi les charbons naturels, on doit signaler : 1° le *diamant*; 2° le *graphite* ou *plombagine*; 3° la *houille* ou *charbon de terre*; 4° la *tourbe*; 5° l'*anthracite* ou *charbon de pierre*. Parmi les charbons artificiels, citons : 1° le *coke*; 2° le *charbon de bois*; 3° le *noir de fumée* et 4° le *noir animal*.

Diamant. — Le diamant est la plus dure de toutes les substances connues; il raie tous les autres corps sans être rayé par aucun d'entre eux; aussi ne peut-on tailler le diamant qu'avec sa propre poussière.

Généralement le diamant est incolore, mais cependant il existe de nombreuses variétés de diamants colorés en noir, en jaune, en rose, en bleu, etc., ce qui tient à l'existence, dans la substance du diamant, d'oxydes métalliques. Lavoisier a démontré que le diamant était bien du charbon; pour y arriver, il concentra les rayons du soleil sur un diamant placé dans un ballon d'oxygène (fig. 174) et il

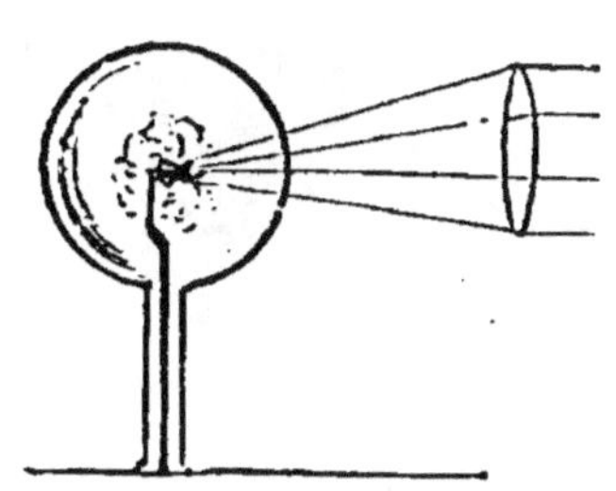

Fig. 174. — **Combustion du diamant dans l'oxygène.**

vit ce diamant se consumer en donnant naissance à l'anhydride carbonique.

Le diamant est très précieux parce qu'il est rare et parce qu'il est très réfringent, d'où l'effet qu'il produit à la lumière.

Le diamant taillé (fig. 175) se présente sous deux formes, suivant qu'il est plat ou épais. Dans le premier cas, il constitue ce que l'on appelle la **rose** ; dans le second, c'est le **brillant**.

Cette taille s'effectue au moyen de meules en acier

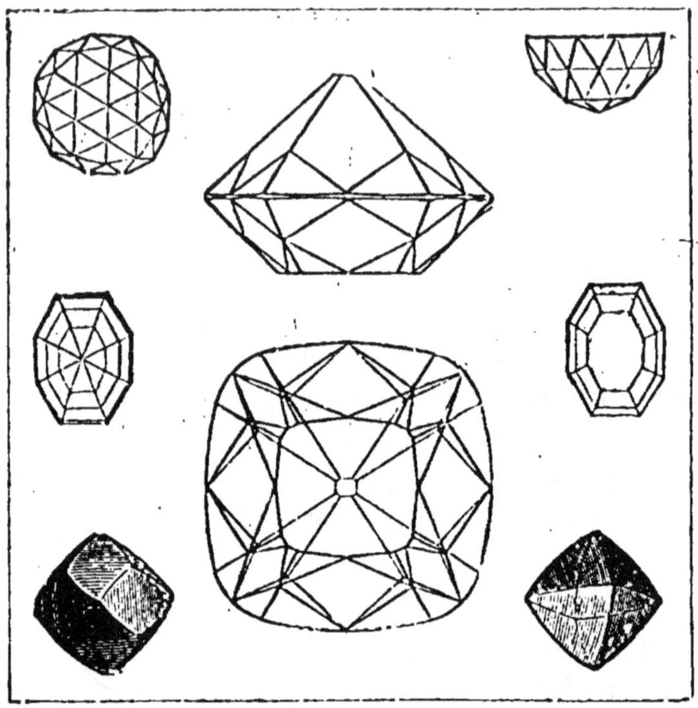

Fig. 175. — **Roses et brillants.**

dont la surface est recouverte d'un mélange d'huile et de poudre de diamant. La taille fait perdre à la pierre la moitié de son poids. Le prix du diamant est tellement considérable que l'on emploie pour le peser une unité spéciale, le carat (0 gr. 217). Le fameux *Régent de France* pèse 137 carats. Il est remarquable par sa limpidité.

Le diamant vient surtout de l'Inde et du Brésil, ceux du cap de Bonne-Espérance sont jaunâtres et ne sont pas aussi estimés. Outre ses usages en bijouterie, on se sert du diamant pour couper le verre et certaines pierres dures, telles que le porphyre.

Graphite ou Plombagine. — Le graphite est, après le diamant, la variété la plus pure du charbon : tout le monde a vu du graphite, avec lequel on fabrique les crayons. Son nom de *plombagine* provient d'une erreur scientifique ; comme le plomb laisse également une trace sur le papier, on croyait autrefois que la plombagine contenait du plomb. Le graphite conduit bien la chaleur et l'électricité. Il brûle difficilement : on l'emploie pour la fabrication des crayons et, lorsqu'on veut déposer une couche de cuivre sur une médaille par la galvanoplastie, il est nécessaire de l'enduire de plombagine pour la rendre bonne conductrice. Cette substance est assez répandue dans la nature ; on la trouve en quantité en France, en Angleterre, en Sibérie, etc.

Anthracite. — L'anthracite ou charbon de pierre est une substance qui brûle difficilement, mais qui donne beaucoup de chaleur lorsque le tirage est suffisant. Aussi l'utilise-t-on depuis quelque temps pour les calorifères roulants.

Houille ou Charbon de terre. — Ce charbon est d'une importance telle que le manque de houille mettrait l'industrie dans une situation déplorable. Cette substance est noire, brillante ; elle renferme un très grand nombre de corps, entre autres des gaz.

La houille provient de la décomposition lente, à l'abri de l'air, de fougères et de plantes analogues aux prêles et aux lycopodes (voir nos *Éléments de sciences naturelles.*) On trouve, du reste, les preuves de l'origine de la houille dans les empreintes de végétaux qui existent à sa surface.

La houille est très abondante en Angleterre, en Flandre, dans le département de la Loire, aux États-Unis. Les calculs des ingénieurs établissent qu'à un moment donné toute la houille renfermée dans le sol s'épuisera ; mais il n'y a pas lieu pour l'humanité de s'inquiéter de la disparition de la houille. Nos descendants trouveront certainement quelque chose pour la remplacer avantageusement.

Tourbe. — Substance provenant d'un commencement de carbonisation des matières végétales. On trouve la tourbe dans la Somme et on l'utilise comme chauffage.

CHARBONS ARTIFICIELS

Coke. — Ce charbon s'obtient en calcinant la *houille* en vase clos. Dans cette opération, le gaz renfermé dans la houille se dégage et on le recueille ; c'est la prépara-

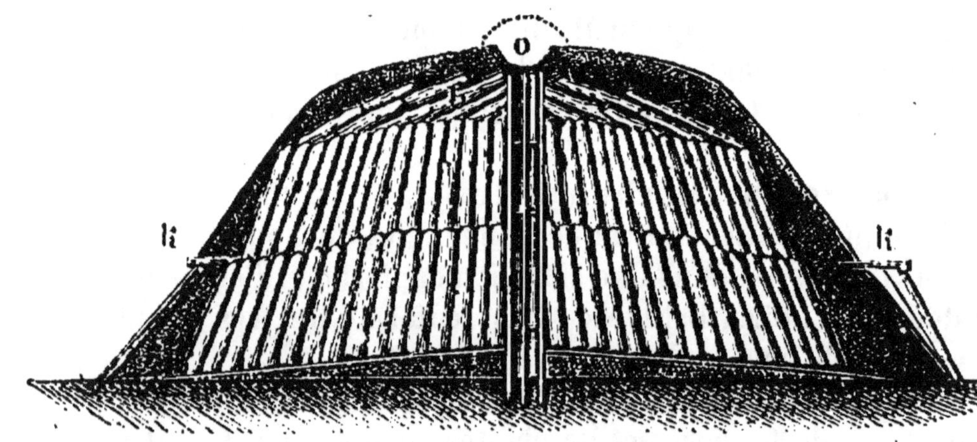

Fig. 176. — Préparation du charbon de bois.

tion du gaz d'éclairage ; il reste dans les appareils où se fait la calcination de la houille un charbon léger, poreux : c'est le **coke**.

Ce charbon est très usité pour le chauffage. Il donne beaucoup de chaleur, mais il a aussi l'inconvénient de fournir des cendres qui encombrent les grilles, empêchent l'accès de l'air et éteignent rapidement le feu.

Aussi est-on forcé, lorsqu'on emploie les feux de coke, de tisonner fréquemment afin de se débarrasser des cendres.

Charbon de bois. — Ce charbon s'obtient en calcinant en meules des bûches courtes de moyenne grosseur ; on en fait des amas (fig. 176) qu'on recouvre de terre en ménageant quelques ouvertures. On met le feu à l'intérieur. Peu à peu le bois se carbonise et il ne reste plus que le charbon que renferme naturellement le bois. Le charbon de bois sert fréquemment pour les fourneaux de cuisine. On appelle *fumeron* un morceau de bois mal carbonisé.

Le charbon de bois pulvérisé est un excellent absorbant pour les gaz. Aussi l'utilise-t-on pour désinfecter les eaux. Une petite couche de charbon de bois pilé placé au fond d'un vase dans lequel on conserve des fleurs, absorbe les gaz provenant de la putréfaction des plantes et l'eau reste sensiblement inodore.

Noir de fumée. — Le noir de fumée s'obtient toutes les fois que l'on fait déposer sur un corps froid la fumée provenant d'un corps en combustion riche en charbon. La suie est du noir de fumée. Pour obtenir du noir de fumée (fig. 177), on brûle de la *résine* dont on reçoit la fumée dans des cônes sur les parois desquels le charbon se dépose. Avec cette substance on fabrique l'encre d'imprimerie.

Noir animal. — C'est le charbon provenant de la calcination en vase clos des matières animales, spécialement des os, muscles et peaux. La chaleur décompose ces matières. Il se dégage des gaz infects et il reste un charbon qui est le noir animal. Ce charbon sert principalement à décolorer, car il a la propriété de retenir les matières colorantes. On le démontre facilement en versant du vin sur le noir animal et en jetant le tout sur un filtre. Le liquide coule incolore. On a utilisé cette pro-

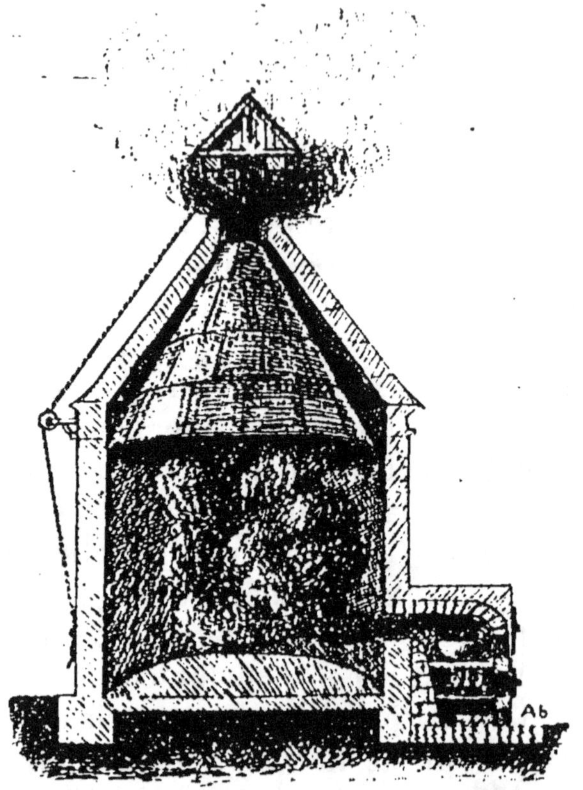

FIG. 177. — Fabrication du noir de fumée.

priété pour décolorer le jus de betterave dans la préparation du sucre.

Devoirs. — Propriétés communes à tous les charbons.
Usages principaux des divers charbons naturels et artificiels.

RÉSUMÉ SYNOPTIQUE DU CHAPITRE VI.

CARBONE ou CHARBON.

			EXPÉRIENCES
Propriétés physiques.	*Infusible.* *Insoluble,* sauf dans le fer en fusion.		
Propriétés chimiques.	*Brûle* en se combinant avec l'oxygène............ et en produisant { de *l'anhydride carbonique*....... ou de *l'oxyde de carbone*.........		*Combustion du charbon.* (*Eau de chaux.*) *Observation des flammes bleues de l'oxyde de carbone dans un foyer à tirage ralenti.*
Charbons naturels.	**Diamant.** Carbone pur. Beauté, rareté, prix élevé.		
	Graphite. Bon conducteur de la chaleur, de l'électricité. Crayons....................		*Montrer les différentes variétés de charbons.*
	Anthracite. Charbon dur. Chauffage.............		*Chauffer de la houille dans un vase clos (creuset, pipe lutée à la terre glaise).*
	Houille. Charbon de terre, indispensable à l'industrie. Gaz d'éclairage.................		
	Tourbe. Houille en voie de formation..........		
Charbons artificiels.	**Coke.** Léger. Poreux. Résidu de la fabrication du gaz d'éclairage.		
	Ch. de bois. Combustion incomplète du bois. Chauffage. Absorbant. Filtres.............		*Pouvoir décolorant du charbon de bois en poudre (vin).*
	N. de fumée. Combustion des corps riches en charbon. Encres.........................		*Faire brûler de la résine, de l'essence de térébenthine.*
	Noir animal. Calcination des os en vase clos. Absorbant. Filtres...................		*Décolorer du vin.* *Désinfecter du sulfhydrate d'ammoniaque.*

CHAPITRE VII

Composés formés par le charbon avec l'oxygène.

Deux corps principaux sont formés par la combinaison du *charbon* avec l'*oxygène*, l'anhydride carbonique, dans lequel entrent 6 grammes de charbon avec 16 grammes d'oxygène pour 22 grammes d'anhydride carbonique, et l'**oxyde de carbone**, formé par la combinaison de 8 grammes d'oxygène avec 6 grammes de charbon pour 14 grammes d'oxyde de carbone. Il résulte de ce qui précède que l'anhydride carbonique peut être considéré comme formé par du *charbon brûlé*, tandis que l'oxyde de carbone doit être considéré comme produit par du charbon *incomplètement brûlé*.

ANHYDRIDE CARBONIQUE

Historique. — Découvert au milieu du dix-septième siècle, sa composition en fut déterminée par Lavoisier.

Propriétés physiques. — Gaz incolore d'une odeur faible, d'une saveur piquante. C'est un gaz très lourd. Il est plus lourd que l'air. On démontre sa grande densité ($d = 1,5$) au moyen de l'expérience suivante (fig. 178).

On prend une bougie allumée et on place à une certaine distance une cloche contenant de l'anhydride carbonique que l'on penche ; or, ce gaz éteint les corps en combustion ; comme au bout de quelques instants on voit la flamme s'éteindre, c'est que l'anhydride carbonique, étant plus lourd, est tombé, est venu entourer la flamme et par conséquent l'éteindre.

Les faits observés à la fameuse *Grotte du Chien*, près de Naples, et à la *Vallée de la Mort*, à Java, s'expliquent par la grande densité de l'anhydride carbonique.

Dans la *Grotte du Chien*, un qua-drupède de petite taille meurt rapi-dement, tandis que l'homme peut y pénétrer impunément, ce qui s'ex-plique par la présence d'une nappe d'anhydride carbonique, qui, étant lourde, occupe la partie inférieure de la grotte. A Java, la *Vallée de la Mort* tire son nom de ce qu'elle est jonchée de cadavres d'animaux dont

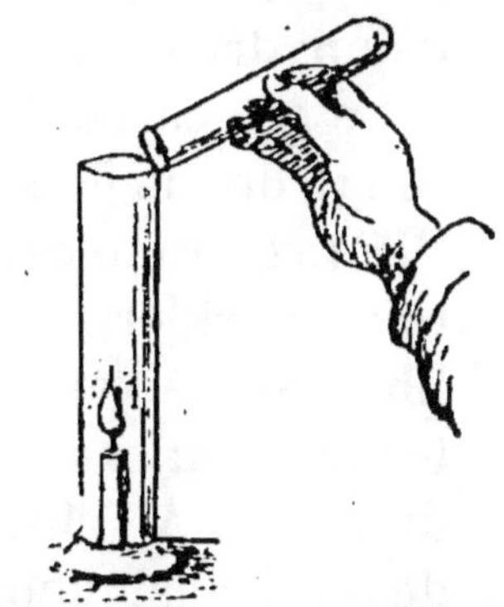

Fig. 178. — Démonstra-tion de la grande densité de l'anhy-dride carbonique.

la mort est due à des exhalaisons de ce gaz provenant du sol.

L'anhydride carbonique est soluble dans l'eau. Un litre d'eau à 16° en dissout 1 litre.

Ce gaz a été liquéfié et solidifié.

Propriétés chimiques. — L'anhydride carbonique est un acide faible ; il rougit très faiblement la teinture de tournesol. Son véritable réactif est l'eau de chaux, qui, limpide lorsqu'elle vient d'être préparée, se trouble lorsqu'elle est mise en contact avec l'anhydride carbo-nique ; il se forme du **carbonate de calcium** ou *craie* qui apparaît dans la liqueur, puis se dépose au fond du vase.

L'anhydride carbonique n'est *ni comburant ni combus-tible* comme l'azote avec lequel on pourrait le confondre, mais ce dernier ne trouble pas l'eau de chaux.

Le gaz carbonique n'étant pas propre à la combustion ne l'est pas non plus à la respiration. Ce n'est pas un poison à proprement parler, mais un animal ne peut vivre dans une atmosphère d'acide carbonique, parce qu'il n'y a pas d'oxygène libre.

Pendant la fermentation du jus de raisin, il faut avoir

soin d'éviter de s'approcher des cuviers sous peine d'asphyxie. Il se dégage en effet une grande quantité d'anhydride carbonique dans cette opération.

Le gaz carbonique passant sur du charbon chauffé au rouge donne naissance à de l'oxyde de carbone.

État naturel. — On trouve dans la nature des quantités considérables d'anhydride carbonique, soit à l'état libre, soit à l'état de carbonate. Le carbonate de calcium forme à lui seul la plus grande partie de la croûte solide du globe. À l'état libre, on trouve ce gaz aux environs des volcans, dans un grand nombre d'eaux minérales naturelles (Saint-Galmier, Pougues, Vichy, etc.). La respiration des animaux et même celle des végétaux donne naissance à une forte proportion d'anhydride carbonique; de même toutes les combustions en produisent; l'air contient une certaine quantité de ce gaz.

Préparation. — Dans les laboratoires, on prépare rapidement l'anhydride carbonique en mettant dans un flacon à deux tubulures des fragments de carbonate de calcium (marbre ou craie); on remplit le flacon à moitié d'eau et on verse par le tube à entonnoir de petites quantités d'acide chlorhydrique. La réaction peut être représentée de la façon suivante :

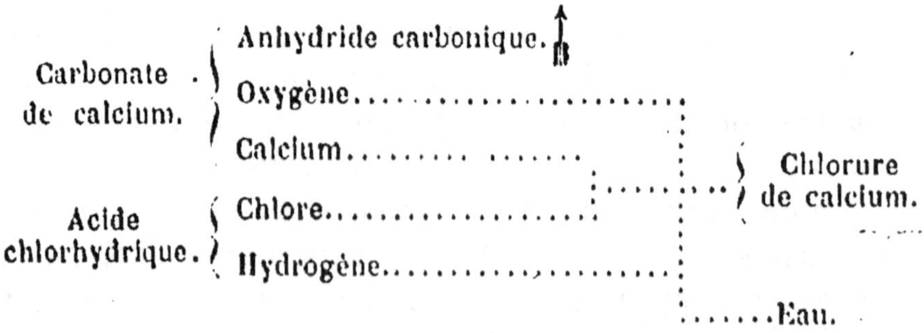

$$Co^3Ca \; + \; 2HCl \; = \; CaCl^2 \; + \; H^2O \; + \; CO^2$$

Carbonate de calcium. — Acide chlorhydrique. — Chlorure de calcium. — Eau. — Anhydride carbonique.

L'anhydride carbonique se dégage. L'hydrogène de l'acide chlorhydrique se porte sur l'oxygène du carbonate pour former de l'eau, tandis que le chlore de l'acide chlorhydrique forme avec le calcium de la chaux du chlorure de calcium qui se dissout.

On fabrique de l'**eau de Seltz**, qui n'est autre qu'une eau chargée d'acide carbonique, en versant dans de l'eau ordinaire du *bicarbonate de sodium* et de l'*acide tartrique;* ce dernier chasse le gaz carbonique et se combine avec le sodium pour former du tartrate de sodium qui se dissout dans l'eau. La limonade gazeuse se prépare de la même manière en remplaçant l'acide tartrique par l'*acide citrique.*

Usages. — Ce gaz joue un rôle très important dans la nutrition des végétaux. (Voir nos *Éléments de sciences naturelles.*)

OXYDE DE CARBONE

Propriétés physiques. — C'est un gaz incolore, d'une odeur vague, ce qui est très fâcheux, car ce gaz est un poison et ne trahit par conséquent que faiblement sa présence; cependant certaines personnes le reconnaissent à sa très légère odeur dite odeur *de charbon,* ainsi qu'aux maux de tête et aux vertiges qu'il occasionne. Ce gaz est peu soluble dans l'eau.

Propriétés chimiques. — L'oxyde de carbone brûle avec une flamme d'un beau bleu en produisant de l'anhydride carbonique.

Nous avons déjà dit tout à l'heure que l'oxyde de carbone était un poison; ce gaz agit sur le sang et détermine des troubles qui peuvent aller jusqu'à la mort. Il faut donc éviter toutes les circonstances qui peuvent amener la formation de l'oxyde de carbone; entre autres, il ne faut pas éteindre des charbons avec de l'eau, surtout dans une cuisine mal aérée, ni chauffer au rouge les poêles de fonte dont l'oxyde de carbone traverse les parois.

GAZ D'ÉCLAIRAGE

Le gaz d'éclairage a été découvert, vers la fin du dix-huitième siècle, par un ingénieur français nommé Phi-

Fig. 179. — **Préparation du gaz d'éclairage.**

lippe Lebon. Sa découverte, mal accueillie en France, eut au contraire un grand succès en Angleterre. Les rues de Londres furent éclairées au gaz dès les premières années du siècle; à Paris, ce ne fut guère qu'en 1820 qu'on commença à l'utiliser.

Le gaz d'éclairage est *un mélange* d'un très grand nombre de corps qui sont eux-mêmes formés de charbon et d'hydrogène dans des proportions variables. Le plus important de tous ces corps est l'**hydrogène protocarboné**, désigné vulgairement par les mineurs sous le nom de *grisou*.

Ce gaz se dégage des houillères dans certaines circonstances encore peu connues et, mélangé avec l'air, forme un produit explosible. Outre l'hydrogène protocarboné, on trouve dans le gaz d'éclairage de l'oxyde de carbone, de l'azote, de l'hydrogène bicarboné, etc.

Préparation (fig. 179). — On obtient le gaz d'éclairage par la **calcination** de la houille en vase clos. Le gaz, en se dégageant, passe dans une série d'appareils destinés à le purifier, entre autres dans de l'eau, dans laquelle il abandonne diverses substances, telles que le *goudron de houille* ou *coaltar*, duquel on a extrait la *benzine* et l'*acide phénique*, sans compter un grand nombre d'autres corps. Le gaz passe ensuite à travers une couche de coke qui retient l'humidité, puis il va se rendre sous de vastes cloches nommées **gazomètres**, d'où on le distribue aux rues et aux habitations.

FLAMME

Nous définirons la flamme un *gaz porté à une haute température*. Les anciens croyaient que le feu était un élément; il n'en est rien, puisque, pour qu'il y ait flamme, il faut la combinaison d'une substance combustible avec l'oxygène, qui joue le rôle de comburant.

Tout d'abord établissons ce fait qu'une flamme n'est éclairante que si elle contient des parcelles solides; l'hydrogène, par exemple, lorsqu'il est pur, brûle avec une flamme à peine visible : c'est que l'hydrogène est un gaz éminemment subtil. Au contraire, si l'on vient à faire passer le gaz hydrogène à travers un liquide riche en charbon comme la *benzine* ou la *térében-thine*, en allumant le gaz, on verra que sa flamme est très brillante par la raison bien simple qu'elle contiendra du charbon porté à l'incandescence.

La présence du charbon dans une flamme est démontrée très simplement : lorsqu'on écrase cette flamme avec une soucoupe blanche, il se dépose du charbon.

Si l'on examine avec un peu de soin la flamme d'une bougie ou d'un bec de gaz (fig. 180), on constate qu'elle est constituée par trois couches. Autour de la mèche, on voit une couche sombre, extérieurement à cette couche une autre de coloration orangée et très éclairante, enfin une troisième couche extérieure à peine visible en haut, mais très chaude et qui en bas est nettement bleue; il est facile d'expliquer la raison d'être des couches diverses de la flamme.

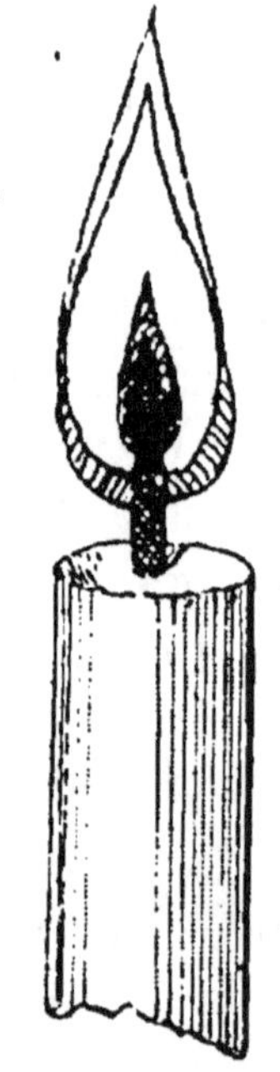

Fig. 180. — Les trois couches de la flamme.

Lorsqu'on allume une bougie, chacun sait qu'après avoir pris feu au contact de l'allumette, la flamme diminue, puis reprend son éclat : c'est qu'en effet, sous l'influence de la chaleur, la cire s'est mise à fondre, a pénétré dans la mèche et à ce moment la flamme reprend son intensité; si la couche intérieure de la flamme est sombre, c'est que l'oxygène n'y ayant pas facilement accès, le gaz provenant de la décomposition de la bougie ne brûle pas. Si la deuxième couche est très éclairante, c'est parce que les fragments de charbon qui s'y trouvent sont incandescents, mais non brûlés.

Si la couche supérieure est peu éclairante, c'est qu'il

n'y a plus dans cette couche de matériaux solides, tout est à l'*état gazeux;* enfin, la partie inférieure de cette couche est bleue parce qu'il se forme de l'*oxyde de carbone* qui brûle avec sa flamme caractéristique.

Dans les lampes, les verres servent par leur abaissement ou leur élévation à augmenter ou diminuer le tirage de la flamme et, par conséquent, à obtenir des effets d'intensité plus ou moins grands.

Quand on veut *éteindre* une flamme, on peut employer plusieurs procédés. Les éteignoirs qu'utilisaient nos pères étaient de petits cônes creux en métal que l'on plaçait sur la mèche; ils éteignaient en empêchant l'accès de l'air. Quand on souffle sur une flamme, on l'éteint aussi, parce que l'on projette sur elle un gaz provenant des poumons, air

Fig. 181.

qui est froid par rapport à la flamme et lui soutire une partie de sa chaleur. Enfin, les **toiles métalliques** ont la curieuse propriété d'éteindre les flammes.

Si l'on prend un morceau de toile métallique avec laquelle on fabrique les garde-manger et qu'on applique cette toile sur une bougie allumée, on verra, à mesure que l'on enfonce la toile dans la flamme (fig. 181), celle-ci s'écraser peu à peu, si bien que, si l'on pousse la toile métallique jusqu'au niveau de la mèche, la bougie s'éteindra.

Il est bien évident que les gaz continuent à passer au-dessus de la toile, mais ils sont éteints; on démontrerait du reste le passage des gaz à travers la toile métallique en plaçant une allumette enflammée par-dessus: ils prendront feu.

Voici l'explication des effets de la toile métallique : cette toile est bonne conductrice de chaleur, et quand on la place dans la flamme, elle lui soutire une partie de sa chaleur et par conséquent l'éteint.

Il est facile de voir qu'un foyer entouré d'une toile métallique ne peut laisser passer sa flamme en dehors de la toile : c'est sur ce principe qu'a été inventée, par Davy, la **lampe de sûreté des mineurs**.

Fig. 182.

Cette lampe (fig. 182) se compose essentiellement d'une lampe ordinaire quelconque entourée d'un réseau de toile métallique. Davy l'imagina pour préserver les mineurs des effets terribles du grisou.

Si l'ouvrier pénètre dans les galeries de mines où il y a du grisou mélangé avec l'air, le mélange explosible pénètre bien dans la lampe en produisant une explosion, mais les flammes ne peuvent pas sortir à l'extérieur de la lampe, l'explosion ne se propagera pas et restera limitée à l'appareil. L'ouvrier sera donc averti, par l'explosion et l'extinction de sa lampe, qu'il est dans une atmosphère dangereuse.

Devoir. — Comment reconnaître parmi plusieurs éprouvettes celles qui contiennent de l'azote, de l'air, de l'anhydride carbonique, de l'oxyde de carbone ?

RÉSUMÉ SYNOPTIQUE DU CHAPITRE VII.

Anhydride carbonique.

		EXPÉRIENCES
Historique.	Découvert au XVIIe siècle. Analysé par Lavoisier.	
Propriétés physiques.	Incolore, odeur faible, saveur piquante............. Plus lourd que l'air ($d = 1,5$)................... Soluble dans l'eau..............................	*Densité. Le verser sur la flamme d'une bougie.* *Faire dissoudre de ce gaz dans un verre d'eau et faire goûter cette eau.*
Propriétés chimiques.	Ni comburant, ni combustible. Asphyxie........... Acide faible................................. Trouble l'eau de chaux (carbonate de calcium)......	*Éteindre un corps en combustion.* *Rougir une teinture faible de tournesol.* *Troubler l'eau de chaux.*
État naturel.	Eaux gazeuses. Craie. Combustions.	
Préparation.	Carbonate de calcium (craie) et acide chlorhydrique. Résidu : chlorure de calcium.....................	*Préparation.*
Usages.	Eau de Seltz. Limonades. Nutrition des végétaux....	*Siphon. Verser de l'eau de Seltz dans l'eau de chaux.*

Oxyde de carbone.

		EXPÉRIENCES
Propriétés physiques.	Incolore, odeur de charbon.	
Propriétés chimiques.	Brûle en donnant de l'anhydride carbonique........ Poison....................................	*Faire brûler de l'oxyde de carbone dans une éprouvette, et constater la formation de l'anhydride carbonique par l'eau de chaux.*
État naturel.	Combustions incomplètes...................	

Gaz d'éclairage.

		EXPÉRIENCES
Historique.	Découvert par Lebon au XVIIIe siècle...............	*Odeur du gaz.* *Sa flamme.*
Composition.	Mélange de carbures d'hydrogène, d'oxyde de carbone, d'azote, etc..........................	
Préparation.	Calcination de la houille en vase clos.............. Épuration. — Résidus : coke, goudron, ammoniaque, benzine, phénol, etc.....................	*Chauffer de la houille dans une pipe lutée avec de l'argile.*
Usages.	Éclairage. Chauffage. Moteurs.................	*Montrer les résidus.*

Flamme.

		EXPÉRIENCES
Définition.	Gaz porté à l'incandescence..................	*Observation des flammes de l'hydrogène, de l'alcool, d'une bougie (zones).*
Caractères.	Flamme *chaude*, sombre.................... Flamme *éclairante* renferme du charbon, ou d'autres corps incandescents................... Les *toiles métalliques refroidissent* les gaz de la flamme et l'éteignent...................	*Rendre une flamme éclairante.* *Écraser une flamme avec une soucoupe. Toiles métalliques.*

CHAPITRE VIII

Composés de l'azote.

COMPOSÉS OXYGÉNÉS

L'azote forme avec l'oxygène cinq composés qui, tous, sont formés du même poids d'azote pour des poids de plus en plus considérables d'oxygène. Ces cinq corps sont :

1° Le **protoxyde d'azote** ;
2° Le **bioxyde d'azote** ;
3° L'acide azoteux ;
4° L'acide hypo-azotique ;
5° L'acide azotique.

Nous dirons quelques mots du protoxyde d'azote et nous étudierons en détail l'acide azotique, laissant de côté les trois autres corps qui n'ont pour nous qu'un intérêt secondaire.

Protoxyde d'azote. — Ce gaz a été découvert par Priestley, en Angleterre, à la fin du dernier siècle. Davy l'appela *gaz hilarant*, parce que, après en avoir respiré, il s'endormit et se réveilla en éclatant de rire.

Propriétés générales. — Gaz incolore, inodore, d'une saveur sucrée, il a des propriétés qui rappellent singulièrement celles de l'oxygène. La plupart des corps allumés et plongés dans le protoxyde d'azote y brûlent avec un vif éclat ; tel est le cas d'une allumette présentant quelques points rouges, du charbon allumé, du phosphore, etc. Il se forme, dans ces combustions, les mêmes produits que dans l'oxygène. Quant au soufre, s'il est bien allumé, il brûle avec un vif éclat, donnant de l'*anhydride sulfureux*; s'il est mal allumé, il s'éteint.

Ces dernières expériences nous font comprendre pourquoi et dans quelles conditions le protoxyde d'azote a des propriétés analogues à celles de l'oxygène. Ce corps est facilement décomposable et lorsqu'on y plonge un corps allumé qui produit pendant sa combustion une forte chaleur, les deux gaz, azote et oxygène, sont séparés et l'on a une atmosphère composée d'oxygène et d'azote, mais bien plus riche en oxygène que l'air atmosphérique.

Le soufre mal allumé, au contraire, ne produit pas assez de chaleur pour décomposer le protoxyde d'azote. En résumé, ce n'est pas le protoxyde d'azote qui entretient la combustion, mais bien l'oxygène, produit de sa décomposition.

Action physiologique du protoxyde d'azote. — Ce gaz agit comme *anesthésique* en produisant le sommeil avec insensibilité du système nerveux. Aussi l'emploie-t-on pour les petites opérations chirurgicales, telles que l'extraction des dents. Paul Bert a utilisé un mélange de protoxyde d'azote et d'oxygène sous pression, ce qui rend l'usage du gaz beaucoup moins dangereux et a permis, par conséquent, de l'utiliser pour les grandes opérations chirurgicales.

ACIDE AZOTIQUE OU NITRIQUE, OU EAU-FORTE

Historique. — Découvert par Raymond Lulle, alchimiste du treizième siècle.

Propriétés générales. — Liquide incolore qui bout vers 120 degrés; c'est un acide des plus énergiques; très riche en oxygène qu'il abandonne assez facilement, il corrode la peau en produisant une tache jaune. L'acide azotique cède facilement de l'oxygène aux métalloïdes en les transformant en acides correspondants; c'est ainsi que, si l'on chauffe du soufre, du phosphore, de l'arsenic avec de l'acide azotique, on obtiendra des acides sulfurique, phosphorique, arsénique.

Sur les métaux, l'action est un peu différente, et l'on peut dire d'une manière générale que les métaux attaqués par l'acide azotique sont transformés en azotates correspondants. Le zinc, le cuivre se dissolvent dans l'acide azotique avec un grand développement de chaleur, en formant des azotates de zinc, de cuivre. C'est sur la propriété que possède l'acide azotique d'attaquer le cuivre qu'est basée la **gravure sur cuivre** ou gravure à l'eau-forte.

État naturel. — On trouve une certaine quantité d'azotate d'ammoniaque dans les pluies d'orage ; l'acide

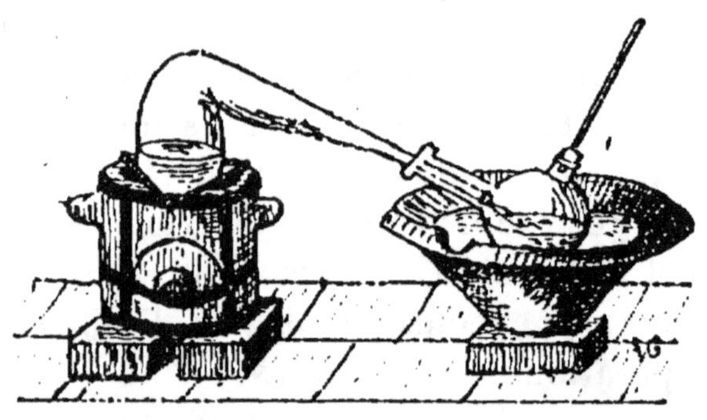

Fig. 183. — **Préparation de l'acide azotique dans les laboratoires.**

azotique de cet azotate provient de la combinaison de l'oxygène et de l'azote de l'atmosphère sous l'influence de la foudre.

Préparation. — Dans les laboratoires, on prépare de l'acide azotique en chauffant dans une cornue (fig. 183) de l'azotate de potassium ou de sodium avec de l'acide sulfurique. Le col de la cornue est engagé dans un ballon refroidi. L'acide sulfurique décompose l'azotate de soude, met l'acide azotique en liberté et cet acide vient se condenser dans le ballon. L'acide sulfurique se combine avec la base en formant un *bisulfate*.

Dans l'industrie (fig. 184), on place l'azotate et l'acide sulfurique dans une chaudière fermée et communiquant

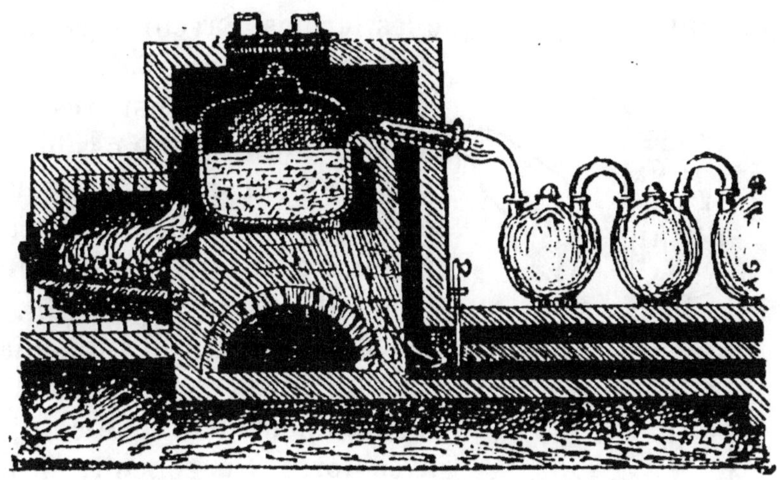

Fig. 184. — **Préparation industrielle de l'acide azotique.**

par une tubulure avec une série de bonbonnes dans lesquelles l'acide vient se condenser.

Usages. — L'acide azotique tient une place des plus importantes dans l'industrie.

Mélangé à l'acide chlorhydrique, il constitue l'**eau régale**, qui sert à dissoudre l'or.

L'acide azotique seul est employé sous le nom d'**eau-forte** pour la gravure sur cuivre.

L'acide azotique a une action **colorante** très remarquable sur la soie et la laine : il colore ces substances en jaune. Sur le coton, il ne produit pas de modification dans la couleur, mais il la transforme en une matière qui brûle comme la poudre, le **coton-poudre** ou *fulmicoton*.

II. — COMPOSÉ HYDROGÉNÉ. AMMONIAQUE

Historique. — Découvert par Priestley. C'est un gaz composé d'azote et d'hydrogène.

Propriétés physiques. — Gaz incolore, d'une odeur piquante qui provoque les larmes. Saveur âcre. Ce gaz est plus léger que l'air.

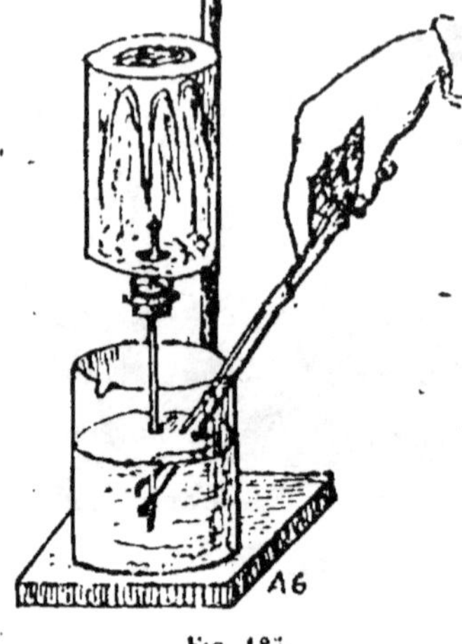

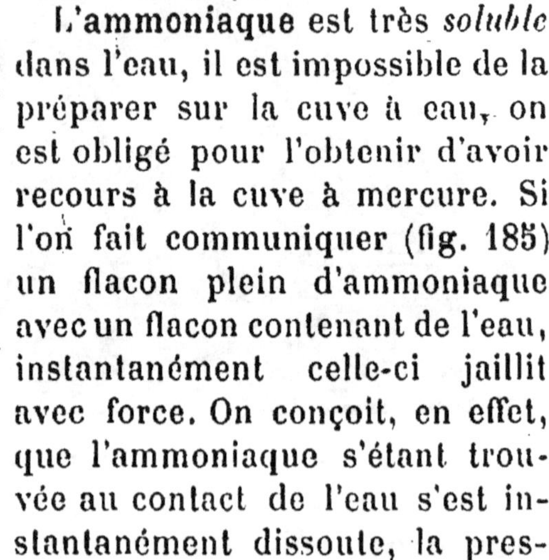

Fig. 185.

L'ammoniaque est très *soluble* dans l'eau, il est impossible de la préparer sur la cuve à eau, on est obligé pour l'obtenir d'avoir recours à la cuve à mercure. Si l'on fait communiquer (fig. 185) un flacon plein d'ammoniaque avec un flacon contenant de l'eau, instantanément celle-ci jaillit avec force. On conçoit, en effet, que l'ammoniaque s'étant trouvée au contact de l'eau s'est instantanément dissoute, la pression atmosphérique n'étant plus équilibrée a déterminé l'ascension de l'eau.

L'ammoniaque a été liquéfiée et même solidifiée depuis plusieurs années.

Propriétés chimiques. — L'ammoniaque n'entretient pas la combustion et brûle mal dans l'air ; lorsqu'on la fait arriver dans l'oxygène par un tube effilé et qu'on approche une bougie allumée, elle brûle avec une flamme blanche. La dissolution de l'ammoniaque dans l'eau est connue dans le commerce sous le nom **d'alcali volatil** ; elle possède l'odeur et la plupart des propriétés du gaz ammoniac.

État naturel. — Ce corps est très répandu dans la nature ; il se produit généralement dans des décompositions organiques, telles que les fumiers, les fosses d'aisances, etc.

Préparation. — La manière la plus simple d'obtenir de l'ammoniaque est de chauffer un mélange de chlorhydrate d'ammoniaque avec de la chaux ; la chaux chasse l'ammoniaque et il se forme en même temps du chlorure de calcium et de l'eau. La réaction peut être exprimée de la façon suivante :

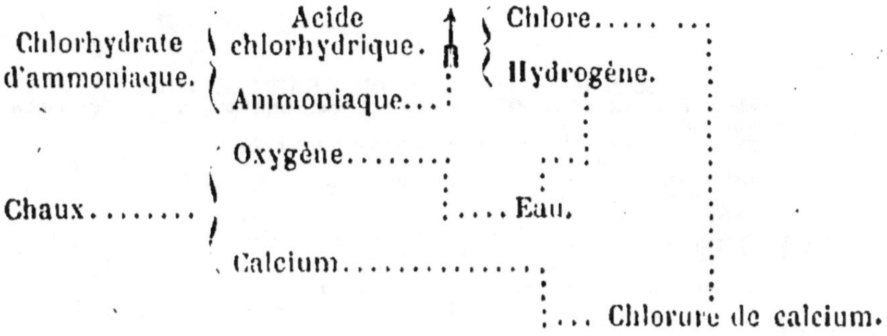

Chlorhydrate d'ammoniaque.
Acide chlorhydrique.
Ammoniaque...
Chlore.....
Hydrogène.

Chaux.......
Oxygène........
Calcium...........
.... Eau.
.... Chlorure de calcium.

$$2\,AzH^4Cl \;+\; CaO \;=\; CaCl^2 \;+\; H^2O \;+\; 2\,AzH^3$$

Chlorhydrate d'ammoniaque. — Chaux. — Chlorure de calcium. — Eau. — Ammoniaque.

Usages. — L'ammoniaque est surtout employée à l'état d'alcali volatil ; elle sert à détacher les étoffes ; on profite du froid produit par son évaporation pour produire de la glace. On l'emploie pour la cautérisation des morsures des animaux venimeux. L'agriculture se sert des sels d'ammoniaque sous forme d'engrais, ce qui s'explique par leur grande richesse en azote.

Devoir. — Usages des principaux composés de l'azote.

———————

COMPOSÉS DE L'AZOTE

Oxygénés.

Protoxyde d'azote, bioxyde d'azote, acide azoteux, acide hypoazotique, acide azotique.

Protoxyde d'azote. Propriétés chimiques rappelant celles de l'oxygène. — *Anesthésique.*

Acide azotique.

		EXPÉRIENCES
Historique.	Découvert par Lulle, au XIIIe siècle.	
Propriétés physiques.	Liquide incolore, Bout vers 120°.	
Propriétés chimiques.	Acide *énergique*....................	*Action sur le tournesol.*
	Cède facilement une partie de son oxygène..........	*Action du soufre. — du cuivre.*
	Transforme les métaux en *azotates*....................	*Montrer des azotates.*
État naturel.	Azotate d'ammoniaque des pluies d'orage.	
Préparation.	Chauffer *azotate de potassium* avec *acide sulfurique.* Résidu : bisulfate de potassium....................	*Préparation. (Précautions.)*
Usages.	Gravure sur cuivre (*eau-forte*)....................	*Gravure sur cuivre.*
	Colore la soie et la laine....................	*Colorer en jaune la soie blanche.*
	Coton-poudre....................	*Action sur le coton.*
	Eau régale: acides chlorhydrique (³) et azotique (¹)..	*Dissolution d'une feuille d'or dans l'eau régale.*

Hydrogénés.

Ammoniaque.

		EXPÉRIENCES
Historique.	Gaz ammoniac découvert par Priestley (XVIIIe siècle).	
Propriétés physiques.	Incolore. *Odeur piquante.* Saveur âcre..............	*Odeur.*
	Très soluble dans l'eau....................	*Dissolution dans l'eau de tournesol rougie par un acide.*
	Dissout les corps gras....................	*Dissolution d'une petite quantité de beurre.*
Propriétés chimiques.	N'entretient pas la combustion....................	*Action de l'acide chlorhydrique.*
	Se combine avec les acides pour former des sels.....	*(Voir plus haut.)*
	Bleuit la teinture de *tournesol* rougie par un acide...	
État naturel.	Décomposition des matières organiques quaternaires.	
Préparation.	Chauffer *chlorhydrate d'ammoniaque* et *chaux*......	*Préparation. (Par déplacement et dissolution.)*
	Résidus : eau et chlorure de calcium....................	
Usages.	*Dégraissage* des étoffes. Fabrication de la *glace. Cautérisation. Engrais.*	

CHAPITRE IX

Phosphore.

Historique. — Le phosphore a été découvert vers le milieu du dix-septième siècle par Brandt, à Hambourg, Scheele et Gahn montrèrent plus tard que les os des animaux contenaient beaucoup de phosphore.

Propriétés physiques. — Corps solide, d'une couleur ambrée, d'une odeur d'ail. Facilement fusible puisqu'il fond à 44°; il faut avoir soin de le faire fondre sous l'eau, car nous verrons tout à l'heure qu'il s'enflamme avec une grande rapidité dès qu'il est chauffé. Il est plus lourd que l'eau.

Propriétés chimiques. — Le phosphore est lumineux dans l'obscurité, ce qui tient à une *combustion lente* sous l'action de l'oxygène de l'air. Du reste, ce phénomène ne semble pas avoir la même cause que la phosphorescence observée chez certains êtres vivants (*vers luisants*, etc.). La lumière agissant d'une façon prolongée sur le phosphore le transforme en une variété particulière, le **phosphore rouge**, dont nous étudierons les propriétés chimiques comparativement avec celles du phosphore ordinaire. Quand on veut conserver le phosphore, on doit l'enfermer dans les flacons noirs ou bleus qui le mettent à l'abri de la lumière et qui doivent contenir également une certaine quantité d'eau. — Ce corps est éminemment inflammable; il suffit de le chauffer très légèrement ou même de le frotter pour qu'il prenne feu; il brûle en produisant des vapeurs blanches qui, recueillies sous une cloche sèche, ont l'aspect de la

neige ; ce corps n'est autre que l'**anhydride phosphorique.**

L'affinité du phosphore pour l'oxygène est telle qu'un
bâton de phosphore abandonné à l'air sec y brûle lentement en donnant naissance à de l'**anhydride phosphoreux** ; nous avons vu que c'est cette combustion lente
qui donne lieu aux phénomènes de la **phosphorescence.**

Rappelons que, dans l'oxygène pur, le phosphore
brûle avec un plus grand éclat que dans l'air ; un morceau
de phosphore plongé dans le chlore y prend feu spontanément en donnant naissance à des fumées épaisses de
chlorure de phosphore.

En chauffant le phosphore avec de l'acide azotique,
on obtient de l'**acide phosphorique hydraté**, tandis que

celui que nous avons obtenu par la
combustion du phosphore dans l'air
était de l'**anhydride phosphorique** ;
ajoutons enfin que, dans certaines
circonstances, le phosphore peut se
combiner avec l'hydrogène pour former les **hydrogènes phosphorés,**
parmi lesquels une variété prend feu
spontanément. Lorsqu'on projette du
phosphure de calcium dans l'eau (fig.
186), ce corps est décomposé ; une
partie du phosphore se porte sur l'hydrogène de l'eau pour former de l'**hydrogène phosphoré** qui se dégage en

Fig. 186. — **Action du
phosphure de cal-
cium sur l'eau.**

bulles, arrive à la surface de l'eau, brûle avec une
flamme brillante en produisant des couronnes de fumée ;
les *feux follets*, que l'on a observés dans les cimetières
et dans les endroits où il y a des matières organiques
en décomposition et riches en phosphore, sont dus à la
formation de cet hydrogène phosphoré.

Le phosphore ordinaire est un poison des plus violents, dont quelques milligrammes suffisent pour amener la mort; c'est un poison corrosif qui détermine la perforation des organes. L'empoisonnement par le phosphore doit être combattu rapidement par les vomitifs et spécialement par le sulfate de cuivre donné à la dose de 10 centigrammes pour un adulte; ce sulfate a la double propriété de déterminer des vomissements tandis que le cuivre forme avec le phosphore du **phosphure de cuivre** insoluble.

Préparation. — Les *os* calcinés à l'air et *pulvérisés* donnent une poudre blanche appelée *cendre d'os*. Sur cette poudre on verse de l'*acide sulfurique étendu d'eau* qui s'empare de la chaux des sels calcaires. Le *gaz carbonique* du carbonate se dégage. L'*acide phosphorique* du phosphate se dissout et le sulfate de calcium formé se dépose. Le sirop d'acide phosphorique est mélangé à du charbon en poudre et chauffé au rouge sombre. Le *phosphore distille* et est recueilli par condensation dans un vase clos contenant de l'eau.

Phosphore rouge. — Nous avons vu que lorsqu'on laisse agir la lumière sur le phosphore, peu à peu il devient rouge brun, bien que sa constitution soit la même que celle du phosphore ordinaire; le **phosphore rouge** en diffère par un certain nombre de propriétés : deux surtout sont importantes à connaître. Le phosphore rouge est peu inflammable : il faut le chauffer à une température de 260° environ pour qu'il fonde et s'enflamme; enfin il est sans action sur l'organisme tandis que le phosphore ordinaire est, nous l'avons vu, un violent poison. Ces propriétés du phosphore rouge ont rendu ce corps précieux dans la fabrication des allumettes.

Allumettes chimiques. — Cette fabrication, industrie des plus importantes, est très simple.

De petites bûchettes de bois sont taillées et réunies en un gros paquet qu'on trempe d'abord dans du soufre en fusion. Quand le soufre est solidifié, les bûchettes sont, une seconde fois, trempées dans un mélange de phosphore ordinaire, d'eau, de colle forte, de sable et d'une matière colorante. On opère ensuite le séchage dans une étuve.

Ces allumettes s'enflamment par le frottement ; dans les mains d'enfants, elles ont souvent occasionné des incendies ; ajoutons qu'elles sont vénéneuses : elles sont donc dangereuses.

C'est pour parer à ce double inconvénient qu'on emploie souvent les allumettes dites *amorphes*, qui ne peuvent s'allumer que par friction sur la boîte et qui ne sont pas vénéneuses.

On les met d'abord à l'opération du soufrage comme les allumettes ordinaires, puis on les trempe dans un mélange de chlorate de potasse, de sulfure d'antimoine et de colle forte, substances qui ne sont pas des poisons.

Pour enflammer les allumettes, on enduit une des faces de la boîte d'un mélange spécial de phosphore rouge, de colle forte et de sulfure d'antimoine et on frotte l'allumette sur ce mélange.

Avec les allumettes amorphes, on supprime donc tout danger d'empoisonnement et on rend les causes d'incendies plus rares.

Devoir. — Principe de la fabrication des allumettes. Dangers des allumettes. Remèdes.

EXPÉRIENCES

LE PHOSPHORE.

		EXPÉRIENCES
Historique.	Découvert par Brandt (XVIIᵉ siècle).	
Propriétés physiques.	Couleur *ambrée*. Odeur d'*ail*............. Fond à 44°................................... Plus lourd que l'eau..........................	*Montrer. Faire sentir.* *Faire fondre sous l'eau.*
Propriétés chimiques.	*Avide d'oxygène*. Phosphorescence. Combustion lente................................... *Très inflammable* (60°). Anhydride phosphorique..... S'enflamme *spontanément* dans le *chlore*........... Se combine avec l'*hydrogène*. Hydrogène phosphoré (feux follets)............................. *Poison* violent. — Contrepoison : sulfate de cuivre, 10 centigr..................................	*Exposer à l'air.* *Enflammer. Faire brûler dans l'oxygène, — dans le chlore.* *Phosphure de calcium jeté dans l'eau.* *Montrer le sulfate de cuivre.*
État naturel.	Os des animaux. Phosphates de calcium.	
Préparation.	Os { calcinés (le 1/10 de leur poids de phosphore).... { pulvérisés................................. Action de l'acide sulfurique................... Distillation de l'acide phosphorique avec du charbon..	*Calciner à l'air un gros os (de bœuf).* *Le pulvériser, verser dessus de l'acide sulfurique, filtrer.*
Usages.	Fabrication des allumettes................... Fabrication du phosphore rouge, amorphe non vénéneux et qui ne brûle qu'à 260°...............	*Emploi des allumettes.* *Emploi du phosphore rouge.*

CHAPITRE X

Soufre.

Propriétés physiques. — Le **soufre** était connu dès la plus haute antiquité. C'est un corps solide, jaune citron, sans saveur ni odeur, sauf lorsqu'on le frotte légèrement. Le soufre est plus lourd que l'eau. Il est mauvais conducteur de l'électricité; aussi lorsqu'on le frotte, attire-t-il les corps légers. Il est également mauvais conducteur de la chaleur : on le démontre facilement en tenant à la main un morceau de soufre, il se produit des craquements dus à une mauvaise répartition de la chaleur qui sépare les molécules.

Lorsqu'on chauffe le soufre dans un ballon, il passe par plusieurs états curieux : d'abord, vers 111 degrés il fond, sous forme d'un liquide d'une couleur ambrée et très fluide. Si on continue à le chauffer, vers 195° il devient très brun et sa viscosité est telle qu'on peut retourner le vase sans que le soufre s'écoule : à une température plus élevée encore, il redevient fluide et entre en vapeur vers 450°.

Si on verse le soufre au moment de son premier état liquide dans de l'eau froide, il se solidifie en devenant cassant.

Mais si on verse le soufre dans l'eau froide lors de sa deuxième liquidité, il peut être étiré comme du caoutchouc, d'où le nom de **soufre élastique** qu'on lui a donné.

Le soufre est insoluble dans l'eau; il est surtout soluble dans le sulfure de carbone. On le cristallise facilement par voie sèche en fondant le corps dans un creuset muni d'un couvercle, on laisse ensuite refroidir, et lorsqu'une croûte solide s'est formée à la surface, on la perce, on laisse écouler l'excès de soufre et on trouve l'intérieur tapissé de cristaux. On peut également obtenir des cristaux de soufre par dissolution de ce corps dans le sulfure de carbone ou la benzine qu'on laisse ensuite évaporer, mais les deux formes de cristaux obtenus dans cette expérience ne sont pas les mêmes ; le soufre est en effet un corps **dimorphe**, c'est-à-dire pouvant cristalliser dans deux formes différentes.

Propriétés chimiques. — Le soufre brûle dans l'air et dans l'oxygène en donnant naissance à de l'**anhydride sulfureux** ; la flamme du soufre est bleue, l'anhydride sulfureux qu'il produit est un gaz suffocant qui prend à la gorge, ainsi qu'on peut l'observer lorsqu'on approche des narines une allumette enflammée. Non seulement le soufre est un corps **combustible** vis-à-vis de l'oxygène, mais il est également **comburant** vis-à-vis des métaux.

Lorsqu'on chauffe un mélange de soufre et de cuivre, on constate au bout de quelques instants que le cuivre devient *incandescent*, il brûle dans la vapeur de soufre comme le fer brûle dans l'oxygène, le résultat de la combinaison est du **sulfure noir de cuivre**. Du reste l'affinité du soufre pour les métaux est considérable ; même à froid certains métaux se combinent avec le soufre : tel est le cas de la limaille de fer qui, mélangée avec la fleur de soufre, en présence d'eau tiède, donne naissance à du **sulfure de fer** avec dégagement de vapeur d'eau.

État naturel. — On trouve le soufre dans la nature à l'état libre, mélangé avec les matières terreuses dans les environs des volcans ; on le trouve aussi sous forme de *sulfure*, dans un très grand nombre de circonstances. Presque tous les sulfures métalliques se trouvent dans la nature, et les alchimistes frappés de cette abondance des composés du soufre, et persuadés à tort que le soufre jouait un rôle dans la formation des métaux, l'avaient nommé le *grand minéralisateur*.

Extraction du soufre. — Le principe de l'extraction du soufre est très simple : la terre mélangée de soufre est placée dans des vases (fig. 187) constitués par un récipient double dont les deux parties communiquent entre elles à l'aide d'un tuyau : le vase dans lequel on a placé la terre mélangée de soufre est chauffé, la chaleur *volatilise* le soufre qui vient s'accumuler dans le vase froid

Fig. 187. — **Extraction du soufre.**

laissant la terre dans le premier vase. Le soufre ainsi obtenu est brut ; pour le raffiner, on le fait arriver en vapeur dans des chambres froides sur les parois desquelles il se dépose sous forme d'une poudre impalpable, la **fleur de soufre** ; on peut également fondre le soufre brut et le couler dans des moules cylindriques pour obtenir le soufre en canon. Les principales usines de raffinage du soufre se trouvent à Marseille.

Usages. — La fabrication de la poudre exige l'emploi d'une grande quantité de soufre; nous avons vu que ce corps est également utilisé pour la fabrication des allumettes chimiques; ajoutons qu'il entre également dans celle de l'acide sulfurique et qu'il sert dans un grand nombre d'industries. On l'utilise pour détruire l'oïdium, maladie de la vigne, pour sceller le fer à la pierre, etc.

COMPOSÉS DU SOUFRE AVEC L'OXYGÈNE

Il existe deux principaux composés du soufre avec l'oxygène :

1° L'anhydride sulfureux ;
2° L'acide sulfurique.

ANHYDRIDE SULFUREUX

Propriétés physiques. — Gaz incolore, d'une odeur vive et piquante, qui produit la suffocation.

L'anhydride sulfureux est assez soluble dans l'eau et très facilement liquéfiable. Il suffit pour le liquéfier de le faire arriver dans un tube plongeant dans un mélange de glace et de

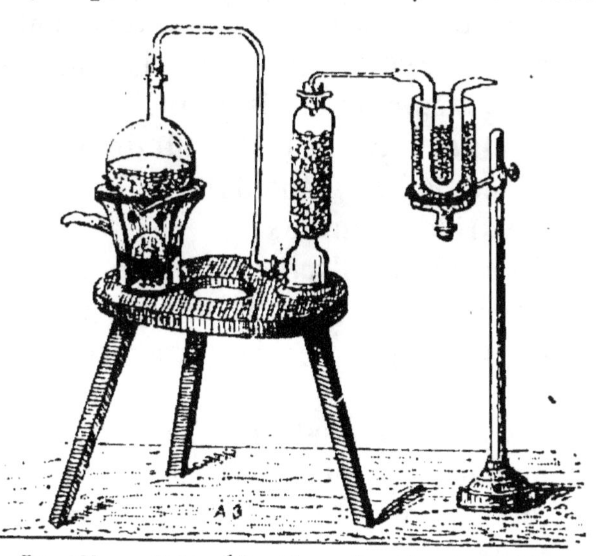

Fig. 188. — **Liquéfaction de l'anhydride sulfureux.**

sel (fig. 188); le froid produit par ce mélange suffit pour amener l'anhydride sulfureux à l'état d'un liquide incolore très mobile et bouillant à 10° au-dessous de zéro.

Propriétés chimiques. — L'anhydride sulfuréux rougit fortement la teinture de tournesol, il n'est *ni comburant, ni combustible*, une bougie allumée plongée dans ce gaz s'éteint et le gaz ne prend pas feu. Parmi les réactions intéressantes de l'anhydride sulfureux, nous devons d'abord citer sa tendance à absorber de l'oxygène en présence de l'eau pour se transformer en **acide sulfurique** : c'est sur cette propriété qu'est basée la préparation de ce dernier corps. Si l'on met de l'acide azotique en présence de l'anhydride sulfureux et de l'eau, celui-ci s'emparera d'une portion de l'oxygène de l'acide azotique pour former de **l'acide sulfurique.**

C'est également grâce à sa grande affinité pour l'oxygène que l'anhydride sulfureux est un **décolorant** très énergique : des fleurs plongées dans ce gaz deviennent blanches ; c'est qu'en effet l'oxygène constitue un des éléments des matières colorantes. Cet oxygène étant pris par l'anhydride sulfureux, la matière colorante perd un de ses éléments et disparaît.

Préparation. — 1° Il suffit de brûler du *soufre* sous l'influence de l'oxygène de l'air, le soufre se transforme en anhydride sulfureux ;

2° En chauffant l'*acide sulfurique* avec un métal tel que le cuivre ou le mercure, le métal enlève de l'oxygène à l'acide sulfurique et il se dégage de l'anhydride sulfureux.

Usages. — L'étude de l'anhydride sulfureux nous a déjà amené à parler de ses usages : on l'utilise pour la décoloration des tissus (laine et soie), pour enlever les taches de fruits sur le linge. En médecine, ce gaz était employé autrefois pour détruire la gale.

Devoirs. — Justifier les usages du soufre et de l'anhydride sulfureux par leurs propriétés.

RÉSUMÉ SYNOPTIQUE DU CHAPITRE X.

EXPÉRIENCES

Observations.

Soufre.

		Expériences
Historique.	Connu dès la plus haute antiquité.	
Propriétés physiques.	Solide. Jaune. Plus lourd que l'eau................. *Mauvais conducteur* de la chaleur et l'électricité..... Fond vers 111°....................... Insoluble dans l'eau. *Soluble dans le sulfure de carbone*	*Cri du soufre. Le soufre frotté attire les corps légers.* *Fusion. Vaporisation. Soufre mou.* *Dissolution dans le sulfure de carbone, dans la benzine.*
Propriétés chimiques.	*Combustible.* Produit de l'anhydride sulfureux...... *Comburant* pour les métaux (sulfures)...............	*Flamme du soufre.* *Jeter de la tournure de cuivre dans du soufre fondu.* *Chauffer dans un tube à essais un mélange de soufre et de limaille de fer.*
État naturel.	Dans les terres *volcaniques*..................... Sulfures métalliques (*pyrites*)....................	*Montrer des pyrites.*
Extraction.	*Distillation* des terres. *Raffinage*..............	*Soufre en canons, en fleur. — Montrer la « fleur de soufre » qui se dépose sur les parois du tube où l'on fait fondre le soufre.*
Usages.	Poudre, allumettes, anhydride sulfureux, acide sulfurique.	

Anhydride sulfureux (composé oxygéné du soufre).

		Expériences
Propriétés physiques.	*Soluble* dans l'eau.............................. Gaz *suffocant*...................................	*Dissolution.* *Faire respirer de ce gaz.* *Rougir le tournesol.*
Propriétés chimiques.	Acide *faible*.................................... Ni comburant, ni combustible..................... Cependant grande *affinité pour l'oxygène*...........	*Éteindre une allumette dans une éprouvette contenant de ce gaz.* *Verser de l'acide azotique dans une éprouvette contenant de ce gaz (vapeurs rutilantes).*
Préparation.	*Combustion du soufre*........................... Action à chaud du *cuivre* sur l'acide *sulfurique*.....	*Faire brûler du soufre.* *Cuivre et ac. sulfurique chauffés. (Précautions.)*
Usages.	*Décolorant, désinfectant* (antiseptique).............	*Décolorer des violettes mouillées.*

CHAPITRE XI

Composés du soufre (*suite*).

ACIDE SULFURIQUE

Historique. — Découvert au quinzième siècle et étudié par Lavoisier, cet acide contient plus d'oxygène que l'anhydride sulfureux.

Propriétés physiques. — L'acide sulfurique se présente sous des états assez divers, mais nous ne nous occuperons ici que de l'acide sulfurique du commerce. C'est un liquide qui a l'aspect d'une huile noirâtre (**huile de vitriol**). Lorsque l'acide sulfurique est pur, il est incolore comme de l'eau. Sa consistance est huileuse, son odeur nulle, sa saveur caustique : une goutte placée sur la langue produit une sensation de brûlure. La densité de l'acide sulfurique est à peu près le double de celle de l'eau. Ce corps bout vers 325°.

Propriétés chimiques. — La principale propriété chimique de l'acide sulfurique est sa **grande affinité pour l'eau.** Lorsqu'on fait un mélange d'eau et d'acide sulfurique, on constate une notable élévation de température. On doit toujours verser l'acide sulfurique dans l'eau ; car dans le cas où l'on verserait l'eau dans l'acide, la température s'élèverait brusquement et il pourrait en résulter une projection d'acide. Dans ces circonstances, l'acide sulfurique forme avec l'eau une véritable combinaison. Si l'on mélange une grande quantité d'acide sulfurique avec *une petite quantité* de glace, celle-ci fond rapidement ; au contraire, si la quantité de glace est *supérieure* à celle de l'acide, il y a production d'un mélange **réfrigérant.** Cette grande affinité de l'acide sulfurique pour l'eau explique pourquoi les matières animales et végétales mises en contact avec cet acide noircissent : un morceau de bois plongé dans l'acide sulfurique devient noir parce que l'acide s'empare de l'hydrogène et de l'oxygène contenus dans le bois sous forme d'eau et ne laisse plus que le charbon. C'est pour la même raison que l'acide sulfurique versé sur la peau produit des brûlures noires, faciles à reconnaître.

L'acide sulfurique agit sur un certain nombre de métaux en les transformant en **sulfates** ; c'est ainsi qu'à froid,

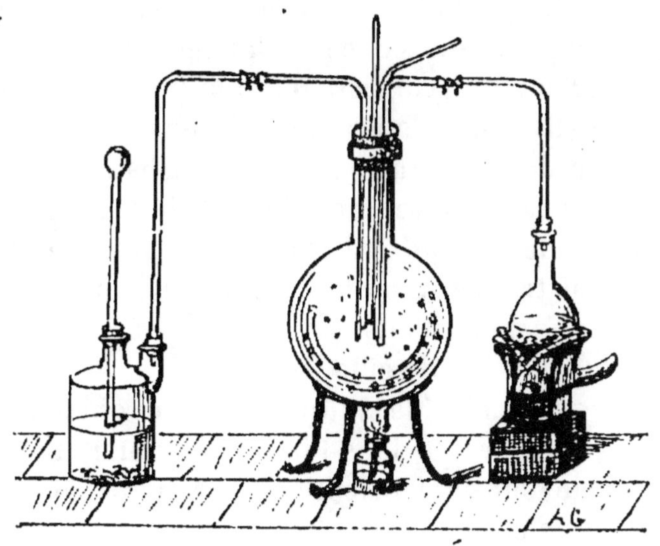

Fig. 183.

Préparation de l'acide sulfurique dans les laboratoires.

en présence de l'eau, il transforme le zinc en *sulfate de zinc*, avec dégagement d'hydrogène. Le même fait se produit pour le fer. L'acide sulfurique à chaud transforme le cuivre, l'argent en *sulfates* correspondants avec dégagement d'acide sulfureux. Sur certains métalloïdes, l'acide sulfurique agit en leur cédant de l'oxygène et en passant à l'état d'anhydride sulfureux. Tel est le cas du charbon qui, mis en présence de l'acide sulfurique, donne de l'anhydride sulfureux et de l'anhydride carbonique.

État naturel. — Préparation. — On trouve l'acide sulfurique aux environs des volcans; un exemple très connu nous est fourni par un ruisseau qui descend de la Cordillère des Andes et que l'on nomme *rivière du Vinaigre*. On retire de ce cours d'eau une quantité notable d'acide sulfurique. — L'acide sulfurique se prépare en **suroxydant** l'*anhydride sulfureux* en présence de l'eau. On utilise, pour cette opération, les composés oxygénés de l'azote parce qu'ils sont très riches en oxygène et que leur décomposition s'effectue facilement. Dans les laboratoires, l'appareil consiste tout simplement en un ballon de verre (fig. 189) de grandes dimensions contenant un peu d'eau dans le fond; le reste du ballon renferme de l'air, on y fait arriver par deux tubes du gaz *bioxyde d'azote* et de l'*anhydride sulfureux*. Dès que le bioxyde d'azote se trouve dans le ballon, on voit des vapeurs rouges se former. Peu à peu ces vapeurs disparaissent, et il y a formation d'acide sulfurique.

Usages. — L'acide sulfurique est un objet de consommation considérable dans l'industrie : on l'utilise dans la savonnerie, dans la fabrication des bougies, dans celle du sucre artificiel, etc.

HYDROGÈNE SULFURÉ (ACIDE SULFHYDRIQUE)

Propriétés physiques. — Gaz incolore, d'une odeur d'œuf pourri, d'une saveur analogue. Ce gaz est plus lourd que l'air; facilement liquéfiable; il est assez soluble dans l'eau.

Propriétés chimiques. — L'hydrogène sulfuré est éminemment combustible, ce qui se comprend facilement puisqu'il est composé de deux corps combustibles eux-mêmes : le soufre et l'hydrogène. Il brûle avec une flamme bleue, livide : si la combustion s'effectue dans une éprouvette, par conséquent avec peu d'oxygène, on voit un dépôt jaune de soufre se former dans l'éprouvette. Si, au contraire, l'oxygène est assez abondant, le soufre ne se dépose pas et il y a formation d'*anhydride sulfureux*. Un autre produit de la combustion de l'hydrogène sulfuré est la *vapeur d'eau*.

Le *chlore* décompose l'hydrogène sulfuré, s'empare de l'hydrogène pour former de l'*acide chlorhydrique* et met le soufre en liberté; le chlore est donc, par excellence, le *désinfectant* de l'hydrogène sulfuré.

L'hydrogène sulfuré agit encore sur un certain nombre de corps. Les métaux tels que l'argent et le plomb sont *noircis* par l'action de ce gaz, parce qu'il y a formation de sulfures de plomb ou d'argent qui sont noirs. On conçoit facilement la raison pour laquelle on ne doit pas laisser une cuiller en argent dans un œuf sous peine de la voir noircir, l'œuf contenant de l'hydrogène sulfuré. De même on ne doit pas peindre avec des sels de plomb des cabinets d'aisances; car, au bout de très peu de temps, les murs seraient noircis par les émanations d'hydrogène sulfuré provenant de la fosse.

Action sur l'organisme. — L'hydrogène sulfuré est un poison violent; aussi doit-on éviter avec soin, dans un appartement, les émanations provenant des fosses d'aisances, souvent dues à une construction défectueuse.

État naturel. — L'hydrogène sulfuré est très répandu dans la nature, toutes les décompositions organiques en renferment plus ou moins; mais, parmi les matières, les œufs gâtés sont particulièrement remarquables pour la quantité énorme d'hydrogène sulfuré qu'ils contiennent. On a trouvé dans la nature certaines *eaux sulfureuses* qu'on utilisé en médecine : telles sont les eaux d'Enghien, de Barèges, de Bagnères, du Mont-Dore, de Cauterets, etc.

La présence de l'hydrogène sulfuré dans les eaux s'explique par une décomposition des sulfates qu'elles contiennent sous l'influence des matières organiques.

Préparation. — Dans un flacon à hydrogène, on introduit du *sulfure de fer*, de l'*eau* et de l'*acide sulfurique*.

La réaction calquée sur la préparation de l'hydrogène peut être ainsi indiquée.

Sulfure de fer.. { Soufre. . . . .
{ Fer. . . . .
. . Sulfate de fer.
Acide sulfurique { Acide sulfurique. . . :
hydraté. . . . . { Hydrogène. . . . .

Hydrogène sulfuré.

$$FeS + SO^4H^2 = SO^4Fe + H^2S.$$

Sulfure de fer.   Acide sulfurique hydraté.   Sulfate de fer.   Hydrogène sulfuré.

SULFURE DE CARBONE

Propriétés physiques. — Liquide d'une coloration jaunâtre, d'une odeur éthérée lorsqu'il est pur, mais d'une odeur de chou pourri lorsqu'il est impur. Très mobile; excellent dissolvant du soufre, du phosphore, des corps gras, etc.

Propriétés chimiques. — Le sulfure de carbone est un corps très combustible; il brûle avec une flamme bleue en produisant de l'*anhydride sulfureux*. C'est pour cette raison que, malgré sa grande combustibilité, on a pu l'utiliser pour éteindre les feux de cheminée. L'anhydride sulfureux qui se dégage n'entretenant pas la combustion éteint le feu dans le tuyau de le cheminée.

Préparation. — On prépare directement le sulfure de carbone (fig. 190) en faisant tomber, dans une cornue de grès chauffée au rouge et contenant des morceaux de charbon, des morceaux de soufre ; les vapeurs qui se forment sont recueillies dans un flacon et viennent s'y condenser.

Usages. — On utilise surtout le sulfure de carbone dans la *vulcanisation* du caoutchouc. Ce caoutchouc a,

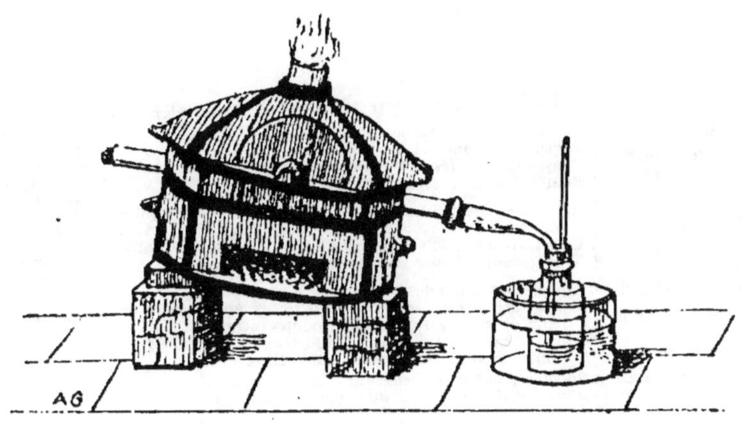

Fig. 190. — **Préparation du sulfure de carbone.**

en effet, la propriété de rester flexible, lorsqu'on le refroidit, à la condition d'être immergé dans un mélange de soufre et de sulfure de carbone ; ainsi préparé, on lui donne le nom de *caoutchouc vulcanisé*.

Devoir. — Principe de la préparation de l'acide sulfurique. Justifier les usages de l'acide sulfurique et du sulfure de carbone par leurs propriétés.

COMPOSÉS DU SOUFRE (*Suite*).

Acide sulfurique.

EXPÉRIENCES

Historique.	Découvert au XVᵉ siècle. Étudié par Lavoisier.	
Propriétés physiques.	Saveur *caustique*.	*Observations.*
	Consistance *huileuse*. Plus *lourd* que l'eau.	*Précautions. Petit feu, toile métallique.*
	Bout à 325°.	
Propriétés chimiques.	Acide *très énergique*. Déplace les autres de leurs combinaisons.	*Rougir le tournesol. Action sur les azotates, carbonates.*
	Cède facilement de son oxygène (anhydride sulfureux).	*Préparation de l'anhydride sulfureux.*
	Très grande *affinité pour l'eau*.	*Carbonisation du bois, du sucre trempés dans l'acide.*
État naturel.	Ruisseaux voisins des *volcans*.	
Préparation.	*Suroxydation de l'anhydride sulfureux* en présence de l'air, de vapeur d'eau et de produits nitreux.	*Principe de la préparation.*
Usages.	Emploi considérable dans l'industrie (savons, bougies, aluns, produits chimiques, etc.). Électricité.	

Hydrogène sulfuré.

Propriétés physiques.	Incolore, odeur *nauséabonde*.	*Odeur dans la salle de classe.*
	Plus *lourd* que l'air. *Soluble* dans l'eau.	
Propriétés chimiques.	*Combustible*. Produit de l'anhydride sulfureux et de l'eau.	*Faire brûler. Verser de l'eau de chlore dans une éprouvette de ce gaz. Action sur un sel de plomb (écrire avec de l'acétate de plomb sur une carte, et exposer cette carte à l'hydrogène sulfuré).*
	Décomposé par le chlore.	
	Forme avec les métaux des *sulfures*.	
Propriété physiologique.	*Poison* violent.	
État naturel.	Eaux sulfureuses. Matières en putréfaction.	
Préparation.	Sulfure de fer, eau et acide sulfurique. Résidu : sulfate de fer.	*Préparation.*

Sulfure de carbone.

Propriétés physiques.	Liquide jaune, *nauséabond*.	*Observations.*
	Dissout le soufre, les corps gras.	*Dissolution du soufre, de la graisse.*
Propriétés chimiques.	*Brûle* en donnant de l'anhydride sulfureux.	*Combustion.*
Préparation.	Soufre dans charbon au rouge.	
Usages.	*Extincteur. Vulcanisation* du caoutchouc.	

CHAPITRE XII

Chlore.

Historique. — Découvert par Scheele (1774).

Propriétés physiques. — Gaz d'une couleur jaune verdâtre, d'une odeur suffocante qui prend à la gorge et peut amener des crachements de sang si on en respire une trop grande quantité. C'est un gaz très lourd, deux fois et demi plus lourd que l'air. On a facilement liquéfié le chlore.

Le chlore est assez soluble dans l'eau, et sa dissolution, très employée dans les laboratoires, est connue sous le nom d'eau de chlore.

Propriétés chimiques. — La propriété chimique principale du chlore est sa *grande affinité pour l'hydrogène;* il suffit de mélanger, à volumes égaux, du chlore et de l'hydrogène et d'exposer le mélange à la lumière solaire pour qu'instantanément le flacon éclate. Les deux corps se combinent et forment de l'**acide chlorhydrique.**

Le même effet se produit lorsqu'on approche une allumette du mélange; si on laisse le chlore et l'hydrogène à une faible lumière, la combinaison se fera aussi, mais *lentement.*

Cette grande affinité du chlore pour l'hydrogène explique son pouvoir **décolorant** et **désinfectant.**

Les matières colorantes contiennent, en effet, de l'hydrogène. Le chlore s'en empare, enlève à la couleur un de ses éléments et la détruit. Quant au pouvoir désinfectant, il s'explique également par ce fait que deux corps sont spécialement infectants : *l'hydrogène sulfuré* et le *sulfhydrate d'ammoniaque.* Or, ces corps contiennent de l'hydrogène, le chlore s'en empare et les détruit.

Le chlore a également une grande affinité pour les métaux, ce qui se comprend puisque l'hydrogène peut être considéré comme un métal. On le démontre très facilement par un certain nombre d'expériences. Si l'on plonge dans un flacon de chlore un fil de cuivre rougi (fig. 191), on voit la combustion continuer et des gouttelettes de **chlorure de cuivre** se former. En faisant arriver du

Fig. 191. — **Combustion du cuivre dans le chlore.**

Fig. 192. — **Combustion du phosphore dans le chlore.**

chlore sur de l'étain, on obtient également du **bichlorure d'étain**. Du reste, le chlore agit très énergiquement sur les métalloïdes ; c'est ainsi que le phosphore, plongé dans le chlore, y prend feu spontanément (fig. 192) ; il y a formation de vapeurs de **chlorure de phosphore**. L'arsenic et l'antimoine pulvérisés projetés dans le chlore s'enflamment en donnant naissance à des fumées très épaisses de **chlorure d'arsenic ou d'antimoine**.

État naturel. — Le chlore ne se trouve pas à l'état de liberté à cause de ses affinités très énergiques ; mais on le trouve sous forme de nombreux composés. Il nous suffira de citer le sel marin (**chlorure de sodium**) ; les chlorures sont du reste très répandus.

Préparation. — On chauffe, dans un ballon, un mélange de chlorure de sodium, de bioxyde de manganèse et de deux parties d'acide sulfurique. La réaction peut être représentée ainsi :

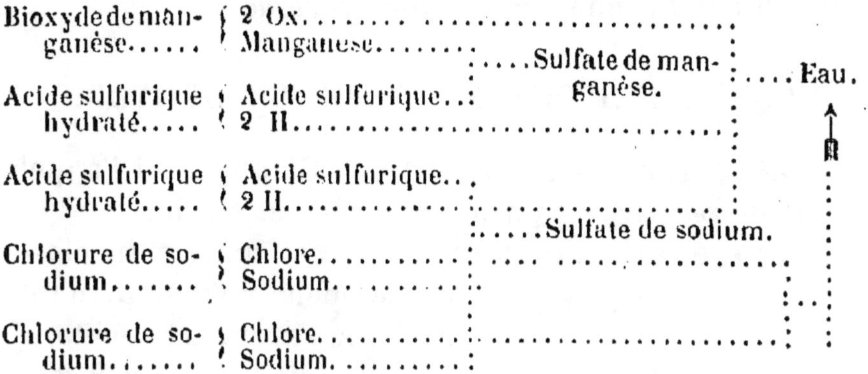

Bioxyde de man- { 2 Ox.............................
ganèse...... ' Manganèse......... .....Sulfate de man-   .....Eau.
                                          ganèse.

Acide sulfurique { Acide sulfurique...:
hydraté..... { 2 H...

Acide sulfurique { Acide sulfurique..
hydraté..... { 2 H..............................
                                    :.....Sulfate de sodium.

Chlorure de so- { Chlore...........
dium........ { Sodium...........

Chlorure de so- { Chlore..............
dium........ ' Sodium...........

$$Mn\,O^2 \;+\; 2SO^4H^2 \;+\; 2NaCl \;=\; SO^4Mn \;+\;$$

| Bioxyde de manganèse. | Acide sulfurique hydraté. | Chlorure de sodium. | Sulfate de manganèse. |

$$SO^4Na^2 \;+\; 2H^2O \;+\; Cl^2.$$

| Sulfate de sodium. | Eau. | Chlore. |

Usages. — Le double pouvoir décolorant et désinfectant du chlore explique ses nombreuses applications à l'industrie et à l'hygiène. Avec le chlore, on blanchit les toiles, on nettoie les vieux chiffons destinés à la fabrication du papier. On désinfecte les fosses d'aisances avec le **chlorure de chaux**, substance blanche qui dégage ce gaz lorsqu'on le met à l'air.

COMPOSÉS OXYGÉNÉS DU CHLORE

Le chlore forme, avec l'oxygène, plusieurs composés, bien qu'il ait très peu d'affinité pour ce corps. Nous n'insisterons pas sur les composés oxygénés du chlore; contentons-nous de faire observer qu'ils doivent être forcément très instables puisqu'ils sont le produit de la combinaison de corps ayant peu d'affinité l'un pour l'autre. Il se décomposent en effet très facilement, mettant l'oxygène en liberté ; c'est pour cette raison qu'ils sont **oxydants**.

Le chlore a une très grande affinité pour l'hydrogène avec lequel il forme l'*acide chlorhydrique*.

COMPOSÉS HYDROGÉNÉS. ACIDE CHLORHYDRIQUE

Historique. — Découvert par Glauber qui l'appela *esprit-de-sel* parce qu'il le retira du sel marin.

Propriétés physiques. — C'est un gaz incolore, d'une odeur vive et piquante et d'une saveur très acide.

A l'air, il répand des fumées épaisses, ce qui tient à sa grande affinité pour la vapeur d'eau renfermée dans l'atmosphère. L'acide chlorhydrique est très *soluble* dans l'eau. On ne peut donc pas le préparer sur la cuve à eau et on est obligé, pour l'obtenir, de faire usage, comme pour l'ammoniaque, de la cuve

Fig. 193.— **Préparation de l'acide chlorhydrique.**

à mercure. Les mêmes expériences que nous avons déjà indiquées pour l'ammoniaque en vue de démontrer sa grande solubilité dans l'eau peuvent être répétées avec l'acide chlorhydrique.

Propriétés chimiques. — L'acide chlorhydrique

n'est ni **comburant**, ni **combustible**; il forme, avec l'eau dans laquelle il se dissout, un véritable composé connu sous le nom d'acide chlorhydrique du commerce.

La plupart des métaux sont vivement attaqués par l'acide chlorhydrique, il y a formation d'un **chlorure** et dégagement d'hydrogène : parmi les métaux facilement attaqués, on peut citer le *zinc*, il suffit de verser de l'acide chlorhydrique du commerce sur du zinc placé dans un verre pour que l'hydrogène se dégage; il y a formation de **chlorure de zinc**. Le phénomène est accompagné d'un grand bouillonnement. L'acide chlorhydrique se reconnaît facilement à la propriété qu'il possède de donner avec l'ammoniaque des fumées blanches et épaisses de chlorhydrate d'ammoniaque.

État naturel. — L'acide chlorhydrique se trouve dans les produits volcaniques; on a signalé sa présence dans la *rivière au Vinaigre* dont nous avons parlé.

Préparation. — On chauffe légèrement le *sel marin* avec de l'*acide sulfurique* si l'on veut avoir l'acide chlorhydrique gazeux; on le reçoit sur la cuve à mercure. Si on veut l'avoir à l'état d'**acide chlorhydrique** du commerce on fait arriver le gaz dans de grandes bouteilles à trois tubulures (fig. 193). La réaction est représentée de la façon suivante :

Chlorure de sodium.......	Chlore		
	Sodium...............		
Chlorure de sodium.......	Chlore............................		
	Sodium...............	Sulfate de sodium.	
Acide sulfurique hydraté.....	Acide sulfurique..		
	2 H............................		
			2 Acide chlorhydrique.

$$2NaCl \quad + \quad SO^4H^2 \quad = \quad SO^4Na^2 \quad + \quad 2HCl$$

| Chlorure de sodium. | Acide sulfurique hydraté. | Sulfate de sodium. | Acide chlorhydrique. |

RÉSUMÉ SYNOPTIQUE DU CHAPITRE XII.

Chlore.			
	Historique.	Découvert et étudié par Scheele (XVIIIe siècle).	*Observation.*
	Propriétés physiques.	Gaz *vert*.. Odeur *suffocante* .... 2 fois 1/2 *plus lourd* que l'eau... .... *Soluble* dans l'eau.....................................	*Respirer légèrement.* *Verser le chlore, le recueillir par déplacement.* *Eau de chlore.*
	Propriétés chimiques.	*Incombustible.*....................................... *Comburant* pour certains métalloïdes et métaux (chlorures)... Très grande affinité pour l'hydrogène (acide chlorhydrique)...	*Combustion du cuivre chauffé.* *Combustion spontanée du phosphore, de l'antimoine.* *Mélange détonant.* *Papier enduit d'essence de térébenth... (carbure d'H), plongé dans un flacon de chlore sec.*
	État naturel.	Composés. Sel marin, chlorures.	
	Préparation.	*Sel marin*, bioxyde de manganèse, acide sulfurique. Résidus : sulfates de manganèse et de sodium..... *Plus simplement :* bioxyde de manganèse et *acide chlorhydrique*. Résidu : chlorure de manganèse...	*Préparation.*
	Usages.	*Décolorant, désinfectant*.............................	*Décoloration d'encre étendue d'eau.* *Désinfection de l'hydrogène sulfuré.*

Acide chlorhydrique.			
	Historique.	Glauber (XVIIe siècle). « Esprit de sel ».	
	Propriétés physiques.	Gaz incolore, *odeur* piquante...................... *Très soluble* dans l'eau..............	*Observations.* *Solubilité (eau de tournesol qui devient rouge).*
	Propriétés chimiques.	Acide *très énergique*..... .... Ni combustible ni comburant.......................!. *Attaque les métaux* (chlorures et hydrogène)........	*Rougir le tournesol.* *Observations.* *Action sur le zinc, le cuivre.*
	Usages.	Emploi considérable dans l'industrie (gélatine, décapage des métaux, chlorures, eau régale..........	*Décapage d'un vieil objet de cuivre vert-de-grisé.*

Usages. — L'acide chlorhydrique est un des produits les plus utilisés dans l'industrie; il attaque les os, en dissolvant la partie minérale, et ne laisse plus que la matière animale ou gélatine. Beaucoup de chlorures métalliques se préparent à l'aide de cet acide.

Devoir. — Justifier les usages du chlore et de l'acide chlorhydrique par leurs propriétés.

CHAPITRE XIII

Eau régale. — Brome et iode. — Acide fluorhydrique. — Gravure sur verre. — Acide borique. — Acide silicique.

EAU RÉGALE

On désigne sous le nom d'eau régale un mélange d'acide azotique et d'acide chlorhydrique, ainsi nommé parce qu'il attaque et dissout l'or que les alchimistes regardaient comme le roi des métaux. L'eau régale dissout aussi le platine. L'action de l'eau régale est facile à expliquer parce qu'il se développe dans ce liquide du chlore qui se porte sur ces métaux qui sont promptement transformés en chlorures correspondants solubles.

BROME ET IODE

Ces deux corps ont tant d'analogies entre eux qu'ils peuvent être étudiés comparativement ; du reste, leurs propriétés sont très analogues à celles du chlore.

Propriétés physiques. — L'iode est un corps solide qui se présente sous forme de paillettes d'un gris brillant; la vapeur d'iode est très lourde et est d'un beau violet.

Le **brome** est un liquide rouge foncé dont les vapeurs sont lourdes. La saveur et l'odeur de ces deux corps sont très mauvaises, ils agissent sur les organes de la respiration en les irritant.

Propriétés chimiques. — L'iode et le brome ont des propriétés d'une analogie frappante avec celles du chlore, ils ont une *grande affinité* pour l'hydrogène, et une *faible affinité* pour l'oxygène; les acides iodhydrique et bromhydrique ont des propriétés analogues à celles de l'acide chlorhydrique, de même les iodures et les bromures aux chlorures correspondants. L'iode a un réactif d'une très grande importance, l'amidon qu'il colore en bleu; ses traces se reconnaissent facilement par ce procédé.

La préparation de ces corps est calquée sur celle du chlore. Il suffit de remplacer le chlorure de sodium par du bromure ou de l'iodure de potassium, on obtient du brome ou de l'iode qu'on fait arriver dans un ballon refroidi. — L'iode dissous dans une eau contenant de l'iodure de potassium est utilisée sous le nom de *teinture d'iode* en médecine.

ACIDE FLUORHYDRIQUE

L'acide fluorhydrique est un composé de fluor, corps isolé récemment, et d'hydrogène. C'est un gaz incolore, fumant à l'air comme l'acide chlorhydrique avec lequel il a de grandes analogies, très soluble dans l'eau pour laquelle il a du reste une très grande affinité.

L'acide fluorhydrique attaque presque tous les métaux en les transformant en **fluorures**, mais on l'utilise prin-

cipalement dans la gravure sur verre, le verre est en effet
un composé de silice, et le fluor de l'acide fluorhydrique
forme avec le silicium de la silice, du **fluorure de silicium**
qui est soluble. Aussi, on ne peut ni préparer ni renfermer l'acide fluorhydrique dans des vases de verre, on
emploie pour cet usage des verres en gutta-percha. Pour
graver sur verre, on procède de la façon suivante

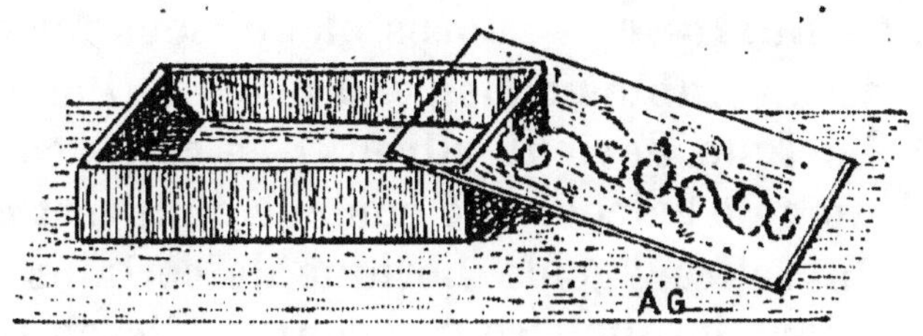

Fig. 194. — **Gravure sur verre.**

(fig. 194) : on enduit la pièce à graver avec un vernis à
la cire, puis à l'aide d'un outil aigu, on fait les chiffres
ou les dessins voulus, le verre reste à nu sur ces points
et on l'expose alors aux vapeurs d'acide fluorhydrique,
ou bien, on le plonge dans de l'acide étendu d'eau. Toutes
les parties recouvertes de cire sont respectées, les autres
sont attaquées par l'acide.

Préparation. — Elle est analogue à celle de l'acide
chlorhydrique; on chauffe dans une cornue de plomb
un mélange de *fluorure de calcium* et d'*acide sulfurique*.

La réaction peut être représentée ainsi :

Fluorure de cal- { 2 Fluor...
cium........ { Calcium........... :
                               :..Sulfate de calcium. :
Acide sulfurique { Acide sulfurique.. :
hydraté.... { 2 H.. :
                               2 Acide fluorhydrique.

$$CaFl^2 \quad + \quad SO^4H^2 \quad = \quad SO^4Ca \quad + \quad 2HFl$$

Fluorure de calcium.   Acide sulfurique.   Sulfate de calcium.   Acide fluorhydrique.

ACIDE BORIQUE. — ANHYDRIDE SILICIQUE

Le **bore** et le **silicium** sont des corps simples, très difficiles à préparer, par conséquent très rares, dont nous ne signalons l'existence que parce qu'ils forment avec l'oxygène deux composés importants à connaître, l'**acide borique** et l'**anhydride silicique**.

Acide borique. — Corps blanc, sous forme de paillettes **assez solubles** dans l'eau chaude. Par la chaleur, l'acide borique devient vitreux ; ce corps communique à la flamme de l'alcool une couleur d'un vert caractéristique. On retire l'acide borique de certains lacs de la Toscane dans lesquels se trouvent en dissolution un sel, le *borax* ou *borate de soude*, dont les bijoutiers se servent pour décaper les métaux que l'on veut souder. L'acide borique en dissolution est fréquemment employé en médecine comme désinfectant.

Anhydride silicique ou silice. — Peu de corps sont aussi répandus dans la nature que la **silice** ; qu'il suffise de dire que le *sable*, le *grès*, l'*agate* sont formés de silice ; cette substance lorsqu'elle cristallise constitue le **quartz** ou *cristal de roche* ; nous avons vu que le verre est attaqué par l'acide fluorhydrique, c'est que le verre est un silicate et que l'acide fluorhydrique forme avec lui un **fluorure gazeux**.

———

Devoir de revision. — Les acides usuels. Leur préparation, leurs usages.

RESUMÉ SYNOPTIQUE DU CHAPITRE XIII.

Fin de l'étude des métalloïdes.

- **Eau régale.** — Dissolution de l'or et du platine. 3 vol. d'acide chlorhydrique pour 1 vol. d'acide azotique fumant.
- **Brome et iode.** — Analogies avec le chlore.
- **Acide fluorhydrique.** — Gravure sur verre. Préparation par le fluorure de calcium et l'acide sulfurique. Résidu : sulfate de calcium.
- **Acide borique.** — Décapage des métaux. Médecine.
- **Silice ou anhydride silicique.** — Grès, sable, cristal de roche, etc.

REVISION GÉNÉRALE DES MÉTALLOÏDES.

État.
- *Solide :* Charbon, C; Soufre, S; Phosphore, Ph; Iode, Io.
- *Liquide :* Brome, Br.
- *Gazeux :* Oxygène, O; Azote, Az; Chlore, Cl; Fluor, Fl.

Solubilité
- *dans l'eau* : beaucoup : Cl. — peu : O, Az, Io.
- *dans le sulfure de carbone :* S, Ph, Br, Io.
- *dans le fer en fusion :* C.

Combustion.
- *Combustibles :* C, S, Ph.
- *Comburants :* O, Cl, S.

Affinité
- *pour l'oxygène :* C, S, Ph.
- *pour l'hydrogène :* O, Cl, Br, Io, Fl.
- *pour les métaux :* O, Cl, S.

COMPOSÉS

	OXYGÉNÉS	HYDROGÉNÉS
O	—	Eau.
Az	protoxyde, bioxyde. acide azotique.	Ammoniaque.
C	oxyde de carbone. anhydride carbonique.	Carbures d'H. Gaz d'éclairage.
S	anhydride sulfureux. acide sulfurique.	Hydrogène sulfuré.
Ph	anhydride phosphoreux. acide phosphorique.	Hydrogène phosphoré.
Cl	peu stables.	Acide chlorhydrique.
Fl	peu stables.	Acide fluorhydrique.

Décolorants et désinfectants.
- *Charbon :* pouvoir absorbant.
- *Anhydride sulfureux :* affinité pour l'oxygène.
- *Chlore et composés :* affinité pour l'hydrogène.

CHAPITRE XIV

Métaux.

Nous avons vu que les métaux diffèrent des métalloïdes en ce qu'ils sont bons conducteurs de la chaleur et de l'électricité, par un éclat particulier désigné sous le nom d'**éclat métallique**, mais il s'en faut de beaucoup que la limite soit nettement tranchée entre les métalloïdes et les métaux. De même que le naturaliste est souvent embarrassé pour placer certains êtres dans un règne ou dans un autre, de même le chimiste hésite à classer tel et tel corps simple dans les **métaux** ou dans les **métalloïdes**.

Propriétés physiques. — Les métaux sont des corps généralement *solides* à la température ordinaire, on ne connaît d'exception que le mercure qui est liquide et l'hydrogène qui est gazeux. Généralement, la couleur des métaux est d'un blanc plus ou moins brillant; on sait que l'or est jaune, le cuivre rouge, etc.

Les métaux sont plus ou moins fusibles; qu'il nous suffise d'indiquer le mercure qui fond à 39° au-dessous de zéro et le platine qui fond à plus de 2 000 degrés. Les métaux sont **malléables**, c'est-à-dire qu'ils peuvent être réduits en feuilles très minces; de tous le plus malléable est l'or, dont on peut faire des feuilles de $\frac{1}{10000}$ de millimètre d'épaisseur. Une autre propriété des métaux est la **ductilité**, propriété par laquelle on peut les tirer en fils très fins; l'or est également le plus ductile des métaux. Enfin, les fils métalliques auxquels on suspend un poids, présentent une résistance plus ou moins grande à la rupture, on désigne cette propriété sous le nom de **tena-**

cité. De tous les métaux, le fer est le plus tenace, le plomb le moins tenace.

Les métaux sont susceptibles de cristalliser.

Propriétés chimiques. — Généralement l'oxygène agit sur les métaux en les transformant en **oxydes** correspondants; l'air qui contient de l'oxygène, oxyde également les métaux; il est bon de savoir que quelques métaux résistent à l'action de l'oxygène, tels sont parmi les plus connus l'or et le platine; il y a lieu également de distinguer le cas où le métal est chauffé fortement de celui où il est exposé à froid à l'action de l'oxygène; dans le premier cas, l'oxydation est facilitée. L'oxydation peut être également *superficielle* ou *profonde*; certains métaux s'oxydent dans toute leur épaisseur, tel est le cas du fer; pour d'autres, l'oxydation est superficielle; c'est ainsi que la petite couche d'oxyde de zinc qui se forme à la surface de ce métal préserve le reste contre l'oxydation. Le fil de fer destiné à rester exposé à l'humidité doit être recouvert d'une couche de zinc (**fer galvanisé**).

Grâce à cette précaution, ce fil ne se rouille jamais.

Un grand nombre de métalloïdes se combinent facilement avec les métaux; le soufre forme avec eux des **sulfures**, le chlore des **chlorures**, ainsi que nous l'avons vu plus haut.

ALLIAGES

Dans l'industrie, les métaux peuvent rarement être utilisés à l'état simple, car peu d'entre eux possèdent les propriétés voulues pour répondre aux divers besoins de la fabrication. L'or des monnaies, par exemple, s'il ne contenait pas une certaine quantité de cuivre, serait trop mou et par conséquent l'effigie et les caractères s'effaceraient facilement. Cet exemple prouve la nécessité des **alliages**.

On nomme **amalgame** un alliage dans lequel il entre du mercure.

Propriétés physiques. — Opaques, possédant l'éclat métallique, bons conducteurs de la chaleur et de l'électricité, les alliages sont généralement d'un blanc brillant, ils ne sont colorés que quand un des métaux qui les forme l'est lui-même ; les alliages sont moins tenaces, moins ductiles, moins malléables que les métaux qui les forment.

En revanche ils sont beaucoup *plus fusibles*, et le meilleur exemple qu'on puisse donner à cet égard est l'**alliage d'Arcet** qui est formé de *plomb* fondant à 335°, de *bismuth* fondant à 264° et d'*étain* à 228° ; cet alliage fond à 94° et il suffit de l'exposer à la vapeur d'eau bouillante pour qu'il coule comme de la cire.

Préparation. — Pour obtenir un alliage, il suffit de fondre les métaux en proportions voulues, mélangés dans un creuset ; souvent il est bon de prendre certaines précautions, de recouvrir les métaux avec de la poussière de charbon, par exemple, afin d'éviter l'oxydation.

Devoir. — Définir les métaux.

MÉTAUX. — Propriétés générales.

EXPÉRIENCES

Propriétés physiques.

Bons conducteurs de la chaleur et de l'électricité...
> *Fil de fer tenu à la main, dans une flamme.*
> *Baguette de cuivre frottée, isolée, puis frottée.*

Éclat métallique....................................
> *Éclat de l'or, du zinc, du potassium.*

Solides, sauf le mercure et l'hydrogène..........
> *Pétrir du potassium, du sodium. Verser le mercure.*

Fusibles, malléables, ductibles, tenaces, durs, à des degrés divers................................
> *Fondre du plomb. Montrer des feuilles d'or. Rayer l'étain, le plomb. Suspendre des poids à des fils de fer, de cuivre, de plomb.*

Propriétés chimiques.

Se combinent aux métalloïdes, en donnant :
avec l'*oxygène*, des oxydes (oxydation superficielle, profonde)..............................
> *Montrer des oxydes. — Fer rouillé. — Zinc oxydé.*

avec le *soufre*, des sulfures.....................
> *Montrer des sulfures.*

avec le *chlore*, des chlorures, etc..............
> *Montrer des chlorures.*

Alliages.

Résultats de la *fusion* de mélanges de métaux.....
Amalgame : alliage avec du mercure.............
Les alliages sont *plus fusibles* que les métaux alliés.
> *Montrer du laiton, du bronze, du maillechort.*
> *Fusion de l'alliage d'Arcet dans la vapeur d'eau.*

CHAPITRE XV

Potassium et sodium. — Leurs composés.

POTASSIUM ET SODIUM

Historique. — Le potassium et le sodium ont été isolés par Davy au commencement du dix-neuvième siècle ; jusque-là la potasse et la soude avaient été regardées comme des corps simples ; Davy les décomposa par l'électricité et obtint un métal et de l'oxygène.

Propriétés physiques. — Ils sont solides, mous comme la cire, très facilement fusibles et volatilisables. Lorsqu'ils sont fraîchement coupés, ils ont tout à fait l'éclat de l'argent.

Ces métaux sont plus légers que l'eau.

Propriétés chimiques. — Ils s'altèrent rapidement dans l'air humide ; aussi est-il nécessaire de les mettre à l'abri de l'air ; on les conserve dans de l'huile de naphte. L'affinité de ces métaux pour l'oxygène est tellement grande qu'ils *décomposent* l'eau à froid pour s'emparer de l'oxygène et qu'ils mettent l'hydrogène en liberté.

L'expérience varie suivant que l'on prend le potassium ou le sodium. Lorsqu'on projette un fragment de potassium dans l'eau, on le voit instantanément s'*enflammer* et courir à la surface en brûlant avec une flamme lilas. En effet, le potassium s'empare de l'oxygène de l'eau et met l'hydrogène en liberté.

Il résulte de la combinaison du potassium avec l'oxygène un dégagement de chaleur ; l'hydrogène prend feu et la flamme se colore par les vapeurs du potassium.

A la fin de l'expérience, une petite explosion se produit et des fragments de potassium sont rejetés. Aussi doit-on prendre des précautions pour éviter la projection de ces fragments dans le visage.

Avec le sodium, les choses se passent d'une façon un peu différente. Le morceau de sodium se promène à la surface de l'eau, sous forme d'un globule brillant, mais l'hydrogène ne prend pas feu, parce que la combinaison du sodium avec l'oxygène dégage moins de chaleur, et que par conséquent l'hydrogène ne s'enflamme pas.

On peut cependant l'enflammer, soit en approchant une allumette du globule, soit en faisant l'expérience dans un liquide visqueux qui, forçant le sodium à rester en place permet à la chaleur de se concentrer.

Le sodium brûle dans ces circonstances avec une flamme jaune. Ces métaux se combinent directement avec presque tous les métalloïdes.

État naturel. — Ils sont très répandus dans la nature à l'état de combinaisons. C'est ainsi que dans les eaux de la mer on trouve des **chlorures de sodium et de potassium**; dans les cendres des végétaux terrestres, du **carbonate de potassium** qui s'est produit à la faveur des phénomènes de la végétation. Dans les cendres des végétaux marins, on trouve du **carbonate de sodium**.

Usages. — Ces métaux ont une grande importance, car on les emploie pour préparer des corps tels que l'aluminium.

POTASSE. — SOUDE

Ces corps sont les **oxydes** du potassium et du sodium. Ils sont solides, blancs; on leur donne le nom de **potasse et soude caustiques**, pour les distinguer de la potasse et de la soude des épiciers, qui sont des *carbonates de potassium* et de *sodium*. Ces oxydes cautérisent les tissus; mis sur la langue, ils produisent une sensation de brûlure. Ce sont des **bases** très énergiques ramenant au bleu le tournesol rougi par un acide.

Ils sont très avides d'eau et d'anhydride carbonique; avec ce dernier ils forment des **carbonates**.

Préparation. — La potasse s'extrait des cendres des végétaux terrestres, et la soude des végétaux marins. On trouve en effet dans les cendres des premiers, formés sous l'influence des phénomènes de la vie, du *carbonate de potassium*, et dans les cendres des seconds, du *carbonate de sodium*. Lorsqu'on verse sur les cendres de l'eau chaude, celle-ci dissout les carbonates qui sont solubles; on filtre, et la dissolution de carbonate passe sous forme d'un liquide clair. Pour avoir la potasse caustique, on verse dans la dissolution un *lait de chaux;* il se forme immédiatement un précipité de **carbonate de calcium** et la potasse reste en dissolution; on filtre encore, le carbonate de calcium qui est insoluble reste sur le filtre et la dissolution de potasse coule claire; cette dissolution est concentrée jusqu'à consistance de sirop, puis versée sur des tables de marbre sur lesquelles le corps se solidifie.

Usages. — Utilisées en médecine comme caustique, la potasse et la soude forment la base des savons.

CARBONATES DE POTASSIUM ET DE SODIUM

Nous avons vu que ces deux sels se trouvaient tout formés dans les cendres des végétaux terrestres et marins; ce sont eux que l'on désigne sous les noms de **potasse** et de **soude du commerce**. Ce sont des corps blancs, d'une saveur légèrement salée, *très solubles* dans l'eau, spécialement employés dans la fabrication du savon, du verre et dans le lessivage. L'usage que l'on fait quelquefois des cendres pour la lessive s'explique par la présence dans les cendres du carbonate de potasse.

SULFATE DE SODIUM

Ce sel blanc cristallisé, d'une saveur amère et *très soluble* dans l'eau, est spécialement employé comme purgatif; on doit porter attention à ne pas le confondre avec le *sulfate de zinc* qui cristallise d'une façon analogue et pour lequel on le prend quelquefois.

Le sulfate se forme, ainsi que nous l'avons dit, lors de la préparation de l'acide chlorhydrique par l'action de l'acide sulfurique sur le sel marin.

CHLORURE DE SODIUM

C'est un des produits les plus répandus dans la nature; le sel marin est un corps solide, blanc grisâtre, d'une saveur salée qui lui est propre. Il cristallise en cubes (fig. 195); ces cubes se soudent les uns aux autres, constituant de petites pyramides nommées **trémies**. Le sel est *soluble* dans l'eau en assez grande proportion, il est *déliquescent*, c'est-à-dire qu'il absorbe l'eau de l'atmosphère ; aussi dans une cuisine le gros sel est-il toujours humide.

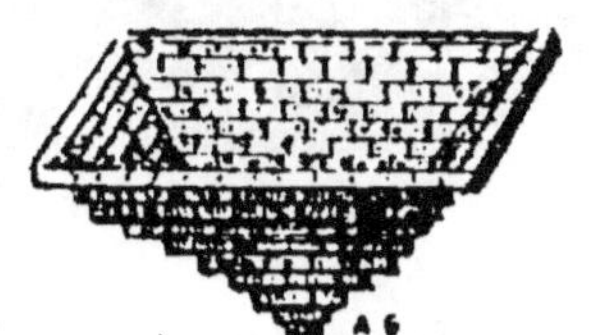

Fig. 195. — **Cristaux de sel.**

Propriétés physiques. — Traité par l'acide sulfurique, le sel marin laisse dégager de l'acide chlorhydrique et donne du **sulfate de sodium**. C'est un composé très stable que la chaleur ne parvient pas à décomposer.

État naturel. — Le sel a deux origines principales, la mer et les mines de sel gemme. L'eau de la mer dont on veut extraire le sel est amenée dans de vastes étendues nommées **marais salants** (fig. 196), dans lesquels la chaleur du soleil détermine l'évaporation de l'eau et par conséquent la concentration du sel qui finit par cristalliser.

La mer ayant autrefois occupé de vastes espaces aujourd'hui à sec, on s'explique ainsi les dépôts considérables de sel que l'on trouve dans certaines parties du globe et qui sont désignés sous le nom de mines de sel gemme (Pologne, Lorraine, etc.). On utilise ces mines en y perçant un puits qu'on remplit d'eau pour dissoudre le sel ; des pompes aspirantes amènent l'eau salée à l'extérieur et ces eaux sont évaporées.

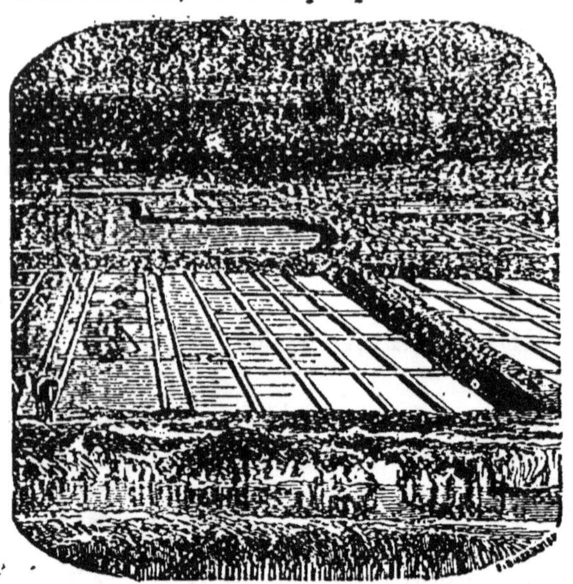

Fig. 196. — **Marais salant.**

Usages. — Outre les usages du sel dans l'industrie, nous connaissons sa grande importance dans l'alimentation ; c'est un aliment minéral des plus importants ; l'absence de sel dans les aliments, outre qu'il rend ceux-ci peu agréables, peut amener de graves désordres dans la santé. On sait combien les animaux domestiques sont friands de cette substance.

AZOTATE DE POTASSIUM OU SALPÊTRE

Le **salpêtre** est un corps blanc, *très soluble* dans l'eau, surtout à chaud, d'une saveur fraîche. Ce corps est assez facilement décomposable par la chaleur. Dans cette circonstance, il donne lieu à un dégagement d'azote et d'oxygène. La propriété que le salpêtre partage, du reste, avec tous les azotates, est de *fuser* sur les charbons ardents, c'est-à-dire que les charbons brûlent avec une plus grande force au contact de ces corps : ce qui s'explique facilement par la décomposition de ceux-ci et par le dégagement d'oxygène qui vient activer la combustion du charbon.

État naturel. — Le salpêtre se trouve dans les pays chauds à la surface du sol, sous forme d'une couche cristallisée. On le sépare de la terre avec laquelle il est mélangé, par l'emploi de l'eau.

L'origine de ce salpêtre paraît due à la transformation de matières azotées en *acide azotique*, et à la combinaison de cet acide azotique avec la *potasse* qui est très répandue dans les terrains. Dans nos climats tempérés, il ne se forme pas de salpêtre à la surface du sol, mais en revanche les phénomènes dont nous avons parlé tout à l'heure s'observent dans les caves, sur les murs desquelles on constate souvent la présence de cristaux de salpêtre qu'on sépare des matières calcaires par le lessivage.

Usages. — Le salpêtre sert en médecine ; il est employé pour la conservation des viandes, mais il est utilisé principalement dans la fabrication de la poudre à canon.

POUDRE

La poudre semble avoir été connue des Chinois à une époque déjà reculée. En Europe, les Anglais et les Allemands se disputent l'honneur de l'invention de la poudre. Les premiers l'attribuent à Bacon, les seconds à Schwartz.

Le premier usage de la poudre à canon paraît avoir été fait, en Europe, à la bataille de Crécy (1346).

La poudre est formée d'un mélange de *salpêtre*, de

soufre et de *charbon*. L'explication de la puissance de la poudre nous est donnée par ce fait qu'une petite quantité de poudre en brûlant dégage 1200 ou 1400 fois environ son volume de gaz. Or, si un projectile possédant une certaine mobilité se trouve en contact avec la poudre au moment où elle s'enflamme, les gaz dégagés par celle-ci, en vertu de leur expansibilité, poussent le projectile en avant.

La composition de la poudre varie du reste comme proportion, suivant qu'on la destine à la chasse, à la guerre ou aux mines. Toutes les matières employées sont mêlées, puis écrasées à l'aide de pilons; une humidité constante doit être entretenue dans la masse sous peine de voir se produire des explosions. La poudre est pulvérisée pendant 12 ou 14 heures environ, puis soumise au crible et finalement séchée.

VERRE

Le **verre**, dont nous allons également dire quelques mots, est un **silicate de potassium** ou de **sodium** combiné avec un **silicate de calcium** lorsqu'il s'agit du verre ordinaire.

Le verre est transparent, cassant; la chaleur agit sur lui en le ramollissant d'abord, puis en le fondant.

Il existe un très grand nombre de variétés de verre (*verre à vitre, à bouteilles, de Bohême*, etc.). Dans les verres de prix, tels que le *cristal*, le *strass* (diamant artificiel), etc., il entre une certaine proportion de plomb.

Nous ne pouvons entrer ici dans le détail de la fabrication de ces diverses variétés de verre. Nous nous contenterons de dire qu'on obtient le verre ordinaire, ou verre à vitre, en fondant ensemble du *sable*, de la *craie* et du *carbonate de sodium*. La masse fond peu à peu, et

RÉSUMÉ SYNOPTIQUE DU CHAPITRE XV.

EXPÉRIENCES

Historique. Isolés par Davy (XIXe siècle).

Propriétés physiques.
Blanc comme l'argent...
Mous...
Très *fusibles*..

Couper et pétrir du potassium, du sodium.

Propriétés chimiques.

Grande *affinité* :
pour l'*oxygène*..
S'altèrent rapidement à l'air.....................................
Décomposent l'eau à froid...
pour le *chlore*..
Décomposent les chlorures...

Montrer l'altération rapide à l'air d'un morceau de potassium fraîchement coupé.

Fragments de potassium (dangers) et de sodium jetés sur l'eau de tournesol rougie par un acide faible.

État naturel. Très répandus à l'état de *combinaisons.*

Préparation. Chauffer un mélange de *carbonate de potassium* (ou sodium) et de *charbon.*

Usages. Préparation du *magnésium*, de l'*aluminium* par réduction des chlorures.

Composés.

Oxydes.
Potasse et soude caustiques. Bases énergiques......
Grande affinité pour l'eau et l'anhydride carbonique.
Cautères. Savons...................................

Action sur la peau, sur le tournesol rougi.
Dissolution dans l'eau.
Faire disparaître un morceau d'étoffe de laine dans de la potasse bouillante.

Carbonates. Très solubles dans l'eau............................
Savons. Verre. Lessivage..

Dissolution. Lessivage d'une étoffe de coton.
Faire fuser du salpêtre.

Azotates.
Salpêtre, nitre...
Fusent...
Poudre à canon...

Faire brûler (en plein air) un mélange de salpêtre (6), soufre en fleur (1), charbon en poudre (1).

Chlorure de sodium (sel marin)..................................
Aliment. Poteries. Industries chimiques..........................

Dissolution et cristallisation du sel.

Verres. Silicates doubles de potassium (ou sodium) et de calcium (ou plomb, cristal).

Fusion du verre. Effiler, couder un tube.

à sa surface montent des matières impures qu'on enlève.

On travaille ensuite le verre par *moulage* ou en le *soufflant*.

Devoir. — Usages du potassium et du sodium, et de leurs composés.

CHAPITRE XVI

Calcium. — Ses composés.

Le calcium est un métal analogue au potassium et au sodium, plus lourd que l'eau, et nous ne le mentionnons qu'à cause de ses composés qui sont d'une grande importance.

CHAUX

La chaux, ou **oxyde de calcium**, est un corps blanc grisâtre que l'on trouve dans le commerce sous deux formes : la *chaux vive* et la *chaux éteinte*. La première a une grande affinité pour l'eau ; lorsqu'on en verse sur cette chaux, celle-ci s'imprègne peu à peu et la combinaison de ces deux corps détermine une élévation notable de température qui vaporise une partie de l'eau absorbée.

Dès que la chaux vive a absorbé l'eau, elle devient *chaux éteinte* et, mélangée alors avec une nouvelle quantité d'eau, la température ne s'élève plus.

La chaux est une base énergique, et nous avons vu

que l'eau de chaux est le réactif de l'anhydride carbonique.

On prépare la chaux en calcinant la pierre à bâtir, qui n'est autre chose que lu carbonate de calcium; l'anhydride carbonique se dégage et la chaux reste (fig. 197).

MORTIERS

Lorsqu'on veut unir entre elles les pierres d'une construction, on emploie le **mortier**, qui n'est autre que de la chaux mélangée de sable et d'eau. Le sable est destiné à combler les vides qui se produisent toujours lorsque la chaux se dessèche. Le mortier

Fig. 197. — **Four à chaux**.

acquiert par dessiccation une très grande dureté, l'anhydride carbonique de l'air formant avec la chaux un carbonate très résistant.

En ajoutant au mortier ordinaire des matières argileuses, on obtient une pâte qui durcit sous l'eau : c'est le **mortier hydraulique** qui est utilisé dans les constructions telles que les piles de pont, les digues, etc.

CARBONATE DE CALCIUM

Substance extrêmement répandue dans la nature, le carbonate de calcium forme une grande partie de la croûte solide du globe. Il présente un très grand nombre de variétés ; qu'il nous suffise de citer le **spath d'Islande**, **l'aragonite** qui sont très purs. A côté de ces deux corps, nous en trouvons d'autres, très répandus : tels sont les **calcaires** employés comme pierre à bâtir, la **craie**, formée par l'accumulation de coquilles microscopiques. Lorsqu'on chauffe plusieurs jours la craie dans un vase hermétiquement fermé, elle se transforme en **marbre**.

Le **marbre** est également du carbonate de chaux, dû très vraisemblablement à l'action du feu central sur le calcaire. Enfin les **stalactites**, que l'on observe dans certaines cavernes et sous forme de masses coniques suspendues par leur grande base au plafond de ces cavernes, sont constituées par du carbonate de calcium. D'une manière générale, le carbonate de calcium est un corps blanc, très peu soluble dans l'eau pure, mais *soluble* dans l'eau chargée d'anhydride carbonique. Il est infusible ; chauffé à une haute température, nous avons vu qu'il laisse dégager de l'anhydride carbonique et qu'il restait de la chaux.

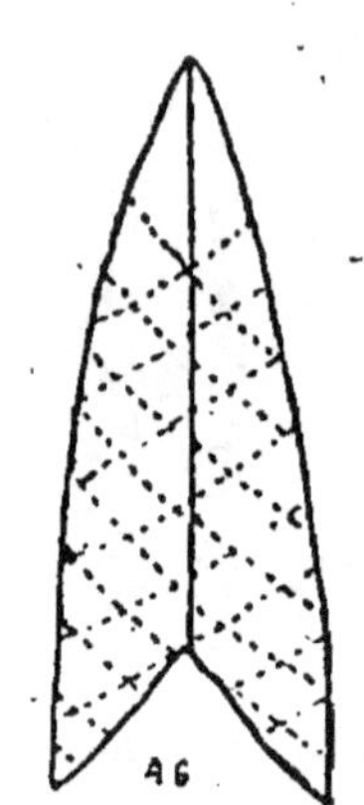

Fig. 198. — **Gypse fer de lance.**

SULFATE DE CALCIUM

Le **sulfate de calcium** constitue la plus grande partie des terrains de Paris et des environs. Dans la nature, il porte le nom de **gypse** et affecte la forme d'un fer de lance (fig. 198), présentant une certaine transparence.

Chauffé (fig. 199), il donne le **plâtre** en perdant son eau de cristallisation. Le sulfate de calcium se *dissout faiblement* dans l'eau, mais assez cependant pour rendre les eaux des puits de Paris impropres aux usages domestiques (*eaux séléniteuses*). Le plâtre *gâché* avec l'eau forme une pâte qui durcit vite en se gonflant légèrement :

Fig. 199. — **Four à plâtre.**

(construction, statuaire). Mélangé à la colle forte, il constitue le *stuc* : substance qui imite l'ivoire et peut être utilisée à la confection de certains objets, tels que statuettes, etc. Enfin il joue un rôle très important en agriculture.

Devoirs. — Diverses sortes de carbonates de calcium, leurs usages.

Pourquoi la plupart des acides décomposent-ils la craie et non pas le plâtre ?

Pourquoi le plâtre « gâché » et séché durcit-il ?

EXPÉRIENCES

CALCIUM. SES COMPOSÉS

Calcium. Important seulement par ses *composés*.

Chaux.
- (*Oxyde de calcium*)..
- Chaux *vive*, chaux *éteinte*..........................
- *Base* énergique...
- *Réactif* de l'anhydride carbonique (combinaison : la craie)...
- Préparée en *calcinant les calcaires*...............
- *Mortiers* { chaux, sable...............................
- *Mortiers* (chaux, sable, argile......................

Montrer de la chaux.
Éteindre de la chaux vive.
Ramener au bleu du tournesol rougi.
Troubler l'eau de chaux.
Chauffer de la craie.
Confectionner un mortier.

Carbonate de calcium.
- *Calcaires* (craie, marbre, pierre à bâtir)............
- *Soluble* dans l'eau chargée d'anhydride carbonique..
- *Décomposé* par la chaleur et les acides (préparation de l'*anhydride carbonique*)..........................

Montrer des échantillons.
Troubler de l'eau de chaux par l'anhydride carbonique et continuer jusqu'à ce que l'eau s'éclaircisse.
Action des acides sur la craie.

Sulfate de calcium.
- *Gypse* (pierre à plâtre)..............................
- *Chauffé*, devient plâtre. Le plâtre mouillé redevient dur..
- *Usages.* { Enduits....................................
- *Usages.* { Stuc. Moulage.............................
- *Usages.* (Agriculture...............................

Montrer du gypse.
Montrer du plâtre.
Cuire du gypse.
« Gâcher » du plâtre, mouler une médaille.

CHAPITRE XVII

Métaux usuels. — Fer. — Étain. — Plomb. — Leurs composés.

MÉTAUX USUELS -- FER

Propriétés physiques. — Le fer est un métal grisâtre d'une ténacité considérable, puisqu'il faut une force de 250 kilogrammes environ pour rompre un fil de fer de 2 millimètres de diamètre.

Cette propriété a fait utiliser le fer pour la construction des ponts suspendus. Le fer a pour densité 7,7 ; il se ramollit vers 1000°, et les forgerons profitent de ce ramollissement pour souder deux barres de fer sans intermédiaire d'un métal étranger ; les deux barres sont fortement martelées jusqu'à leur complète soudure ; vers 1500° le fer fond.

Propriétés chimiques. — L'oxygène humide attaque le fer dans toute sa profondeur et le transforme en rouille ou **oxyde de fer** ; on empêche le fer de se rouiller en le recouvrant d'une couche de zinc. Le fer se combine avec tous les métalloïdes. Nous savons que le fer décompose l'eau pour s'emparer de l'oxygène et mettre l'hydrogène en liberté ; nous avons vu que l'acide azotique le transforme en **azotate**.

État naturel. Extraction. — Les minerais de fer sont nombreux ; citons plusieurs variétés d'*oxydes* et le *carbonate de fer* ou *fer spathique* (Anzin), minerai extrêmement riche.

Deux méthodes principales sont utilisées pour l'extraction du fer. Elles reviennent, en principe, toutes deux au même et consistent à *réduire les minerais*, c'est-à-dire à leur enlever l'oxygène au moyen du charbon, corps réducteur par excellence.

Dans les pays où l'industrie est développée, l'extraction a lieu par la méthode des *hauts fourneaux*.

Un **haut fourneau** (fig. 200) est constitué par la réunion de deux troncs de cône unis par leur grande base. Le tronc de cône inférieur reçoit de l'air qui est amené par un tuyau et destiné à favoriser la combustion des matières qu'on introduit par l'ouverture de la partie supérieure.

Par cette ouverture, en effet, on charge le haut fourneau en y introduisant des couches de charbon (coke) et de minerai au-dessus les unes des autres. Le charbon qu'on allume brûle sous l'influence du courant d'air; le minerai est réduit et le fer à l'état liquide coule et est recueilli, à la partie inférieure du haut fourneau, dans des moules où il se solidifie.

Fig. 200. — Un haut fourneau.

Le fer ainsi obtenu est très carburé; on lui donne le nom de **fonte**.

Usages. — Le fer est utilisé dans un si grand nombre de circonstances qu'il suffit de rappeler le rôle considérable qu'il joue dans l'industrie, sans insister davantage.

FONTE

La **fonte** est du fer combiné au charbon ; elle est *grise* ou *blanche ;* la première est spécialement employée pour les ustensiles de cuisine ; la seconde est surtout destinée à fabriquer le fer pur. Pour arriver à ce résultat, on emploie l'air sous forme d'un courant qui brûle le charbon et le convertit en *oxyde de carbone*.

ACIER

L'**acier** est également un fer carburé, mais moins riche en charbon que la fonte. Aussi peut-on obtenir l'acier en enlevant à la fonte une partie de son charbon. Il est *plus fusible* que le fer, susceptible d'un très beau poli. Lorsqu'il est brusquement refroidi, l'acier est dit *trempé* et possède une grande élasticité. L'acier est très utilisé, principalement en coutellerie et dans la fabrication des ressorts.

SULFATE DE FER

C'est le sel de fer le plus usuel ; on l'appelle vulgairement **vitriol vert** ou **couperose verte** ; ce corps se présente sous forme de cristaux d'un vert émeraude, se conserve difficilement à l'état de pureté et ne tarde pas à se couvrir d'une couche jaunâtre de *sous-sulfate de sesquioxyde de fer*. On l'obtient dans l'industrie en grillant les **pyrites de fer** (*sulfure de fer*) ; ils absorbent l'oxygène de l'air par le grillage et se transforment en sulfate. On peut l'obtenir en attaquant le fer par l'acide sulfurique étendu d'eau.

Le sulfate de fer est principalement utilisé dans la fabrication de l'encre, en photographie, parce qu'il décompose les sels d'or et qu'il précipite l'or à l'état d'une poussière noire.

ÉTAIN

Propriétés physiques. — Métal blanc d'une odeur faible que l'on constate en le frottant entre les doigts, d'une densité analogue à celle du fer, l'**étain** est le plus fusible des métaux usuels ; il fond vers 230° ; c'est un métal peu tenace ; il peut être réduit en feuilles assez minces.

Propriétés chimiques. — L'étain est peu altérable à la température ordinaire ; à 200° il se combine avec l'oxygène de l'air en formant de l'**oxyde d'étain**. L'étain se combine avec la plupart des métalloïdes ; il est attaqué par l'acide chlorhydrique à chaud, qui le transforme en **chlorure d'étain** avec dégagement d'hydrogène ; l'acide azotique l'attaque avec dégagement de vapeurs rutilantes en formant du **bioxyde d'étain**.

État naturel et métallurgie. — Le minerai est l'**oxyde** ou **cassitérite** (Angleterre, Saxe). Rien n'est plus simple que la métallurgie de l'étain ; l'oxyde est chauffé avec du charbon dans un simple fourneau ; et comme l'étain est très fusible, il coule et on n'a qu'à le recueillir.

Usages. — Chauffé avec le fer, il forme à la surface de celui-ci une couche protectrice (*fer-blanc*). Les sels d'étain étant inoffensifs, on emploie ce métal sous forme de feuilles pour envelopper le thé, le chocolat, etc.

PLOMB

Propriétés physiques. — Métal gris, bleuâtre, lourd, sa densité égale 11,35 ; comme l'étain, le **plomb**

est assez fusible ; il fond vers 335°, il est très peu tenace.

Propriétés chimiques. — Le plomb s'oxyde à l'air, mais superficiellement à froid ; à chaud, au contraire, il forme un **oxyde rouge** appelé *massicot;* l'eau pure, telle que l'eau de pluie, dissout les **sels de plomb** ; aussi ne doit-on jamais, lorsqu'on utilise les eaux de pluie pour les usages domestiques, les conserver dans des réservoirs en plomb ou les faire circuler dans des tuyaux de plomb, les sels de ce métal étant *très vénéneux;* au contraire, les eaux de source et de rivière n'ont pas d'action sur les tuyaux de plomb; aussi peut-on les employer sans danger pour la distribution de ces eaux. L'acide azotique attaque le plomb et le transforme en **azotate**. L'acide chlorhydrique forme à sa surface une couche de **chlorure de plomb**.

État naturel. Extraction. — C'est principalement de la **galène** ou **sulfure de plomb** (Angleterre, Espagne) qu'on retire ce métal, soit par *grillage* du minerai, d'où résulte une série de transformations dans le détail desquelles nous n'entrerons pas, mais dont le résultat final est du plomb pur ; soit *en chauffant ensemble* la galène et des débris de ferrailles. Le soufre se porte sur le fer pour former du sulfure de fer et le plomb devient libre.

Usages. — Il sert à la fabrication des tuyaux de conduite pour l'eau et le gaz ; il entre dans la composition de l'alliage des caractères d'imprimerie et est utilisé toutes les fois qu'il faut un métal souple et peu résistant.

OXYDES — SELS DE PLOMB

Il existe un certain nombre d'**oxydes**, parmi lesquels nous citerons la *litharge*, le *minium;* la **litharge** est d'une couleur orange et sert en teinture ; le **minium** est d'un rouge vif et sert spécialement à colorer la cire à cacheter ; lorsqu'on le fond avec le verre, on obtient le cristal.

CARBONATE DE PLOMB OU CÉRUSE

Le carbonate de plomb est le plus important de tous les sels de plomb au point de vue industriel. Le carbonate de plomb mélangé avec la peinture communique à cette dernière la propriété de bien s'appliquer sur les surfaces, mais la céruse noircit sous l'influence des émanations sulfureuses ; aussi ne l'emploie-t-on jamais lorsqu'il s'agit de peindre des établissements d'eau sulfureuse ou des cabinets d'aisances.

On prépare la céruse soit en plaçant des fragments de plomb dans des vases contenant du vinaigre, et qu'on range par lits dans du fumier (*procécé hollandais*), soit en faisant passer un courant de gaz carbonique dans une dissolution d'acétate de plomb. L'anhydride carbonique se combine avec l'oxyde de plomb que renferme l'acétate (*procédé de Clichy*). Le procédé hollandais revient au même, car le vinaigre transforme le plomb en acétate de plomb, et le gaz carbonique qui se dégage du fumier détermine la formation de la céruse en agissant sur l'acétate des lames de plomb.

Action des sels de plomb sur l'organisme. — Le plomb est un poison violent, surtout sous forme de sels ; l'action de ce métal est généralement lente ; elle s'observe spécialement chez les peintres, les imprimeurs, les plombiers, les gaziers, les fabricants de blanc de céruse. Elle se traduit d'abord par des coliques violentes désignées sous le nom de *coliques de plomb*. Heureusement les progrès de la chimie ont amené des amé-

MÉTAUX USUELS, FER, ÉTAIN, PLOMB

MÉTAUX	PROPRIÉTÉS PHYSIQUES	PROPRIÉTÉS CHIMIQUES	ÉTAT NATUREL. EXTRACTION	USAGES	COMPOSÉS	EXPÉRIENCES
Fer.	Ductile, malléable. Très tenace. $d = 7,8$. Fond à 1500°.	Se combine avec tous les métalloïdes (excepté l'azote). S'oxyde à l'air (rouille). Préservé de l'oxydation par la peinture, l'étamage, la galvanisation (zinc).	Minerais : oxydes carbonate. Réduction par le charbon et l'oxyde de carbone (haut fourneau).	Très nombreux : constructions, chaudronnerie, électricité...	*Acier :* fer et peu de charbon — trempe. *Fonte :* fer et plus de charbon — fusibilité.. *Sulfate* (vitriol vert). — Encre.	*Montrer des échantillons. Fer rouillé. Tremper de l'acier. Casser de la fonte. Faire de l'encre (sulfate de fer + tanin).*
Étain.	Très malléable. Peu tenace. $d = 7,3$. Fond à 230°.	Ne s'oxyde que superficiellement à chaud. Attaqué à chaud par les acides azotique et chlorhydrique.	Minerai : bioxyde d'étain (cassitérite). Réduction par le charbon.	Excessivement nombreux : cuisine, étamage, conserves, bronze, tain, soudure.	Non vénéneux.	*Manier de l'étain. En faire fondre. Action des acides.*
Plomb.	Très malléable. Très peu tenace. $d = 11,5$. Fond à 340°	S'oxyde superficiellement à l'air. Se transforme à chaud en oxydes.	Minerai : sulfure de plomb (galène). Grillages.	Tuyaux de conduite. Alliage (imprimeries). Plomb de chasse. Feuilles.	Vénéneux. *Oxydes :* litharge, minium. *Carbonate* (céruse), peinture.	*Manier du plomb. En faire fondre. Montrer les oxydes. Peinture à la céruse et à l'oxyde de zinc.*

liorations telles, dans l'hygiène des ouvriers, que la maladie du plomb a presque disparu. Les moyens hygiéniques consistent surtout à aérer les pièces où se fabrique la céruse.

L'iodure de potassium est le contrepoison du plomb; il forme de l'iodure de plomb insoluble qui est éliminé.

Devoir. — Justifier les usages du fer, de l'étain, du plomb et de leurs principaux composés par leurs propriétés.

CHAPITRE XVIII

Métaux usuels (*suite*). — Zinc. — Cuivre. Aluminium. — Leurs composés.

ZINC

Propriétés physiques. — Métal blanc, bleuâtre, pouvant être réduit en feuilles minces, il fond vers 400°, sa densité se rapproche de celle du fer.

Propriétés chimiques. — Tandis que, sous l'action de l'air humide, le fer se rouille dans toute sa profondeur, le zinc ne *s'oxyde qu'à la surface* et les parties profondes restent inaltérées, grâce à la couche d'oxyde qui les protège.

Le zinc s'oxyde facilement à chaud ; on voit s'échapper du creuset une matière blanche que les alchimistes appelaient la *laine philosophique* et qui n'est autre que de l'**oxyde de zinc**. Nous avons vu que le zinc du commerce était attaqué par l'acide sulfurique étendu d'eau, qui le transformait en **sulfate de zinc** avec dégagement d'hydrogène.

État naturel. Extraction. — Il existe deux principaux minerais de zinc, la **blende** (sulfure) et la **calamine** (carbonate) (Angleterre, Belgique). L'extraction du métal se fait, comme pour la plupart des métaux, par grillage à l'air suivi de la calcination en présence du charbon.

Usages. — Il est utilisé pour la fabrication d'ustensiles de ménage, tels que baignoires, seaux, etc., et sert en feuilles à recouvrir les maisons.

COMPOSÉS DU ZINC

1° **Oxyde de zinc.** — Nous avons déjà dit que l'oxyde se formait en brûlant le zinc à l'air. C'est un corps blanc, pulvérulent, que l'on désigne sous le nom de **blanc de zinc**, et qui est employé dans la peinture pour remplacer le blanc de plomb dont nous avons déjà parlé ; il a l'avantage sur ce dernier de ne pas noircir sous l'influence des émanations sulfureuses ; de plus, le blanc de zinc n'a pas les propriétés toxiques du blanc de plomb.

2° **Sulfate de zinc.** — Ce sel, ou **vitriol blanc**, est cristallisé, et ses cristaux sont tout à fait semblables à ceux du sulfate de magnésie : ressemblance à laquelle il faut prendre garde, le sulfate de zinc étant très corrosif ; on les distingue au goût : le sulfate de magnésie est amer, le sulfate de zinc est astringent et caustique.

On le prépare en grillant le sulfure de zinc, et il est employé en médecine, en teinture et comme désinfectant.

CUIVRE

Propriétés physiques. — Métal rouge, d'un très beau poli, d'une odeur spéciale, lorsque le métal est frotté entre les doigts. La densité du **cuivre** est 8,8 ; il est fusible à 1 100°. Ce corps est très bon conducteur de la chaleur et de l'électricité.

Propriétés chimiques. — A l'air humide, le cuivre s'altère facilement en formant une couche bleu verdâtre connue sous le nom de **vert-de-gris** (*hydrocarbonate de cuivre*). Ce métal est facilement attaqué à froid par l'acide azotique qui le transforme en **azotate de cuivre** avec dégagement de bioxyde d'azote. Il est attaqué par l'acide sulfurique à chaud ; il se forme du **sulfate de cuivre** avec dégagement d'acide sulfureux. Enfin l'acide chlorhydrique, l'acide acétique, les corps gras l'attaquent et donnent des *sels très vénéneux*.

État naturel et extraction. — Le minerai de cuivre est la *pyrite cuivreuse* (Suède, Allemagne, Amérique), qui n'est qu'un sulfure double de cuivre et de fer dont on élimine le soufre et le fer par des grillages successifs. Aussi l'extraction de ce métal est-elle longue et exige-t-elle un grand nombre d'opérations.

Usages. — Le cuivre est très utilisé. A la condition d'être bien entretenues les batteries de cuisine en cuivre sont d'un excellent usage. Allié au zinc, il forme le *laiton* ou cuivre jaune qui est encore plus employé que le métal à l'état de pureté ; avec l'étain il donne le *bronze*.

SULFATE DE CUIVRE

C'est le seul composé de cuivre dont nous parlerons. On lui donne encore le nom de *vitriol bleu* ou *couperose bleue*.

Ce sel se présente sous forme de cristaux d'un beau bleu qui sont très solubles dans l'eau. La coloration du sulfate de cuivre est due à la présence de l'eau, car si on chauffe cette substance elle devient blanche, la chaleur ayant déterminé la volatilisation de l'eau. Vient-on alors à verser un peu de ce liquide, on voit le sel reprendre sa belle couleur bleue.

Préparation et usages. — Le sulfate de cuivre s'obtient, comme celui du fer, en grillant à l'air le sulfure de cuivre qui, par absorption d'oxygène, devient un sulfate.

On a vu en physique l'usage de ce sel dans la galvanoplastie ; il est utilisé en teinture et en médecine.

ALUMINIUM

Ce métal, rare il y a quelques années encore, mérite, à l'heure actuelle, d'être étudié ; car il a pris depuis peu une grande importance pratique, et il est appelé à de nombreuses applications dans un avenir rapproché.

Propriétés physiques et chimiques. — Métal blanc, bleuâtre, ductile et malléable, *très léger*, sa densité est 2,56. On peut donc l'utiliser toutes les fois qu'il est nécessaire de fabriquer des objets légers.

L'aluminium est inaltérable à l'air sec ou humide ; les émanations sulfureuses n'ont pas d'action sur lui. Allié au cuivre, il forme un composé, le **bronze d'aluminium**, d'une belle couleur d'or. Le bronze d'aluminium et l'aluminium lui-même sont très utilisés en bijouterie.

État naturel. Extraction. — Ce métal existe en quantités considérables dans la nature, puisqu'il constitue l'un des éléments de l'*argile*. On l'obtient en décomposant par un courant électrique le *fluorure d'aluminium* fondu. Le métal se dépose au pôle négatif. Le fluor qui apparaît au pôle positif régénère le fluorure en attaquant l'alumine qu'on a soin d'ajouter.

ALUMINE

On donne ce nom à l'oxyde d'aluminium ; et si nous en disons ici deux mots, c'est que cette substance, qui est pulvérulente ou gélatineuse, peut aussi cristalliser et former alors des pierres précieuses, telles que le *corindon* qui est incolore, le *rubis*, rouge, le *saphir*, bleu, etc.

ARGILE ; NOTIONS SUR LES POTERIES

On trouve dans la nature une substance, l'*argile*, avec laquelle on fabrique des poteries. L'argile est un *silicate naturel hydraté*.

Cette substance offre de nombreuses variétés. Elle est dite *plastique* lorsqu'elle forme une pâte liante avec l'eau. Cette pâte, cuite à une haute température, ne fond pas et devient très dure, d'où son usage pour la confection des poteries.

Pour faire la *porcelaine*, on prend une variété d'argile très pure, le *kaolin*, qui, mélangé au sable, subit une première cuisson. Cette préparation est suivie d'une autre qui consiste à appliquer un vernis spécial formé de matières minérales. Enfin la porcelaine est cuite une seconde fois et prend alors l'aspect qu'on lui connaît.

La *faïence* est fabriquée avec un mélange d'argile plastique et de quartz.

Devoir. — Justifier les usages du zinc, du cuivre, de l'aluminium et de leurs principaux composés par leurs propriétés.

MÉTAUX USUELS (*Suite*). ZINC, CUIVRE, ALUMINIUM

MÉTAUX	PROPRIÉTÉS PHYSIQUES	PROPRIÉTÉS CHIMIQUES	ÉTAT NATUREL. EXTRACTION	USAGES	COMPOSÉS	EXPÉRIENCES
Zinc.	Éclat. Malléable. Cassant. d = 7. Fond vers 400°.	S'oxyde à la surface, à froid et à chaud en donnant le blanc de zinc. Décompose l'eau en présence des acides (hydrogène).	Sulfure (blende). Carbonate (calamine). Grillages et réduction de l'oxyde par le charbon.	Toitures. Ustensiles de ménage. Alliages (laiton, maillechort...).	*Oxyde,* non vénéneux, peinture. *Sulfate :* vitriol blanc, caustique.	*Montrer des échantillons. Casser du zinc. En faire fondre et brûler. Préparation de l'hydrogène. Comparer les peintures à la céruse et au blanc de zinc.*
Cuivre.	Rouge. Très tenace, très ductile. Très malléable. d = 8,8. Fond vers 1100°. Bon conducteur.	S'altère à l'air humide (vert-de-gris). Attaqué par l'acide azotique (eau forte).	Sulfure (pyrite cuivreuse). Grillages nombreux, réduction.	Nombreux : Alambics, ustensiles de cuisine, fils conducteurs. Alliages : laiton, bronze.	*Sulfate :* vitriol bleu, teinture, médecine.	*Montrer des échantillons. Cuivre vert-de-grisé. Gravure à l'eau-forte. Galvanoplastie.*
Aluminium.	Blanc. Ductile, malléable. d = 2,5. Fond vers 700°.	Inaltérable à l'air à toutes les températures.	Oxyde (alumine). Silicate (argile). Action du sodium ou du charbon à haute température.	Métal de l'avenir. Bijouterie. Bronze d'aluminium.	*Alumine* (pierres précieuses). *Argile* (silicate d'aluminium hydraté) poteries.	*Montrer des échantillons. Manier de l'argile.*

CHAPITRE XIX

Métaux précieux. — Mercure. — Argent. — Or et platine. — Leurs composés.

MERCURE

Propriétés physiques. — Ce métal, dont il a été si souvent question en physique, se présente à la température ordinaire sous forme d'un liquide brillant. A — 40° il se solidifie. Il bout vers 340°. Sa densité est considérable : 13,6.

Propriétés chimiques. — Le mercure est peu altérable à froid ; mais, chauffé au contact de l'air, il se transforme peu à peu en *oxyde rouge de mercure*, ainsi que nous l'avons vu au commencement de ces leçons de chimie. Il se combine facilement avec les métalloïdes ; enfin il dissout les métaux en formant des amalgames. L'or et les métaux précieux sont attaqués et dissous par lui.

État naturel. Extraction. — Le minerai de mercure est le sulfure ou *cinabre* (Espagne, Illyrie, Bavière). Il suffit de chauffer le mercure pour que le soufre passe à l'état d'anhydride sulfureux, tandis que le mercure distille et est recueilli.

Usages. — Ce métal est très employé par les constructeurs d'instruments de physique ; les miroitiers s'en servent pour faire le tain des glaces, etc. Malheureusement les vapeurs mercurielles sont vénéneuses, déterminent le tremblement dit *mercuriel*, une salivation abondante et même des paralysies. L'iodure de potassium est un des meilleurs contrepoisons du mercure, car il forme avec lui de l'iodure de mercure insoluble.

CALOMEL ET SUBLIMÉ CORROSIF

On donne ces noms aux chlorures de mercure, les seuls composés de ce métal dont nous dirons quelques mots. Le *calomel* ou *protochlorure* contient pour un même poids de *mercure*, deux fois moins de *chlore* que le *sublimé* ou *bichlorure*.

Cette simple modification dans la composition de ces deux corps entraîne des changements considérables dans leurs propriétés. Tandis que le calomel est donné comme purgatif à une dose relativement élevée, le *sublimé* est un des poisons les plus dangereux que l'on connaisse. Son contrepoison est le blanc d'œuf qui est coagulé par lui et qui l'entraîne hors de l'organisme; mais le contrepoison doit être administré très vite, car le sublimé produit rapidement de graves désordres.

On utilise le sublimé pour conserver les pièces anatomiques et les collections d'histoire naturelle.

ARGENT

Propriétés physiques et chimiques. — L'argent est un métal d'un beau blanc et très brillant. Très ductile et très malléable, il fond vers 1 000°. Sa densité est de 10,5.

L'argent est inaltérable à l'air, mais malheureusement il est facilement noirci par les émanations sulfureuses, ainsi que nous l'avons vu plus haut. L'acide azotique l'attaque et forme avec lui l'*azotate* ou *nitrate d'argent*. Le mercure attaque et dissout l'argent.

État naturel. Extraction. — L'argent accompagne le plomb et se présente sous forme de sulfure (Amérique du Sud, Saxe) ; son extraction est assez compliquée.

Usages. — L'argent est employé spécialement, vu sa rareté et par conséquent son prix élevé, pour la fabrication des monnaies et la bijouterie.

AZOTATE OU NITRATE D'ARGENT

Propriétés. — Ce sel porte encore le nom de **pierre infernale** lorsqu'il a été fondu. C'est un corps cristallisant en lames incolores, très caustique, noircissant la peau et détruisant les muqueuses, d'où son usage en chirurgie.

Nous avons vu qu'on préparait l'azotate d'argent en attaquant le métal par l'**acide azotique**. On évapore ensuite et on trouve au fond du vase des cristaux du sel.

Non seulement il est utilisé en médecine, mais nous avons vu que les photographes l'emploient pour obtenir un composé (chlorure, bromure, iodure d'argent) impressionnable à la lumière.

OR ET PLATINE

Nous étudierons ensemble l'or et le platine qui sont les deux métaux les plus précieux.

Propriétés. — L'or est d'un beau jaune, le **platine** est blanc comme l'argent. Tous deux sont difficilement fusibles, surtout le platine qui exige une température de plus de 2000° degrés pour fondre.

Le platine et l'or sont très lourds. La densité du premier est de 21, celle de l'or de 19,5.

Ces métaux sont inaltérables ; rien ne peut les attaquer, sauf le mercure qui dissout l'or, et l'eau régale qui les transforme en *chlorures* correspondants.

Ces chlorures d'or et de platine sont solubles dans l'eau ; le premier est très utilisé en photographie.

L'or et le platine se trouvent à l'état natif mélangés aux sables (monts Ourals, Amérique du Sud, Australie, etc.). On les extrait de ces sables à l'aide du mercure qui les dissout et dont on les sépare ensuite par distillation du mercure.

Ces métaux sont principalement utilisés en bijouterie ; l'or spécialement pour la fabrication de la monnaie.

Devoir. — Justifier les usages des métaux précieux par leurs propriétés.

Devoir de revision. — Comparer les métaux pour leurs usages et les services que l'homme en tire.

MÉTAUX PRÉCIEUX

MÉTAUX	PROPRIÉTÉS PHYSIQUES	PROPRIÉTÉS CHIMIQUES	ÉTAT NATUREL. EXTRACTION	USAGES	COMPOSÉS	EXPÉRIENCES
Mercure.	Liquide blanc. $d = 13,6$. Solidifié à -40°, Bout à 350°. Dissout les métaux précieux (amalgames).	S'altère à l'air chaud. Se combine à froid avec Cl et S. Poison violent : (iodure de potassium).	Sulfure (cinabre). Grillage et distillation.	Thermomètres. Baromètres. Glaces. Extraction de l'or et du platine.	Chlorures : *Calomel*, purgatif. *Sublimé*, poison (blanc d'œuf).	*Densité. Ébullition. Dissolution d'une feuille d'or. Montrer :* le cinabre, le calomel, le sublimé.
Argent.	Blanc brillant. Très ductile, très malléable. $d = 10,5$. Fond à 1 000°.	Inaltérable à l'air. Noirci par les gaz sulfureux.	État natif. Avec le plomb, en sulfures. Extraction compliquée.	Monnaies. Bijouterie.	*Azotate d'argent*, pierre infernale, photographie.	*Pièces d'argent brunies par* H^2S. *Montrer l'azotate d'argent.*
Or et platine.	Jaune. Blanc brillant. $d : 19,5 ; 21$. Fusion : 1200°. 2000°. Très malléables et ductiles.	Inaltérables à l'air. Solubles dans le mercure. Transformés en chlorures par l'eau régale.	État natif. Lavage, broyage. Amalgamation. Distillation.	Monnaies. Bijouterie. Instruments de précision.	*Chlorures :* photographie.	*Éclat. Dissolution d'une feuille d'or dans l'eau régale.*

MÉTAUX. — REVISION GÉNÉRALE.

Métallurgie.

État natif (métaux précieux) ou *minerais.*
- *Oxydes* (fer, étain).
- *Carbonates* (fer, zinc).
- *Sulfures* (plomb, zinc, cuivre).

Opérations mécaniques.
- Triage.
- Broyage.
- Lavage.

Opérations chimiques.
- *Oxydes* : réduction par le charbon et l'oxyde de carbone.
- *Carbonates* : grillage et réduction.
- *Sulfures* : grillages successifs et réduction.

Densité.

Platine,	Pt : 21	Plomb, Pb : 11,5	Fer,	Fe : 7,8	Aluminium,	Al : 2,5
Or,	Au : 19	Argent. Ag : 10.5	Étain,	Sn : 7,3	Sodium,	Na : 0,9
Mercure,	Hg : 13,6	Cuivre, Cu : 8,8	Zinc,	Zn : 7	Potassium,	K : 0,85

Fusibilité.

Mercure,	Hg : — 40°	Étain, Sn : 230°	Aluminium,	Al : 700°	Or,	Au : 1 200°
Potassium,	K : + 60°	Plomb, Pb : 340°	Argent,	Ag : 1 000°	Fer,	Fe : 1 500°
Sodium,	Na : 95°	Zinc, Zn : 400°	Cuivre,	Cu : 1 100°	Platine,	Pt : 2 000°

Malléabilité. | Au, Ag, Al, Cu, Sn, Pt, Pb, Zn, Fe.

Ductilité. | Au, Ag, Pt, Al, Fe, Cu, Zn, Sn, Pb.

Ténacité. | Acier trempé, Nickel (Ni), Fe, Cu, Pt, Ag, Au, Zn, Sn, Pb.

Dureté. | Fe, Ni, Zn, Pt, Cu, Au, Ag, Sn, Pb, K, Na, Hg.

Oxydation à l'air.
- *Nulle* : Pt, Au, Ag, Al.
- *Très légère* : Hg, Sn.
- *Superficielle* : Pb, Zn, Cu.
- *Profonde* : K, Na, Fe.

Décomposition de l'eau.
- *A froid* : K, Na.
- *A chaud* : Fe, Zn.
- *En présence d'un acide* : Fe, Zn.

CHAPITRE XX

NOTIONS DE CHIMIE ORGANIQUE

Chimie organique. — Analyse immédiate. — Carbures d'hydrogène usuels. — Fermentation alcoolique.

Jusqu'à présent, nous avons étudié la composition des *êtres minéraux* et nous avons pu voir que ces êtres étaient constitués par un très grand nombre de corps simples.

Les *êtres vivants* (animaux et végétaux), dont nous allons maintenant nous occuper au point de vue de leur composition chimique, sont formés des mêmes éléments que les corps minéraux.

La branche de la chimie qui a pour objet l'étude des composés tirés des êtres vivants porte le nom de **chimie organique.**

On peut trouver, comme nous l'avons dit, dans les êtres vivants tous les corps étudiés en chimie minérale, mais quatre d'entre eux méritent une mention spéciale par le rôle considérable qu'ils jouent dans leur composition ; ces corps sont : le *carbone*, l'*oxygène*, l'*hydrogène* et l'*azote*. Le carbone prédomine tellement que l'on a pu définir la chimie organique : l'histoire des composés du carbone.

Pour donner quelques exemples de la présence d'autres corps dans les êtres vivants, qu'il nous suffise de signaler le **soufre** dans les crucifères, le **fer** dans les globules du sang, etc.

Les corps étudiés en chimie organique se divisent très

nettement en deux groupes : 1° les *substances organiques*; 2° les *substances organisées.*

Les premières ont une singulière ressemblance avec les matières minérales ; le **sucre**, **l'alcool** sont des exemples de ces substances, qui ont pour caractères de pouvoir cristalliser, être fondues ou volatilisées sans que leur composition soit altérée, etc. ; tous ces caractères appartiennent, on le sait, au monde minéral.

A côté de ces substances, il en est d'autres, telles que l'amidon, l'albumine ou *blanc d'œuf*, qui ne cristallisent pas et qui, chauffées, se décomposent ; en un mot, qui n'ont ni l'aspect ni les propriétés des matières minérales : on leur donne le nom de **substances organisées.**

Souvent ces substances s'accompagnent ; c'est ainsi que dans un citron on trouve une multitude de sacs constitués par une membrane fine ; dans l'intérieur du sac il y a un liquide acide. Le sac est une substance *organisée*, tandis que l'acide (**acide citrique**) qui est à l'intérieur, et qui est susceptible de cristalliser, est une substance *organique.*

Les corps étudiés en chimie organique sont généralement formés par des mélanges de substances très diverses, et lorsqu'on veut en déterminer la composition, on doit tout d'abord en opérer la séparation. On y arrive par l'analyse immédiate qui n'emploie que des moyens purement physiques (*refroidissement*, *filtration*, *dissolution*, etc.

Un exemple, choisi parmi les plus simples, va permettre au lecteur de nous comprendre. Voici de l'*huile d'olive* : en été, cette huile est limpide ; en hiver, sous l'action du froid, nous la voyons souvent se figer. Or, en regardant d'un peu près, il est facile de constater que le froid n'a pas solidifié l'huile en masse comme il le ferait pour l'eau, mais a déterminé la séparation dans cette huile de deux substances, l'une solide, la **margarine**, l'autre restée liquide, **l'oléine**. C'est un exemple simple d'analyse immédiate. Mais les cas sont généralement plus compliqués, et tel corps appartenant au règne vivant peut contenir un nombre considérable de substances qui rendra l'analyse immédiate plus longue et plus difficile.

C'est après avoir opéré la séparation des corps qu'on en reprend les éléments l'un après l'autre pour en étudier la composition en charbon, oxygène, etc., etc. Cette analyse, dont nous n'aurons pas à parler ici, est l'*analyse élémentaire*.

CARBURES D'HYDROGÈNE USUELS

Dans le chapitre consacré aux métalloïdes, nous avons déjà étudié le gaz d'éclairage et indiqué deux **carbures d'hydrogène** (*hydrogènes protocarboné* et *bicarboné*) qui en constituent la plus grande partie. Pour terminer cette étude, nous parlerons succinctement de deux autres carbures très usuels : le **pétrole** et l'**essence de térébenthine**.

Pétrole. — On donne le nom de **pétrole** à des liquides formés eux-mêmes d'un mélange de plusieurs carbures d'hydrogène. Très combustible, le pétrole est utilisé pour l'éclairage.

Ce corps est très abondant au Canada, au Caucase et sort du sol mélangé quelquefois à l'eau dont on le sépare.

Essence de térébenthine. — Cette substance est également un carbure d'hydrogène. Elle se présente sous forme d'un liquide mobile incolore, d'une odeur caractéristique. Elle dissout très bien les matières colorantes et les corps gras, d'où son usage en peinture et pour le dégraissage.

On obtient l'essence de térébenthine en distillant la *résine* qui coule des pins avec de l'eau. Elle a besoin, pour être obtenue pure, de subir plusieurs distillations successives.

FERMENTATION ALCOOLIQUE

Sous le nom de **ferments**, on désigne des êtres infiniment petits, d'origine végétale, dont la présence détermine la transformation de certaines substances. C'est à **M. Pasteur** qu'on doit les principaux travaux sur les ferments.

L'un d'eux, la **levure de bière** (fig. 201), présente un intérêt spécial.

On obtient la levure de bière dans les brasseries en plaçant dans des sacs

Fig. 201. — **Levure de bière.**

la mousse qui se produit pendant la fermentation du liquide et en la comprimant. Vue au microscope, cette levure nous apparaît sous la forme de chapelets de cellules dont le contenu est liquide ou granuleux.

Introduisons un peu de cette levure dans une solution sucrée à la température de 30° environ. Peu à peu, on constatera que la plus grande partie du sucre a disparu, et qu'il s'est formé, aux dépens du sucre détruit, de l'anhydride carbonique et de l'alcool. Ce qui prouve que la levure vit de matière sucrée et détermine son dédoublement en *anhydride carbonique* et en *alcool*. Certaines conditions sont nécessaires au développement du ferment; outre le sucre, il lui faut de l'azote à l'état soluble et de l'acide phosphorique.

Des deux produits de la fermentation alcoolique, l'anhydride carbonique a été étudié en détail. Reste l'*alcool* dont nous allons parler.

L'**alcool** est un liquide formé de charbon, d'hydrogène

et d'oxygène. Il est incolore, très mobile, d'une odeur spiritueuse. Plus léger que l'eau, ainsi que nous l'avons vu en physique, sa densité est de 0,809. Il bout vers 79°. C'est un excellent dissolvant des essences, résines, corps gras, etc.

L'alcool brûle très facilement avec une flamme bleue. Chauffé avec les acides, il donne naissance à des corps volatils particuliers nommés **éthers**.

L'alcool est retiré des liquides fermentés, tels que le vin, le cidre ; l'amidon, transformé en sucre, forme l'*eau-de-vie de grain ;* avec les mélasses de sucre de canne, on fait le *rhum*.

Lorsqu'on distille ces liquides, on obtient d'abord un mélange d'eau et d'alcool, et ce n'est que par des distillations successives qu'on obtient l'alcool pur. Le liquide fermenté le plus important à connaître est le *vin*.

Vin. — Le vin est fabriqué avec le jus de raisin fermenté. Cette fabrication présente plusieurs phases :

1° *Le foulage* qui consiste à piétiner sur les grappes, de manière à écraser les grains et à mettre le jus en liberté ;

2° *La fermentation*. Le jus est abandonné à lui-même, et, à la condition que la température soit supérieure à 16 ou 17° environ, il entre en fermentation ; le gaz carbonique qui se dégage entraîne à la surface les matières étrangères. C'est pendant cette phase de la fabrication du vin qu'on ne doit pas s'approcher des cuves, car le gaz carbonique qui s'en dégage peut, lorsqu'il est respiré, produire des étourdissements ;

3° On procède ensuite au *décuvage*, c'est-à-dire qu'on soutire le vin par un robinet placé à la partie inférieure de la cuve ;

4° Enfin ce qui reste après le décuvage est soumis au *pressurage* : dernière opération grâce à laquelle on utilise les résidus.

Le vin rouge se fabrique avec le raisin coloré. Le vin blanc peut être fait soit avec du raisin blanc, soit avec du raisin coloré; mais dans ce dernier cas, on a soin de retirer les peaux du raisin, qui renferment la matière colorante, avant la fermentation. C'est en effet l'alcool formé qui dissout cette matière colorante.

Le vin doit sa force à la présence de l'alcool. Les vins de Madère et de Porto contiennent souvent jusqu'à 20 °/₀ d'alcool ; les bordeaux rouges, de 11 à 7 ; le bourgogne, 7 environ. Le bouquet des vins est dû à la présence d'éthers particuliers qui lui donnent l'odeur et la saveur propres à chaque cru.

Les vins mousseux sont fabriqués avec des raisins très sucrés. Le champagne est renfermé dans des bouteilles à verre très épais avec addition d'une petite quantité de sucre candi qui fermente à son tour et augmente la quantité d'anhydride carbonique formé : d'où la nécessité de maintenir le bouchon avec des fils de fer.

Bière. — Cette boisson a en réalité la même origine que le vin, c'est-à-dire le sucre. On la fabrique avec l'orge germée. Les grains d'orge renferment de la fécule ; celle-ci en germant se transforme en sucre sous l'influence d'un ferment, la *diastase*, qui se forme également dans la graine.

Pour transformer cette fécule en sucre, on mouille les grains d'orge et on les laisse exposés à une température de 15° environ. La germination se produit, l'embryon sort de la graine, et lorsqu'il a acquis environ la grandeur du grain, on arrête l'opération en chauffant fortement l'orge, on la met en contact avec de l'eau à 50° environ ; et on obtient le moût sucré qui est ensuite chauffé avec des fleurs de houblon et soumis à la fermentation qu'on produit en introduisant une certaine quantité de levure de bière. Au bout de quelques jours, on soutire et on place le liquide dans de petits fûts tenus au frais. Les bières anglaises sont plus alcooliques que les bières allemandes.

Cidre et poiré. — Le cidre est le produit de la fermentation du jus des pommes, le **poiré** du jus des poires. Ces boissons sont obtenues par l'écrasement des fruits avec des pilons. Le jus est recueilli et la pulpe est de nouveau soumise au pressoir, ce qui donne encore naissance à une seconde boisson. La fermentation qui exige plusieurs jours est suivie du soutirage. Dans les fûts, la fermentation continue.

FABRICATION DU PAIN

Cette fabrication, à laquelle on donne encore le nom de **panification**, doit être rattachée à l'étude de la fermentation alcoolique, ainsi que nous allons le voir.

La farine avec laquelle on fait le pain provient des graines de céréales (*blé*, *seigle*, *orge*, *maïs*, etc). En pétrissant dans la main la farine sous un filet d'eau, celle-ci entraîne une matière spéciale, l'**amidon** et il reste dans la main de l'opérateur une masse jaunâtre, riche en azote, le **gluten**. C'est au gluten que le pain doit son pouvoir nutritif; le gluten sert également à la fabrication des pâtes alimentaires (*macaroni*, *vermicelle*, etc).

Il est bien évident que toutes les farines n'ont pas la même composition; la farine du blé est plus riche en gluten que celle du seigle ; d'où le pouvoir nutritif plus grand du pain de blé.

La fabrication du pain comprend plusieurs phases : 1° le *pétrissage :* opération qui consiste à mélanger la farine avec de l'eau et à travailler ce mélange ; 2° la *fermentation :* on ajoute à la pâte pétrie un ferment, soit de la levure de bière, soit un peu de pâte aigrie provenant d'une précédente opération; ce ferment agit sur une

RÉSUMÉ SYNOPTIQUE DU CHAPITRE XX.

EXPÉRIENCES

Notions préliminaires.

La *chimie organique* étudie la composition des organes des *êtres vivants* (substances organisées, substances organiques).

L'*analyse immédiate* sépare les éléments des corps par des moyens physiques.. — *Analyse immédiate de l'huile d'olive, de la farine...*

Corps simples. — Le *carbone*, l'*oxygène*, l'*azote*, l'*hydrogène* composent surtout les organes vivants.

Carbures d'hydrogène.

Gaz d'éclairage (déjà étudié).

Pétrole. — Essence minérale. Chauffage, éclairage.......... — *Pétrole et essence. Dangers de l'essence.*

Essence de *térébenthine* (pins). Dissolvant des corps gras..... — *Dissoudre de la cire dans l'essence de térébenthine.*

Fermentation alcoolique.

Les *ferments* (Pasteur)............................ — *Montrer de la levure de bière.*

La *levure de bière* transforme le *sucre* en *alcool* et en *anhydride carbonique*............................... — *Faire fermenter du sirop de sucre.*

L'alcool.
- Très mobile. Plus léger que l'eau..............
- *Bout* à 80°................................ — *Agiter l'alcool.*
- *Dissolvant* des résines........................ — *Enflammer de l'alcool.*
- *Brûle.* Chauffage, éclairage....................

L'éther. — Action à chaud d'un *acide* sur un *alcool*........ — *Chauffer une petite quantité d'alcool et d'acide sulfurique (dangers).*

Applications.
- Fabrication des *boissons fermentées* : vin, bière, cidre... — Foulage, fermentation, soutirage, pressurage...................... — *Pétrir un peu de pâte, y ajouter de la levure, et exposer à une douce chaleur.*
- Fabrication du *pain* (pétrissage, fermentation, cuisson).............................

petite quantité de matière sucrée que contient la farine et il se produit du gaz carbonique qui gonfle la pâte.

Enfin, 3° la *cuisson* développe encore la production du gaz carbonique qui gonfle et soulève la pâte. Une portion du sucre se transforme par la cuisson en caramel, d'où la couleur dorée de la croûte.

Devoir. — Rappeler l'exemple d'analyse immédiate donné dans le livre, et en chercher d'autres dans les leçons suivantes.

CHAPITRE XXI

Corps gras. — Amidon, cellulose et sucres. — Principaux acides végétaux. — Principales bases organiques.

Corps gras. — Sous le nom de **corps gras**, on désigne des substances onctueuses au toucher qui laissent sur le papier une tache transparente. Ces corps sont formés de charbon, d'oxygène et d'hydrogène : les uns sont liquides comme les **huiles**, les autres solides, mais mous (**graisses, beurre**).

Les corps gras sont eux-mêmes constitués par des mélanges de substances telles que la **margarine** et l'**oléine** dont nous avons déjà parlé, qui se trouvent dans l'huile, et à une troisième substance, la **stéarine**, que l'on trouve dans le suif.

Nous ne pouvons entrer dans l'étude détaillée de ces corps ; qu'il nous suffise de faire observer qu'on peut les considérer comme des **sels** formés d'acides particuliers :

les acides *margarique*, *oléique*, *stéarique* combinés avec une substance particulière, la **glycérine**, dont nous allons parler.

Saponification. — Lorsqu'on chauffe un corps gras en présence de l'eau et d'une base énergique telle que la *potasse* ou la *soude*, il se produit une décomposition ; les acides gras se portent sur la base pour former ce que l'on nomme un **savon** ; dans la liqueur, on trouve un liquide spécial, la **glycérine**, que l'on peut séparer du reste de la masse ; c'est à ce phénomène qu'on donne le nom de **saponification**.

Glycérine. — C'est un liquide incolore sans odeur et d'une saveur sucrée ; sa consistance est sirupeuse. Elle forme avec l'acide nitrique un composé très dangereux qui détone avec une grande violence, la nitroglycérine. Celle-ci mélangée avec des corps inertes

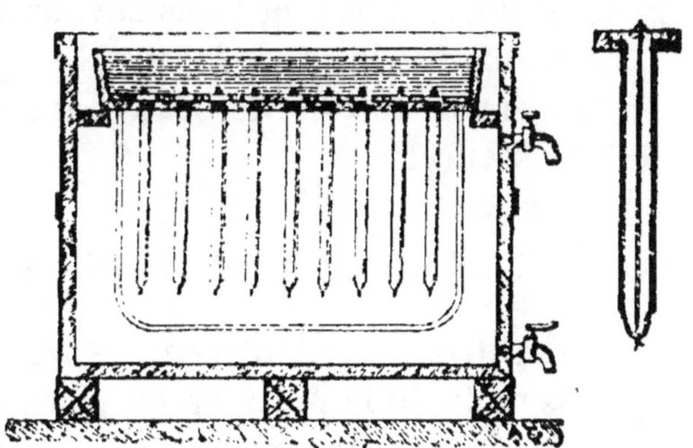

Fig. 202. — **Fabrication des bougies.**

tels que le sable, la sciure, etc., porte le nom de **dynamite** et produit des effets destructeurs terribles.

Bougies et savons. — L'étude de la saponification nous amène à parler de la fabrication des **bougies** et des **savons**.

Les bougies sont fabriquées avec l'*acide stéarique* qui est lui-même retiré du suif de bœuf. Autrefois on fabriquait des chandelles avec le suif ; ces chandelles avaient l'inconvénient de donner une lumière faible, de répandre une mauvaise odeur et d'exiger des mouchettes pour couper de temps en temps la mèche qui charbonnait.

C'est au chimiste Chevreul qu'on doit la transformation des chandelles en bougies, car il fit observer qu'avec la stéarine la clarté était beaucoup plus nette et que les inconvénients présentés par la chandelle étaient écartés.

L'appareil qui sert à la fabrication des bougies consiste (fig. 202) en une série de cylindres creux terminés par des cônes et portant dans leur axe une mèche *tressée*; on coule dans ces moules un mélange d'acides margarique et stéarique; les bougies sont ensuite retirées et blanchies.

Savons. — Nous avons vu le principe de leur fabrication : on peut considérer les savons comme de véritables sels formés par la combinaison des acides gras avec la *potasse* lorsqu'il s'agit des savons mous tels que le savon noir, ou avec la *soude* lorsqu'il s'agit de savons durs.

Le savon de toilette est généralement aromatisé avec des essences.

AMIDON. — CELLULOSE. — SUCRES

Amidon et cellulose. — Nous avons déjà dit quelques mots de la **matière amylacée** ou **amidon**, à propos de la farine. Revenons sur cette importante substance qui est un composé de charbon, d'hydrogène et d'oxygène.

L'amidon existe dans un très grand nombre de végétaux (*céréales, pommes de terre, légumineuses,* etc.). On donne généralement le nom de **fécule** à la matière amylacée tirée de la pomme de terre, et celui d'amidon à celle des céréales, du blé en particulier. Le grain d'amidon présente une forme et une grosseur qui varient suivant sa provenance.

Il est formé de couches concentriques qu'il est facile de voir au microscope sur le grain gonflé (fig. 203).

Sous l'influence de l'eau chaude, les grains gonflent et

prennent bientôt l'apparence d'une gelée connue sous le nom d'empois qui sert aux repasseuses pour empeser le linge.

Chauffé avec de l'eau additionnée d'acide sulfurique en petite quantité, l'amidon se transforme d'abord en une substance jaune, la **dextrine**, qui sert à fabriquer une colle très utilisée. Enfin si l'action continue, la dextrine elle-même disparaît et devient de la **glucose** qui est une variété de sucre.

Fig. 203. — **Grain d'amidon**.

Le réactif par excellence de l'amidon est la teinture d'iode qui lui communique une teinte d'un beau bleu.

Notons ici, pour n'avoir point à y revenir, la ressemblance absolue de composition entre l'amidon et la paroi des cellules, fibres et vaisseaux des plantes; à la substance qui forme ces parois on donne le nom de **cellulose**. C'est la cellulose qui constitue la charpie, le papier, les chiffons, etc. — Mélangée avec le camphre, la cellulose donne le celluloïd, produit très utilisé dans l'industrie pour la fabrication d'objets nombreux, et en particulier d'un linge dur et comme empesé (linge américain); ce produit est très combustible.

L'amidon s'extrait par *lavages des farines*, ou par *fermentation* qui détruit le gluten. La fécule s'obtient en râpant la pomme de terre puis en lavant la pulpe. Les usages de l'amidon sont très nombreux dans l'industrie, en médecine, dans l'alimentation.

Sucres. — Ces corps, très analogues comme composition à l'amidon, sont formés aussi de charbon, d'hydrogène et d'oxygène. On en connaît un grand nombre de variétés, telles sont la *glucose* (sucre de raisin), le *sucre de fruits*, le *sucre de lait*, le *sucre ordinaire*, etc.

Le sucre ordinaire a été retiré primitivement de la *canne à sucre*; aujourd'hui c'est la betterave blanche de Silésie qui fournit le sucre utilisé en Europe. Pour retirer le sucre des betteraves, on les râpe et on les soumet à l'action de la presse hydraulique; le jus qui en découle est mélangé avec de la chaux qui forme avec le sucre une substance dite *sucrate de chaux*; un courant d'anhydride carbonique qu'on fait passer ensuite détermine la formation d'un *carbonate de calcium* insoluble et le sucre reste dans la liqueur; on filtre, le carbonate reste sur le filtre et la liqueur sucrée qui passe est concentrée, puis placée dans des *bacs* où le sucre cristallise. On le sépare de la *mélasse* dans des *turbines* en toile métallique tournant avec rapidité (force centrifuge). A la *raffinerie*, on dissout le sucre cristallisé et on le clarifie au noir animal. Le jus sucré concentré dans des chaudières est coulé dans des *moules coniques* où il cristallise en forme de *pains*.

Le sucre est un corps blanc d'une saveur bien connue, soluble dans l'eau froide, mais surtout dans l'eau chaude, où il se dissout en toutes proportions. Il est insoluble dans l'alcool. Ce corps est fusible; mais chauffé à une certaine température, il se décompose : le charbon apparaît et le sucre devient du **caramel**. Les usages du sucre sont connus.

PRINCIPAUX ACIDES VÉGÉTAUX

La chimie organique offre à l'étude un très grand nombre d'acides qui ont des propriétés identiques aux acides minéraux. Comme pour ceux-ci, leur saveur est aigre, ils forment avec les oxydes des sels, ils rougissent la teinture de tournesol.

Parmi ces acides, quelques-uns nous sont connus :

nous avons déjà parlé de l'acide oxalique que l'on a primitivement retiré du sel d'oseille. Citons encore l'acide citrique que l'on retire du citron et d'un grand nombre de fruits, l'acide tartrique qu'on extrait des dépôts qui se forment dans les vieux tonneaux, etc., mais parmi les acides un d'entre eux attirera surtout notre attention, l'acide acétique.

Acide acétique et vinaigre. — L'acide acétique n'est autre chose que le *vinaigre* à l'état de pureté. C'est un liquide incolore, d'une odeur piquante, d'une saveur très aigre. Ce corps se solidifie au-dessous de 17° et cristallise. Il forme avec les oxydes des *acétates*.

Le vinaigre est le produit d'une fermentation spéciale des liquides alcooliques : le ferment qu'on appelle vulgairement *fleurs* ou *mère du vinaigre*, transforme l'alcool en acide acétique. C'est pour cette raison qu'une bouteille de vin non bouchée, exposée à l'air, aigrit, et on utilise cette propriété pour préparer le vinaigre de vin.

PRINCIPALES BASES ORGANIQUES

Les êtres vivants présentent également à l'étude des bases dont la composition est très analogue à celle de l'ammoniaque. Nous n'étudierons en particulier aucune de ces bases ; qu'il nous suffise de signaler, dans l'écorce du quinquina, la **quinine** employée comme fébrifuge, la **strychnine**, poison des plus violents tirée de la noix vomique, la **morphine** retirée de l'opium et utilisée en médecine, la **nicotine** extraite du tabac, etc.

Toutes ces substances, dont nous n'avons donné que quelques exemples, sont d'un usage constant dans la médecine moderne, sous le nom d'*alcaloïdes*.

Devoir. — Principes de la fabrication des bougies, des savons, du sucre.

CHIMIE ORGANIQUE (NOTIONS) II.

EXPÉRIENCES

Corps gras.

Composition.
(C, H, O). Mélanges de *margarine, oléine, stéarine*.....
Margarine = acide margarique + glycérine............
Oléine = acide oléique + glycérine............
Stéarine = acide stéarique + glycérine............

Montrer.
Tacher le papier.
Faire fondre et brûler.

Saponification.
Savons.
sels formés d'un *acide gras* et d'une *base* (potasse ou soude)......................
Oléine :
...glycérine.
:..acide oléique...
+ *Potasse.* .... :..Savon de potasse.

Saponifier de l'oléine, de la stéarine.

Bougies.
Formation des *savons calcaires* (acides gras et chaux)......................
Décomposition de ces savons par l'*acide sulfurique*......................

Amidon. Cellulose. Sucre.

Matière amylacée.
C, H, O. Fécule (pomme de terre)......................
Amidon (céréales)......................
Empois avec de l'*eau chaude*......................
Bleuie par la teinture d'*iode*......................
Transformée en *dextrine* puis *glucose*, par un *acide*, à chaud......................

Montrer. — Analyse immédiate de la farine et de la pomme de terre râpée. — Empois. — Réaction de l'iode. — Montrer la dextrine, la glucose.

Cellulose.
(C, H, O). Parois des *cellules* des organes......................
Charpie, chiffons, papier. — Celluloïd, camphre........

Montrer la cellulose, le camphre. — Enflammer un morceau de celluloïd.

Sucres.
(C, H, O). Nombreuses variétés. — Subissent la *fermentation alcoolique*......................
Solubles dans l'eau, insolubles dans l'alcool............
Décomposés par la chaleur (caramel)......................

Dissolution à froid, à chaud, Fusion. — Caramel.

Acides. Bases.

Acides.
Mêmes propriétés générales que les acides minéraux.....
Principaux : citrique, oxalique, tartrique, acétique (oxydation de l'alcool)......................

Montrer ces acides. Action sur le tournesol.

Bases.
Poisons : strychnine, morphine, nicotine, quinine.

CHAPITRE XXII

Notions de Chimie animale. — Albumine. — Lait. — Caséine. — Fabrication des fromages. — Gélatine. — Fibrine. — Chair des animaux. — Conservation des matières alimentaires.

Les quelques chapitres que nous avons consacrés à la chimie organique seront complétés ici par l'étude des principaux corps tirés du règne animal. Nous avons choisi quelques-uns de ces corps parmi les plus importants.

Albumine. — C'est le type de tout un groupe de substances auxquelles on a donné le nom d'albuminoïdes. L'albumine forme la plus grande partie du blanc d'œuf; elle existe dans la portion liquide ou sérum du sang. Cette substance contient, outre le charbon, de l'oxygène et de l'hydrogène, de l'azote et du soufre. La seule propriété intéressante à rappeler de cette substance, c'est qu'elle est coagulée par la chaleur et des acides, entre autres l'acide azotique.

Lait. — On donne ce nom au produit des glandes mammaires des mammifères, destiné à la nourriture du jeune animal. C'est un liquide blanc formé d'eau, d'une matière azotée spéciale albuminoïde, la *caséine*, de sucre de lait, de beurre et de sels divers. Les quantités de ces corps varient suivant les espèces animales.

Parmi les matières que le lait renferme se trouve le beurre, sous forme de globules qui se réunissent pour former la *crème*. En battant (fig. 204) la crème, les globules de beurre adhèrent les uns aux autres, et c'est ainsi que l'on obtient cette substance. Le battage du lait doit être fait dans des vases froids, le beurre se formant bien plus facilement dans ces circonstances.

Fig. 204. — Fabrication du beurre.

Un ferment spécial, le ferment lactique, détermine la transformation du sucre de lait en *acide lactique*; le liquide devient aigre et la *caséine* se dépose sous forme de flocons blancs. On dit alors que le lait *tourne*. On empêche le lait de tourner en le faisant bouillir; on tue ainsi les germes du ferment, ou encore on ajoute au lait du bicarbonate de soude qui sature l'acide lactique à mesure qu'il forme et empêche la caséine de déposer.

La **caséine** est particulièrement intéressante à connaître, moins pour ses propriétés, sur lesquelles nous n'insisterons pas, que parce qu'elle est la base des fromages.

Dans la fabrication de ces substances alimentaires, on précipite la caséine à l'aide d'un fragment d'estomac de veau nommé *caillette* et vulgairement *présure*. Puis, la caséine est pressée, salée et soumise à la fermentation.

Il va sans dire que les indications que nous venons de donner sont générales. Certains fromages, tels que le *fromage à la crème*, peuvent être considérés comme de la caséine pure. Le *Gruyère* est un fromage cuit. Est-il utile de faire observer que la saveur spéciale à telle ou telle espèce de fromage provient non seulement de son mode de fabrication, mais du lait de l'espèce animale avec lequel le fromage a été fait. Le fromage est un excellent aliment, sain et nutritif.

Gélatine. — On donne ce nom à une substance renfermée dans les os et que l'on peut isoler soit en les immergeant dans l'acide chlorhydrique qui dissout la matière minérale de l'os et ne laisse plus que la **gélatine**, soit en chauffant, dans une marmite close, de la peau et d'autres tissus animaux. La gélatine est une matière élastique et demi-transparente que l'on utilise comme colle.

Fibrine. — C'est la matière qui forme la plus grande partie de la chair des animaux ; on la trouve également dans le sang dont elle détermine la coagulation. La fibrine est rouge parce qu'elle est souillée par le sang ; mais, lorsqu'elle a subi des lavages, elle affecte l'apparence d'une matière blanche et élastique.

La fibrine est une matière éminemment azotée ; les qualités nutritives des viandes varient suivant les espèces et la façon dont elles sont cuites ; c'est ainsi que le poisson est moins nourrissant que la viande des mammifères, et que parmi ceux-ci le veau est moins nutritif que le bœuf. La viande rôtie est plus nutritive que la viande bouillie, qui perd par la cuisson prolongée au contact de l'eau ses principales propriétés.

Conservation des matières alimentaires. — On sait que les substances animales et végétales subissent, lorsqu'on les laisse un certain temps au contact de l'air, les phénomènes de la putréfaction ; elles se décomposent en produisant des gaz d'une odeur infecte. On a intérêt, dans certaines circonstances, à conserver les matières alimentaires, et les procédés les plus nombreux sont mis en usage pour arriver à ce but.

Les fruits cuits se conservent sous forme de confitures, grâce à leur mélange avec le sucre ; des fruits,

tels que les cerises, se conservent dans l'alcool ; e c
nichons, dans le vinaigre, etc. Mais les viandes et les
légumes sont surtout conservés en boîtes par le *procédé
d'Appert*, qui consiste à enfermer les aliments dans des
boîtes à l'abri de l'air. Appert avait observé que dans
ces conditions la putréfaction n'avait pas lieu.

On opère pour les viandes en les enfermant dans des
boîtes fermées et n'ayant qu'une simple ouverture. Ces
boîtes sont ensuite placées dans l'eau bouillante et
restent un certain temps en contact avec cette eau ; la
chaleur tue les ferments de l'air. On bouche l'ouverture
avec un peu de soudure ; on a pu ainsi conserver non
seulement les viandes mais encore un certain nombre
d'autres aliments.

Devoir. — Principes de la fabrication du beurre et du fromage.

RÉSUMÉ SYNOPTIQUE DU CHAPITRE XXII.

EXPÉRIENCES

CHIMIE ORGANIQUE. MATIÈRES ANIMALES

Principes

(Substances quaternaires ou azotées).

Albumine.
- (*Az, C, H, O*)......................
- Blanc d'œuf, sérum du sang............
- Coagulée par la chaleur et les acides...

> Analyse immédiate du sang.
> Œuf cuit dur.

Gélatine.
- (*Az, C, H. O*)......................
- Matière organique des os.............
- Colle forte......................

> Os plongé dans l'acide chlorhydrique.

Fibrine.
- (*Az, C, H, O*)......................
- Chair animale, sang..................
- Se coagule à l'air...................

> Fouetter du sang coagulé.

Caséine.
- (*Az, C, H, O*)......................
- Lait.............................
- Beurre (crème, battage du lait).......
- Fromage (lait, caillé par un acide)....

> Lait non écrémé battu, puis caillé.

Conservation des matières alimentaires
- par la *cuisson* et le *vide* (légumes, viandes).
- la *cuisson* (fruits, confitures).
- l'*alcool* (fruits).
- le *vinaigre* (cornichons).

TABLE DES MATIÈRES

PREMIÈRE PARTIE

PHYSIQUE

Pesanteur.

Magnétisme.

Optique.

Acoustique.

DEUXIÈME PARTIE

CHIMIE

Métaux.

Chimie organique.

Paris. — Imp. E. Capiomont et Cie, rue de Seine, 57.